JN074910

アメリカ空軍史から見た

F-22への道

夕撃旅団

はじめに

戦争には航空戦というものがあるのだと全世界が初めて知った第一世界大戦において、アメリカの航空戦力は田舎空軍といったレベルにすぎませんでした。

ところが次の第二次世界大戦において、軍用機の開発でも軍としても能力でもアメリカは世界の最先端に追いつき、さらにそれを抜き去ってしまいます。以後、朝鮮戦争後からベトナム戦争までの迷走があったとはいえ、21世紀に入っても航空戦力という点において世界最強の地位を維持しています。

ですからある意味、近代航空戦の歴史はアメリカ空軍の歴史にほぼ等しい、ということでもあります。

この本は、そのアメリカ空軍がたどり着いた一つの完成型、F-22ラプターという戦闘機に至るまでの歴史を追いかけることで、近代航空戦力の歴史の流れを見ていこうというものです。

あらゆる組織には生き残り、発展し、他を圧倒し支配したい欲求、すなわち生存本能が必ず生じます。軍隊の場合、これは予算の確保とほぼイコールとなり、いかに予算を確保して組織を維持拡大するかが軍の上層部に突きつけられる主題となります。戦争に勝つのはその次の問題にすぎません。予算を確保して平時に組織として生き残れなければ、いざというときに戦争すらできないのです。

この点において、アメリカ空軍は生まれた瞬間から戦略空軍としての道を選択していました。これは戦略爆撃、核兵器、そして弾道核ミサイルで一気に敵国家の中枢を破壊し、それで戦争はお終いになり、我々の勝利となるという単純明快な軍隊ということです。

しかしこれは極めて非現実的な選択だったことがのちのベトナム戦争で明らかになり、アメリカ空軍はその存在意義すら危うくなってしまいます。そんななかで、従来の戦略空軍としての道を捨て、戦闘機を中心とした組織に生まれ変わることになります。

その過程で第二次世界大戦の悪夢やレーダー誘導による地対空攻撃の恐ろしさを再認識し、対策として行き着いたのがF-22のスーパークルーズ（超音速巡航）やステルスといった技術だったのです。

この書籍の基になったのは筆者が主催するウェブサイト「夕

撃旅団」内で連載した記事で、それを書籍化にあたり手を入れたのが本書となります。

上巻では核兵器を中心とした戦略空軍としてのアメリカ空軍の凋落の過程、下巻ではそれを救うことになる〝近代戦闘機の父〟ジョン・ボイドの活躍を軸に話は進みます。こうして生き返ったアメリカ空軍戦闘機の最後の究極型がF-22である、と筆者は考えているため、本書のタイトルは「F-22への道」となりました。

ただし、そういったタイトルのくせに実はほぼ最後の章になるまでF-22は登場しません。それどころかジョン・ボイドも下巻になるまで出てきません。この点は誤解なきよう、ここにこっそり書いておきます。

もし、先にこの前書きを読んでる方のなかに戦闘機にしか興味がないという方がいるなら、下巻から読むことをお勧めします。そのうえで上巻を改めて読んでいただければ、いろいろ得るところがあるはずです。

本書の執筆に使用した参考文献類、そしてネット上で検索できる論文、レポート類はすべて本文中に記載してあります。興味のある方はさらにそれらを読んでみることをお勧めするのと同時に、何か不明点や疑問点がある場合は「夕撃旅団」で検索してサイト内の掲示板、あるいは問い合わせメール等でご連絡ください。可能な限り対応します。

２０２０年2月　夕撃旅団

図版およびキャプションの一部は編集部で追加・作成しているものがあります。

目　次

第一章　なぜアメリカだけが戦略爆撃を成功させたか

1 「空軍独立の早道」として必要とされた戦略爆撃

陸軍の一部であることへの不満

アメリカ軍の航空部隊は、第二次世界大戦が終わるまでは陸軍の一部でした。１９０９年に陸軍の信号部隊が連絡・偵察用にライト兄弟から飛行機を買い付けたのが始まりで、第一次世界大戦から第二次世界大戦終結まで陸軍の一部として運用されています。

しかし航空関係者にとっては、これが不満でした。第一次世界大戦の末期からすでに、航空戦力は独立して陸軍の作戦に縛られることなく活動したいという願望があったのです。

特にイギリスやドイツ、フランスといったヨーロッパの主要国が第二次世界大戦前から空軍を独立させていたこともあり、アメリカ陸軍航空部隊の関係者にとって、空軍独立は一種の宿願となっていきました。そのためには、予算の編成に関する権限をもつアメリカ議会に対し、空軍の優秀性を納得させる必要が出てきました。

この点、アメリカ陸軍航空隊は不利で、空軍独立のデメリットの否定ですら困難でした。理由は単純で、西半球すなわち地球の西半分には主要な大陸はアメリカ大陸しかなく、そしてアメリカ大陸でまともな航空戦力をもっているのはアメリカ合衆国だけだったからです。当時の航空機の航続距離なんてたかが知れていますし、まともな空中給油システムもなかったですから、軍用機の航続距離の限界は低いものでした。

そうなると、アメリカに対し、どこかの国から敵の航空機が飛んでくることなんてまずあり得ないですし、同様に航空機で攻めて行ける距離の敵国家もありませんでした。そのためアメリカが航空戦力をもつのは内陸部国家のスイスやモンゴルが海軍をもつようなもので、すなわちアメリカには航空兵力は必要ないということになってしまいます。この問題は、陸軍の航空勢力にとってなかなかやっかいでした。

最初の旗振り役となったウィリアム・ミッチェル

当時、第一次世界大戦後のアメリカ陸軍内で、空軍独立論の先頭に立っていたのがウィリアム・〝ビリー〟・ミッチェル(William Lendrum Mitchell)でした。第一次世界大戦で陸軍航空部隊の兵員としてヨーロッパに渡った彼は、戦後、アメリカでも空軍は独立すべきだと主張し始めたのです。［図1-1］

しかしミッチェルは、空軍独立以前の問題として「そもそもアメリカに航空戦力は必要か」という問いにまず回答を出す必要を迫られます。

そこで1920年代に入ると、彼は「強力な爆弾を積んだ航空機によって、海軍のあらゆる兵器、戦艦さえも沈めることができる。だから航空戦力は海軍の代わりになる。しかも戦艦などの建造費に比べれば、航空機は極めて安価だ」と訴え始めます。

当時の爆撃機は戦艦の主砲弾に匹敵する1トンの爆弾をすでに運用できましたし、遠くからドカンと撃つだけの戦艦と違って、相手のすぐ上まで飛んでいって爆弾を落とせるので命中率の向上も期待できました。そのため、この議論は一定の説得力をもっていたのです(ちなみにこの空軍による海軍不要論は第二次世界大戦後まで続いたため、両者の根深い対立の一因になりました)。

そして1922年、ミッチェルは本当に戦艦相手に爆撃実験

［図1-1］「アメリカ空軍の父」と呼ばれたウィリアム・〝ビリー〟・ミッチェル(1879～1936年)。ウィリアムの愛称はビリーなので〝ビリー〟ミッチェルと呼ばれた。写真は1920年代、准将の頃のものとされる

［図1-2］〝ビリー〟・ミッチェルが戦艦らへの爆撃実験に用いたMB-2爆撃機。グレン・L・マーティン・カンパニーによって製造され、アメリカが初めて大量配備した爆撃機となった。乗員は４人で、最大速度は時速約160キロ、航続距離は約900キロ

を行ない、これを撃沈させてしまいます。これにより航空戦力に一定の価値を認めさせることに成功するのです。

そもそもこの戦艦爆撃実験のきっかけは、１９２０年にミッチェルが海軍に喧嘩を売ったことでした。「もはや海軍は不要だ。なぜならアメリカに侵攻しようとするあらゆる軍艦は、航空機で撃退できる。戦艦1隻の予算で１０００機の爆撃機がつくれるから、これでアメリカの防衛は完成する！」と主張したのです。

これは暴論というか、愚論でありました。当時、５６０マイル（約９００キロ。つまり片道４５０キロ）以下の航続距離しかもたない航空機では、とてもその任務には使えないからです。世界中からやってくる敵からアメリカの海と通商を守るのに、沿岸警備規模の航空機だけではどうしようもありません。当然、天候の影響も大きく、空軍が海軍の代わりになるのには無理があります。

ところが海軍もまたバカで（笑）、この論点でミッチェルを迎え撃たずに、「いや、航空機で戦艦は絶対に沈められない」という論点で反論してしまいます。

海軍はそれを立証するとして、１９２１年2月にドレッドノート世代（ド級戦艦）以前の旧式戦艦USSインディアナを相手に爆撃実験を行ないました。実験後、航空攻撃で沈めることができなかったという実験結果の報告が発表され、海軍は自説が正しかったとしたのです。

ところが、実はこのときに使われた爆弾は実弾ではなく、砂の入った演習用爆弾だったことがのちに新聞にすっぱ抜かれてしまいます。これで面目を失った海軍はミッチェルの戦艦爆撃実験、いわゆるB計画の提案を受けざるを得なくなりました。

そして１９２１年7月に、ドイツから第一次世界大戦の戦争賠償として受け取っていた戦艦オストフィースラントを使った爆撃試験を行なうことになったわけです。

世界に衝撃を与えた戦艦爆撃実験

それに先立って、同じようにドイツから譲り受けていた駆逐艦と軽巡洋艦を使った実験が行なわれたのですが、両者ともあっさり沈められてしまい、ミッチェルは自分の主張の正しさに自信を深めます。

その後7月20日、21日に対戦艦の実験が行なわれたのですが、初日は荒天で上手くいかずに延期。翌日の実験では、最初に小型の１１００ポンド爆弾（約５００キログラム）によって行なわれました。これが3発命中したところで実験は一度中断され、被害状況の視察が実施されます。まだ沈没の恐れなしと判定が出て、実験は続行され、いよいよ2000ポンド爆弾（約900キログラム）の投下となりました。

攻撃は6機のMB-2で行なわれ、全機が爆弾を投下した結果、4発が至近弾となりました。直撃は1発もなかったとする資料が多いですが、爆撃後に黒い煙しか出ていない写真が残っており、直撃弾が少なくとも1発はあったと見られます。［図1-2］

そして最終的に爆撃から22分後、オストフィースラントは沈没してしまいました（沈没直前になぜか待機していたハンドレページ機がトドメの1発を投下したらしいが、理由は不明）。

こうして当時は限りなく不沈に近いと思われていたドレッドノート世代以降の戦艦を航空攻撃だけで沈めてしまい、世界に衝撃を与えたのでした。

ただし、のちに海軍が主張したように、停止している艦であって回避運動をしておらず、対空砲火もありませんでした。さらに損害を受けた後、無人なので浸水防止の処置も艦内で取られていないといった点も事実で、水平爆撃で行動中の戦艦を沈めるのは現実にはほぼ無理でした。

実際、動いている戦艦相手に水平爆撃で命中弾を与えた例は第二次世界大戦中のマレー沖海戦の日本海軍機くらいしかなく、事実上、不可能に近いものです（のちに誘導爆弾を使って

［図1-3］1921年9月23日、目標艦USSアラバマのマスト上方で白リン弾が爆発している様子。上空を飛行しているのは陸軍のMB-2爆撃機（Photo：U.S. Naval History and Heritage Command）

戦艦ローマを沈めたドイツ空軍は反則とする）。

しかしそれでも、航空爆弾だけで戦艦が沈められたのは事実でした。これはのちに急降下爆撃機が実用段階に入り、さらに雷撃機が加わることで、より現実的な脅威になっていきます。その結果が太平洋戦争の空母の活躍であり、そのことを最初に証明したのが、皮肉にも戦略爆撃を目指して海軍不要論を唱えていたアメリカ陸軍だったということになります。

戦略爆撃のメリットを主張

その後、第一次世界大戦の経験もあり、ひとまず陸上航空戦力の維持は認められましたが、極めて小規模なものとなりました。これをミッチェル率いる空軍独立派は不満に思い、議会を説得する次の手を模索し始めます。

そして航空戦力のもう一つのメリットとして、戦略爆撃によって敵国の主要な産業・軍事施設を破壊し、交戦能力と戦意を一気に奪って戦争を勝利に導くという、新たな航空戦を提案します。「戦略空軍」への道を主張し始めるのです。

ただしその途中、１９２５年９月に飛行船シェナンドー号の遭難事故が発生した際、この飛行を強行させた軍上層部の責任を痛烈にミッチェルが批判する事件が起こります。これを理由に彼は軍法会議にかけられて有罪判決を受け、この結果、翌１９２６年には陸軍を去ることになりました。これによって空軍独立派は、その有力な指導者を失うことになってしまいます。

しかし、それでも陸軍内部にはミッチェルの薫陶を受けた人物が多く残り、第二次世界大戦における戦略爆撃理論の完成とその実行、そして戦後の空軍独立へと導いていくことになりました。

ちなみにその１９２５年にミッチェルの代表作『Winged Defense（航空防衛）: The Development and Possibilities of Modern Air Power-Economic and Military』が出版されています。全米が注目した彼の軍法会議期間中に出版され、その話題性は十分だったのにも関わらず、わずか５０００部以下しか売れなかったと言われています。残念ながら、彼の世論への影響力は限られたものだったようです。

未完成だったドゥーエの戦略爆撃理論

その後、空軍独立派はこの戦略爆撃理論に傾倒していきます。

当時、第一次世界大戦の塹壕戦での悲惨な経験から（西部戦線における陸上戦の兵士の戦死数だけを比較するなら、第二次世界大戦よりも多い）、血まみれの陸上戦を避けられるという航空戦の利点が、戦争終了直後からヨーロッパでは広く語られるようになっていました。

特にイタリアのジュリオ・ドゥーエ（Giulio Douhet）は戦略爆撃による新たな戦争の形を強く主張し、多くの航空関係者に強い影響を与えていました。ミッチェルはドゥーエに会って話したこともあったため、その主張から強い影響を受けます。空軍の究極の姿であり、戦略爆撃によってアメリカの航空戦力も空軍という独立した軍隊になれると考えたようです。［図1-4］

［図1-4］イタリア王国の陸軍軍人で、軍事学者だったジュリオ・ドゥーエ（1869〜1930年）。第一次世界大戦前から航空戦力を研究しており、大戦中には航空戦力の運用法を巡って政府や参謀本部と対立し、禁固刑に処せられた。1921年に航空戦力による爆撃の有用性を説いた論文『The Command of the Air』を発表し、戦略爆撃に大きな影響を与えた

ドゥーエは何冊もの本を書いて、しかも何度も書き直しているので、その理論を厳密に把握するのは結構面倒なのですが、その要点は極めて単純です。

従来の戦争は敵の待ち構える戦線を乗り越えて敵国に攻め込み、その戦争継続意思を放棄させ、降伏に追い込むのが目的でした。当然敵も必死で防いできますから、血みどろの戦いが待っていることになります。

それに対して航空戦は敵のあらゆる防護施設や要塞、塹壕もひょいと飛び越えて、敵の中枢部に至ることができてしまいます。ですのでその工業地帯や人口密集地帯、交通施設などを開戦直後に速攻で爆撃すれば、あっという間に敵国民の生活基盤を破壊できるのです。そうなると、敵国はもはや戦争継続が不可能な状況に追い込まれ、当然降伏するしかなくなる、といったところがドゥーエの主張です。

ここでドゥーエは、相手の戦争継続意思の破壊、すなわちもう戦争は嫌だと敵に思わせて戦争終了に追い込めるとしています。これは第一次世界大戦時のドイツとロシアの終戦状況、つまり戦争に嫌気がさした国内の内乱状態やロシア革命とドイツの十一月革命から休戦と降伏に追い込まれた事実が、その着想に影響していると思われます。

ところが残念なことに、それ以降、国内の厭戦（えんせん）気分を理由に降伏したのは、よりによって第二次世界大戦時のイタリア

（ドゥーエの地元）くらいで、他の国ではそんな事態は最後まで発生しませんでした。そしてイタリアの場合も、ローマのすぐそばまで連合軍が攻め込んでくるまで、つまり陸戦で追い込まれるまではそういった事態にはなりませんでした。

よって単純に空爆で相手の国民を厭戦気分に追い込んでも、現実にはなかなか戦争は終わらないのです。実際、第二次世界大戦のときのドイツは、首都ベルリンが陥落してヒトラーが自殺するまで戦争を止めませんでした。この点を見逃したのがドゥーエの理論の決定的な欠陥でした。

このため単純にその影響を受けただけのイギリスやドイツは、共に第二次世界大戦では戦略爆撃だけで敵国を降伏に追い込むことに失敗しています。

例外的に戦略爆撃で成果を上げたアメリカ

ところが意外なことに、未だ空軍が独立していないアメリカだけが例外となり、戦略爆撃で戦争の行方を決定づけてしまいます。

確かに制約の多かった対ドイツ爆撃では、ほぼ国家崩壊まで追い込みながらベルリンがソ連に占領されるまで戦争は終わりませんでした。しかし日本は事実上、空襲だけで産業システムと国内輸送網を粉砕されてしまい、本土決戦はどう見ても無理という状況に陥り、そこに原爆の投下が加わって降伏にまで追い込まれます（先に見た国民の厭戦気分による降伏ではないことに注意。ドゥーエの主張とは異なる）。東京の近所まで陸上部隊が進出するまでもなく、確かに戦争は終わってしまったのです。

さらに言えば、降伏まで追い込むことには失敗したとはいえ、ドイツもアメリカの戦略爆撃で戦争継続能力を完全に奪われており、これが地上戦の早期終結に大きく貢献しています。この点は、ドイツの弱体化を実感できたソ連のスターリンがのちに戦略爆撃に強い興味を示すことからも窺えます。

その成果により、戦後、長年の夢であったアメリカ空軍の独立は達成されました。ただし、この戦略爆撃の予想以上の成功が、アメリカ空軍を迷走させることにもなるのですが、それはまた後で見ていきます。

ここからまずは、なぜアメリカだけが戦略爆撃を戦争の勝利に直結させることができたのかを見ていきます。それは知られざる天才の一人、ハロルド・L・ジョージ（Harold Lee George）がいたからなのだというところから、この話は本格的に動き始めるのです。［図1-5］

2　〝戦略爆撃の生みの親〟ハロルド・ジョージ

一人で戦略と人材を育てたハロルド・ジョージ

さて、ハロルド・ジョージとはどんな人物なのでしょうか。その功績の割にはアメリカ国内でも意外なまでに無名であり、むしろ第二次世界大戦後半に彼が築き上げた陸軍の航空輸送ネットワークのほうで有名な人物です。ジョージ（名前でなく苗字）の功績を最初に指摘したのは、1997年3月に発表されたアメリカ空軍士官大学（ACSC）の学生向けレポート「Anonymous Warrior：The contributions of Harold L.George to Strategic Air Power」だとされています。

しかしアメリカが第二次世界大戦へ参戦する前、陸軍の航空団戦術学校（Air Corps Tactical School：ACTS）で教官を務めながら、戦略爆撃の基礎理論を完成させたのは間違いなくジョージであり、のちに航空戦計画部（Air War Plans Division：AWPD）の責任者として、対ドイツ航空戦略の基礎を打ち立てたのもまた、ジョージなのです。

さらに彼が航空団戦術学校で打ち立てた理論を学んだ士官たちが、のちに陸軍航空部門の中で戦略爆撃を主導する「ボンバーマフィア」の主要メンバーとなりました。とにかく彼一人で、第二次世界大戦時の陸軍航空部隊の基本戦略と主要な人材の二本柱の両方を育て上げてしまっているのです。もし彼がいなかったら、アメリカの戦争はだいぶ違ったものになっていたでしょう。

アメリカの戦略爆撃プランが、自国の兵器生産計画から爆撃対象の選択まで極めて緻密で、イギリスやドイツとまったく別

［図1-5］第二次世界大戦時の陸軍航空部隊の基本戦略と主要な人材の両方を育て上げたハロルド・L・ジョージ（1893〜1986年）。その後、全世界に広がる輸送機の航路開発に活躍し、アメリカの兵站維持に多大な貢献をした。最終的には中将で退役。写真は終戦直後頃のものとされる

物のレベルにまでなったのはほぼ彼の功績によります。

そもそも彼は第一次世界大戦中、先にも紹介したアメリカの空軍至上主義者、ビリー・ミッチェルの配下でした。終戦後もその縁は続き、ミッチェルが爆撃機の威力を示すために行なった例の戦艦撃沈実験にも参加しています。さらにシェナンドー号遭難事件の軍法会議でミッチェル側の証人として証言もしていましたから、その愛弟子と言えるでしょう。

余談ながら、この軍法会議を通してミッチェル側の証人に立ったメンバーは、ジョージのほか、のちに陸軍航空軍の指令官となるヘンリー・ハーレー・〝ハップ〟・アーノルド（Henry Harley "Hap" Arnold）や、ハンサムで空軍独立後に2代目参謀総長になるホイト・ヴァンデンバーグ（Hoyt Sanford Vandenberg）など、第二次世界大戦で陸軍航空隊の中心となった人物がゴロゴロといました。のちのボンバーマフィア揃い踏みというメンバーだったのです(ついでに判事側の一人にはダグラス・マッカーサー［Douglas MacArthur］がいた)。［図1-6］

空軍独立が理念だった「ボンバーマフィア」

ここでボンバーマフィアについて説明しておきます。当時、戦略爆撃を空軍の最大の目的とし、航空爆撃こそ最強の兵力であると主張する連中がこの名で呼ばれていました。実は戦前と戦後の二世代があるのですが、ここでは1930年前後から登場した「初期ボンバーマフィア」を見ていきます。

この中には先述のアーノルドやヴァンデンバーグ、そして空軍最初の参謀総長となったカール・スパーツ（Carl Spaatz）などが入っていました。その後の空軍の首脳陣はほぼすべてこの一派から出ていると思って間違いありません。

ボンバーマフィアというネーミングは、彼らの攻撃的な姿勢に対し軽蔑の意味で使われたものでしたが、のちにこの呼び名が定着してしまいます。

ちなみに彼らが戦略爆撃を愛するのは、それが空軍独立に至る唯一の道と思われていたからです。あくまで、空軍として独立するための手段であることに注意しておいてください。単に戦略・戦術の議論ではなく、やや政治的な意味合いすら含む戦略であり、共通理念はあくまで空軍独立なのでした。

動機が純粋に戦略・戦術によらない以上、初期のボンバーマフィアのメンバーによる戦略爆撃理論は机上の空論で、ドゥーエの本に毛が生えた程度でした。1941年にハロルド・ジョージがその戦略爆撃理論の構築を始めるまで、具体的な戦略思想はアメリカにもなかったに等しいと言っていいでしょう。

ただし第二次世界大戦中のアメリカの戦略爆撃は、最後の最後でジョージが立てた方針とはかなり異なる方向に突っ走っていってしまいます。すなわち都市住民を片っ端から焼き殺す無差別爆撃です。これはあくまで（アメリカ国内・軍内の）政治的な手段としての無差別爆撃だった部分が大きいのですが、このあたりはボンバーマフィアの一員であり陸軍航空軍のボスであったアーノルドの狂気による部分も大きかったのです。

［図1-6］ヘンリー・ハーレー・〝ハップ〟・アーノルド（1886〜1950年）。第二次大戦中のアメリカ陸軍航空軍の最高司令官であり、戦後の空軍独立の立役者。その功績から陸軍元帥となるが、空軍独立後も一時籍を置いたため、現在に至るまで唯一のアメリカ空軍の元帥となっている（アメリカ軍に元帥は通常は存在せず、戦時の特例階級）。愛称のハップ（Hap）はハッピーからきているとされる

ミッチェルの弁護に立ったせいでアーノルドは4年近く陸軍内で干され、その間に少年向けの航空冒険小説を書いていたりしていました。しかし優秀な人材だったので、やがて1930年頃に第一線に呼び戻されます。そして以後、再び空軍独立の夢を追いかけることになります。そのための手段が戦略爆撃だったのです。

アーノルドの焦りが行なわせた無差別爆撃

第二次世界大戦終盤において陸軍がドイツへ向けて進撃し、海軍が太平洋戦線で活躍する様子が新聞記事の話題の中心になると、アーノルドは配下の各戦略爆撃部隊に対し、執拗にその成果を求めるようになります。戦略爆撃の優秀性を、軍事の素人ながら財布のヒモを握っている議会や国民に、極めて分かりやすい形でアピールする必要があると考えたのです。さもないと、戦後もこのまま陸軍の一部にされてしまうという焦りが彼にはあったのでした。

また、特にB-29の登場がその傾向に拍車をかけました。もはや戦艦並みの高コスト兵器となってしまった大型爆撃機部隊が、極めて有効な戦略兵器であることを証明しなければ、空軍独立は危うくなるどころか、以後、予算も止められてしまいます。この点については、ほとんどノイローゼに近いくらい、

ひたすら思いつめていたような印象があります。

その結果、彼は心身ともに疲れ果ててしまい、１９４３年初頭には最初の心臓発作に襲われて病院に担ぎこまれます。それでもアーノルドは終戦まで陸軍航空軍の最高指揮官の地位に留まり続けるのですが、大戦中に少なくとも４回以上も大きな心臓発作を起こしており、一時は病院から指揮を執る事態になってしまいます。

彼はもともと短気な人物だったのですが、この体の不調に悩まされ始めた時期からその傾向がより強まっていき、少しでも戦果に不服があると、すぐに現地の司令官を更迭してしまうようになっていきます。

そしてアーノルドは戦争の行方がほぼ決まった段階で、ジョージが１９４１年に立案した戦略を完全に捨て去る決心をします。確かに戦略爆撃は効果的でしたが、あまりに地味なために新聞では取り上げられず、議会や世論からの評価も低かったからです。よって彼はより見栄えのする無差別爆撃へと舵を切ってしまいました。

それは空軍独立という悲願に取り付かれた狂気の司令官、アーノルドの心情を理解しないとまったく訳が分からない世界でした。この方向転換は戦略的には意味もなく、いたずらに一般市民の命を奪う結果だけ終わるのです。

最初にジョージの立てた戦略は一部でこそ読みが間違っていたものの、残りの部分だけでもすでにお釣りが来るほどの大戦果を挙げていました。ドイツも日本も、その戦略爆撃によって立っているのもやっとという状態にすでに追い込まれており、それ以上の打撃は必要がなかったのです。都市への無差別爆撃は完全な蛇足でした。

よって本書で問題にする〝アメリカの戦略爆撃方針〟は、アーノルドによる方針転換前までとします。そもそも、無差別爆撃の前に決着はついていたと見ていいからです。以下に述べるアメリカの戦略爆撃の有効性はジョージの理論に基づく部分のみであり、無差別爆撃は含まないという点は覚えておいてください。

ハロルド・ジョージの「産業網構造理論」

では、ここからはハロルド・ジョージによる戦略爆撃理論がどういったものだったかを具体的に見ていきます。当時の戦略爆撃論を土台にしながら、理論的に弱い点を大幅につくり変えて近代的な戦略爆撃論としたのが彼でした。

しかし最初に断っておくと、ジョージ自身が書いた戦略論で一般に公表されたものは私の知る限りありません。なので彼が航空団戦術学校（ＡＣＴＳ）で行なった講義の記録や、戦争省(他国の陸軍省にあたり、戦後に海軍省と合わせて国防省になる)に提出され、のちにアメリカ陸軍の基本戦略に組み込まれた「航空戦計画局案1(AWPD-1)」の内容、あとは当時の関係者の手記などを基に構成しています。

ジョージの戦略家としての才能は連想性にありました。一人でクロワッサンの製法を考え出すような創造性や独創性はないものの、それよりも焼きそばとパンはどっちもおいしいから、一緒にしちゃえばさらに良いのでは？　という感じです。誰でも知っている既存の知識を、誰もが思いつかなかった形で合体させ、焼きそばパンを生み出してしまうというタイプの発展型の天才でした。

ここでジョージにとっての焼きそばとパンにあたるのが、おなじみのドゥーエの戦略爆撃論と、航空団戦術学校の先輩講師だったドナルド・ウィルソン(Donald Wilson)が発表していた論文、『Industrial Web Theory(産業網構造理論)』だったのです。ジョージは、この二つをたくみに合体させ、体系化することに成功します。

アメリカの戦略爆撃理論における〝大黒柱〟となっていく産業網構造理論は、ジョージの同僚である航空団戦術学校の講師だったウィルソンが独自に考えていたものでした(ACTSの講師としてはウィルソンのほうが先輩)。ジョージはこれに強い衝撃を受け、自分の爆撃理論へ取り込んでいくことになります。産業網構造理論を極めて簡単に要約してしまうと、次のようなものになります。

・近代産業では、各生産施設は単独で生産を行なうことはできない。必ず原料や資材を相互に結び付けあうネットワーク化が進む(例えば自動車工場ではガラスやタイヤまでつくれないので、別の工場でつくって納品される。電気もつくれないから発電所から送ってもらう)。

・その結果、全体の中枢(Hub)、つまり製造網の中心となる場所が自然発生的に生まれてしまう。例えば当時の製造業では、鉄が来ないと車も船もつくりようがないのだから、製鉄所が「中枢」の一つになっている。さらに近代工業で必要不可欠な発電所なども、ここが破壊されるとすべての機械が停まるから、これも「中枢」である。そして製造施設だけでなく、輸送網なら鉄道の車両や路線が1ヵ所に集まる操車場や大都市の駅などが「中枢」となるし、水運なら港湾が「中枢」となる。

・近代工業国家で産業の中枢を破壊されると、その集中度の高さゆえに影響は極めて巨大なものとなる。そして瞬く間にその影響が波及し、結果としてその産業構造を維持できなくなる。同じように輸送網の中枢の破壊によって国内の物量は麻痺に陥る。よってこの中枢部こそが、近代国家における心臓部（Vital Point）となっていき、これの破壊と防御が戦争の行方を決定づけるだろう。

というものです。

この考え方のヒントとなったのは、当時、アメリカ都市部の鉄道で頻繁に発生していた列車の遅延と運行の乱れでした。この点について原因を調査してみたウィルソンは、複雑に積み上げられた鉄道ネットワークは、故障した一つの列車がどこか線路の1ヵ所を塞いでしまうだけで、次々と後続の列車が停止に追い込まれ、その影響から連鎖的にシステム全体が間もなく麻痺してしまうことに気が付きます。ここから、巨大なネットワーク（Web）でも、たった1ヵ所の破綻がシステム全体の崩壊に繋がるという理論を導き出したのでした。

ただし結論から言ってしまうと、交通網の中枢の破壊は極めて有効でしたが、産業の中枢の破壊はいろいろ迂回路が存在してしまったため、期待されたほどの効果は上げませんでした。この点はまた後で説明します。

単純すぎたジョージ以前の爆撃理論

ここで具体的な戦略を考えるため、ある日、あなたはフランスの王妃、マリー＝アントワネットと全面戦争状態に入ったとしましょう。どうすればマリー＝アントワネットに「参りました」と言わせることができるのかを考えます。

まず、フランス人のマリー＝アントワネットの主食はパンであることが判明します。［図1-7］

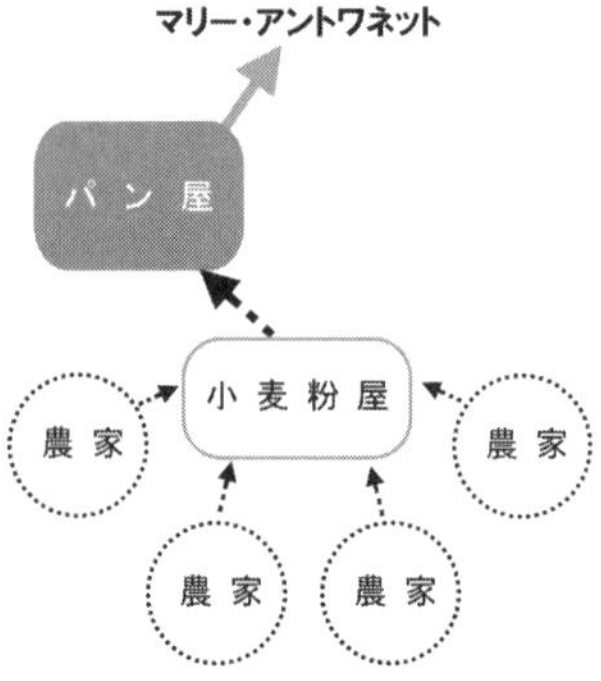

だったらパン屋を戦略爆撃で破壊すればいい、ということは誰もが思いつきます。さっそくやってみましょう。［図1-8］

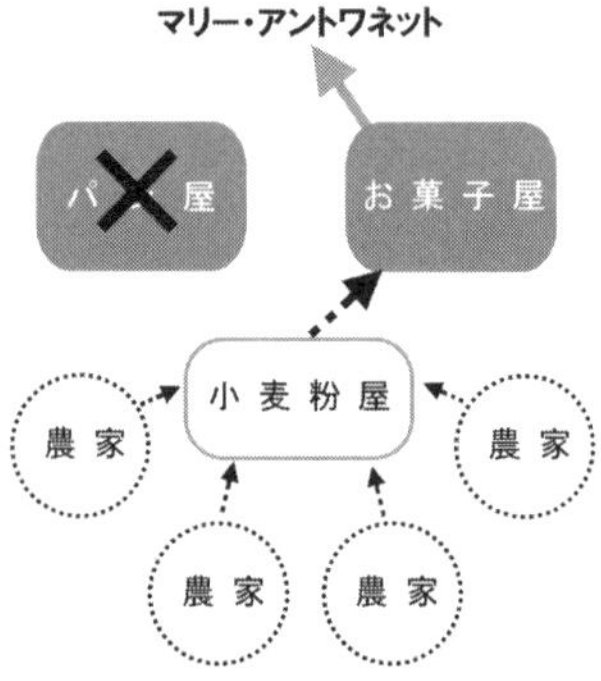

マリー・アントワネット
パン屋
小麦粉屋
農家
農家
農家
農家

［図1-7］

マリー・アントワネット
パン屋
お菓子屋
小麦粉屋
農家
農家
農家
農家

［図1-8］

ところがなんと、マリーはパンがなければお菓子を食べる人でした。それどころか、パンを食べていたときよりむしろ血色がいいことが判明します。

つまり、パン屋を粉砕しても、お菓子屋がある限り意味がない。じゃあ、それでは今度はお菓子屋を粉砕するべく、空軍を差し向けましょう。［図1-9］

ところがマリーとその一味は、その隙にパン屋が店を修復してしまいました。

ならばと再びパン屋を爆撃すれば、今度はお菓子屋が修復されます。復旧させないためには継続的な爆撃が必須ですが、2ヵ所への爆撃を同時に続けるだけの戦力は当方にはないのです。このイタチごっこにハマってしまうともはや打つ手はなく、むしろ自軍の損失ばかりが増えていくことになります。これでは戦争には勝てません。

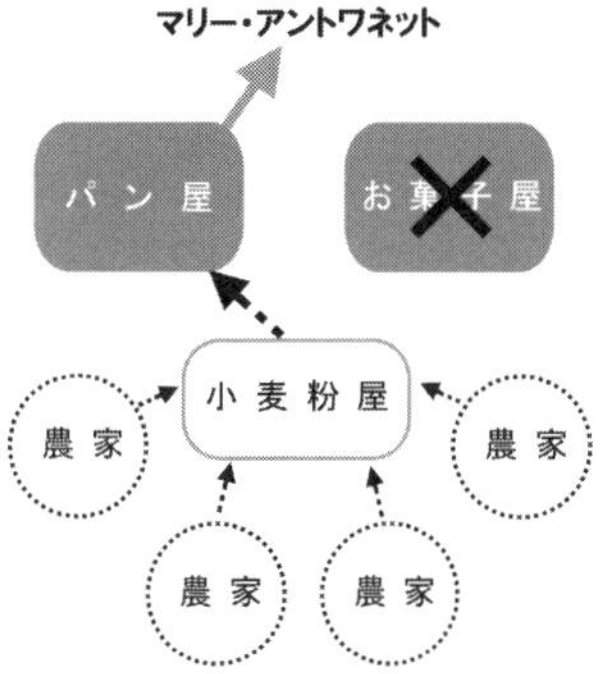

［図1-9］

確かに航空機は敵国内のどこでも爆撃できるけど、その破壊力は限定的であり、すべての目標を完全に破壊するまで爆撃し続けるのは不可能です。別の目標を爆撃している間に先に爆撃した工場は回復してしまいます。それどころか爆撃による学習効果で、生産施設の分散や疎開などが行なわれてしまうと、次の攻撃はより困難になってしまうわけです。

これがドイツがやった効率の悪い戦略爆撃であり、イギリスもほぼ同じことをやっています。実はアメリカも一部でやっているのですが（英独ほど単純な話ではないが）、それらはほぼ失敗に終わりました。戦略爆撃は、普通にやっていたのでは極めて経済性の悪い戦争手段となってしまうのです。ドゥーエの考えは単純すぎたと言えます。

〝中枢〟を調査して繰り返し叩く

では、産業網構造理論を使うとどうなるのでしょうか。

まずは、考えることから始まります。ジョージ式戦略爆撃では、いきなり爆撃したりせず、まず、敵の〝産業システム〟の解析から入るのです。今回の目的は、マリーの弱体化を狙った食糧の供給の遮断です。それにはマリーの食糧供給システムを調べ上げる必要があります。

調べてみれば、当然といえば当然ですが、お菓子もパンも小麦が原料です。同じ小麦粉屋さんから材料を買っており、その小麦粉屋さんは、フランス各地の小麦栽培農家から原料を購入していることが分かりました。

さて、もうどこが集中点、つまり「中枢」であり、ここを叩

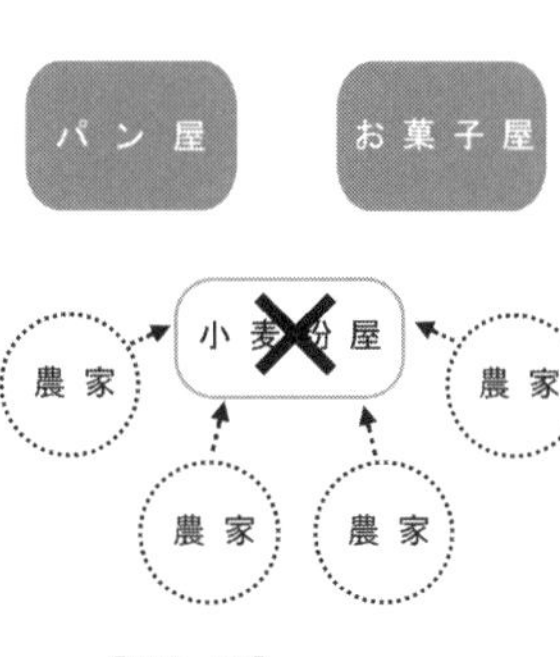

［図1-10］

くと全体が麻痺してしまう心臓部（Vital Point)なのかは明白です。マリーの食事の供給を絶つには、パン屋さんでもお菓子屋さんでもなく、その両者に原料を提供している小麦粉屋さんを叩けばよかったわけです。ここそがマリーの食事供給における「中枢」となります。［図1-10］

ちなみにこれ以上遡(さかのぼ)ってしまうと、今度はフランス全土の農地にまで爆撃対象が広がってしまうので、かえって無意味となります。

このように目標を一つに絞りこめれば、ひたすら爆撃を繰り返すのは難しくないですから、相手に修復の機会を与えることもありません。この点のアメリカの徹底ぶりは、戦後、連合軍の戦略爆撃調査団にインタビューされた、ドイツの石油精製工場で働いていた男の言葉がよく示しているでしょう。

「爆撃される。何日もかけて工場の修復作業をする。（修復が）完成する。すると翌日あんたらがまた爆撃にやってくる……」

アメリカの戦略爆撃の重要ポイントその1が、この産業網構造理論に則った爆撃目標の選択と、それに対する反復攻撃でした。この場合、目標の取捨選択が最重要事項となりますから、産業網構造理論を取り入れたジョージの戦略爆撃理論ではその攻撃目標の設定にもっとも大きな力を注いでいます。

戦略爆撃の目標となる「中枢」であり、敵の心臓部であるとアメリカ軍が認定したのは、エネルギー産業や製鉄、航空機産業、そして輸送網でした。

この点を理解していないと、なぜ1943年8月に、北アフリカからの出撃という無茶をしてまでルーマニアのプロイェスティ油田をB-24で爆撃したのかや、B-29の爆撃デビュー戦でタイのバンコクに行きながら都市部ではなくマカサン駅周辺の鉄道施設を攻撃したのか、さらに日本爆撃デビューがなぜ北九州の八幡製鉄所だったのかがまったく理解できないでしょう。

アメリカ軍は当初、イギリスのように夜中に人の家を放火して歩くような、陰湿な都市戦略爆撃をやりませんでした。それはエネルギー産業や製鉄、輸送網という、アメリカの爆撃プランに忠実に沿う形で実行された作戦だったからなのです。のちにアーノルドの焦燥からこの理論の適用が弱くなるまで、このプランは忠実に実行されていたのでした。

3　僥倖を得て採用された戦略爆撃計画
従来の軍隊は、敵兵力を撃滅するためにあった

ここでもう一度、戦略爆撃で勝利を得るにはどうすればいいのかを確認しておきます。

第一次世界大戦の段階まで戦争の目的、そして勝利条件を明確に定義したのはナポレオン世代であるクラウゼヴィッツが最初でしょう。彼は有名な『戦争論』の冒頭で「戦争の目的は敵の抵抗力の粉砕にある」と、非常に分かりやすい定義を例によって非常に分かりにくい言い回しで書いています。戦争の目的は敵軍を撃滅することだ、とクラウゼヴィッツは結論付けているのです。

敵の抵抗力（軍事力）の源である兵力をすべて粉砕してしまえば、国土の占領はすぐ終わります。それどころかもはや反撃を受けない以上、やりたい放題となります。

つまり戦争の第一目標は敵地の占領などではなく、敵戦力の粉砕にあるということになります。そんな状態に追い込むことで敵の戦争継続意思を砕き、それによって自国に有利な講和に持ち込めるというのがクラウゼヴィッツの理論です（戦争の目的については『戦争論』一部一章、勝利条件については一部二章にある）。

そしてこれは世界の軍隊の基本認識であり続けます。というか、アメリカ陸軍を除くすべての国の軍隊が第二次世界大戦終了まで、これ以外に敵の戦争継続意思を砕く方法はない、すなわち勝利する方法はないと思い込んでいる状態でした。

よって世界中の軍隊はすべて〝敵国の兵力と戦い、これを打ち破る〟ように設計運用されています。機関銃は敵の兵士を、対戦車砲は敵の戦車を、対空砲は敵の航空機を、戦艦の主砲は敵の戦艦を、それぞれ撃破するための兵器でした。

しかし、戦略爆撃は異なります。その兵器の目標は工業施設や鉄道、海運施設といった産業基盤であり、敵の兵器でも軍でもありません。戦略爆撃機の目的はただ一つで「敵国家の中枢部の直接破壊」なのです。すなわち敵兵力をすべてすっ飛ばして、直接、心臓部を叩くというまったく新しい兵器が戦略爆撃機なのです。

この兵器を基にハロルド・ジョージが考えたのが、まったく新しい戦略爆撃理論でした。そうなると当然、それに合わせた

まったく新しい軍隊の形が必要になってきます。

敵軍の粉砕を目的としない〝新しい軍隊〟

そんな敵軍の粉砕を目的としないまったく新しい軍隊の設計図を、1941年夏、ジョージは当時所属していた航空戦計画局（AWPD）の3人の仲間と共に、わずか1週間前後で書き上げてしまいます。あまりに時間不足で、軍上層部への報告する日の朝まで作業は続き、資料の印刷すら間に合わない状態でした。

しかし初めて見るジョージの戦略理論に大統領を含む多くの関係者が魅了され、やがてアメリカの基本戦争方針の一つとなっていきます。

このとき、ジョージらが最終的に選んだ爆撃目標、すなわち敵の産業中枢部であるドイツの心臓部は、

- 発電所……50ヵ所
- ドイツ国内の輸送網……47ヵ所
- 石油工場とガソリン精製施設……27ヵ所
- 航空機工場……30ヵ所

の4つでした。この中で輸送網と石油関係施設の粉砕が、事実上ドイツの戦争継続能力を完全に喪失させることになります。アメリカはこれらの施設を繰り返し、徹底的に爆撃するのです。ちなみに日本は後回しにされていたので、この段階で具体的な目標は決められていません。

特にドイツの場合、国内輸送量の72パーセントが鉄道、25パーセントが運河を利用した水運でした。そのため鉄道網の心臓部となる操車場や貨物駅施設、鉄橋などを徹底的に叩かれ、さらに水運の心臓部である運河の港湾施設も破壊されたことが致命傷になりました。

これでは、どんなに工場で兵器をガンガンつくっても、それを前線に送れませんし、そもそも工場に材料が入ってきません。たとえ工場を直接叩かなくても、事実上その生産能力を奪ってしまうことになったのです。この輸送網の攻撃には戦略爆撃機だけでなく、P-47やP-51などの戦闘機も投入され、大きな効果を上げています。

この点、のちに日本も瀬戸内海をはじめとしてあちこちに機雷をB-29によってばら撒かれ、海運を麻痺させられて息の根を止められることになりました。

ちなみに爆撃目標リストには、ドイツ国内の発電所と送電設備も挙げられていました。しかし、送電線網は迂回が可能で複数の発電所が国内に存在するため、その効果は薄いと判断さ

れ、のちに爆撃目標から外されてしまいました。

ところが戦後の調査によると、ドイツの送電線網は連合軍側が予想していたよりはるかに貧弱で、これを叩いていればもっと爆撃の効果が上がっていたことが判明しています。これは目標選択の失敗例ですが、選択の難しさを示す例でもあるでしょう。

ドイツへの戦略爆撃計画書とシュペーアの爆撃計画

［図1-11］はAWPD-1計画書の一部です。上半分には第一目標（First Objective）として先述した爆撃目標が記され、その下には第二目標（Second Objective）として都市爆撃により市民の士気を挫くことが挙げられています。

下半分は必要とされる爆撃機の数です。1941年8月の計画段階ですでに、B-36の配備が予定されています。B-36は実際に配備されたのは戦後で、冷戦の象徴ともなった機体ですが、当初はドイツ爆撃に投入する予定でした。［図1-12］

枠内の数字は爆撃に必要とされた機数です。左枠がヨーロッパ戦線（ETO）に備えて必要な機数で、右がヨーロッパ本土上陸作戦（のちのノルマンディー上陸作戦）時までに必要とされた機数です。

実際には日本が1941年12月に宣戦布告したことで、この

AWPD/1 August 1941

First Objective: 154 key economic/military targets

50 power plants
47 transportation centers
27 oil and gas plants
30 aircraft plants

Second Objective: cities to crush civilian morale

Bombers planned for ETO	Bombers on hand D-Day
1060 Medium (B-25,26)	800 Medium
1700 Heavy (B-17,24)	4085 Heavy
2040 Very Heavy (B-29,32)	0
3740 Very Long Range (B-36)	0
8540	4885

［図1-11］AWPD-1計画書の一部

［図1-12］右がコンソリデーテッド・ヴァルティ（コンベア）が開発した戦略爆撃機B-36ピースメーカーで、左がB-29（全長30.18メートル、全幅43.06メートル）。全長49.41メートル、全幅70.1メートルと世界最大で、主翼の後縁に取り付けられた6発のレシプロエンジンに加え、4発のジェットエンジンを備えていた

［図1-13］コンソリデーテッドが開発した4発の長距離大型爆撃機B-32ドミネーター（支配者）。本命のB-29の保険として開発がスタートし、B-29よりも早く初飛行を行なった。しかしその開発は難航し、与圧装置の問題やB-29が無事に実戦配備されたこともあって、110機前後の生産で終わった

計画は前倒しになり、必要な機数はさらに膨大なものになってしまうのですが、この時点でもすでに桁外れな要求数でした。ちなみに当初はB-32もB-29と同時に本格配備予定だったようですが、実際には100機前後で生産終了になってしまいました。［図1-13］

ドイツの建築家にしてヒトラーのお友達で、大戦途中の1942年2月からナチスドイツの軍需大臣となったアルベルト・シュペーア（Albert Speer）は枢軸国側で唯一、ジョージの戦略爆撃理論に近い発想をもった人物でした。［図1-14］

1970年に出版された彼の自伝『Erinnerungen（回想録）』によると、1943年4月にソ連の重工業の中枢部を爆撃で破壊し、その工業生産を麻痺させることをヒトラーに提案したとされます。この案はウヤムヤになってしまったようですが、6月になって石炭工業の所在地に関する詳細な資料をイギリスが公表しているのを発見し、これの爆撃を計画します。しかし、すでにドイツ空軍側にイギリスを集中爆撃する力はなく、計画は頓挫しました。

その後、ソ連の工業地帯における発電所が極めて脆弱で、かつ少数の施設に頼っていることを発見します。そこでこれらへの爆撃を計画するのですが、ソ連の1943年末の冬季攻勢にぶつかったためにヒトラーがこの計画に興味を失い、中止と

［図1-14］ヒトラーと握手するアルベルト・シュペーア（右。1905〜81年）。一介の建築技師だったが、ニュルンベルクのナチ党大会の巧妙な演出でヒトラーに認められ、ベルリンの都市改造計画を任された。ヒトラーの側近として1942年に36歳の若さで軍需相となり、徹底的な管理化を行ない軍需生産を一挙に上昇させた（Photo：Bundesarchiv）

なってしまいました。

シュペーアはアメリカの戦略爆撃理論を知らず、それどころかドイツ産業への爆撃はイギリスが主導していたと思い込んでいたふしがあるくらいなので、この考えは彼独自のものでしょう。この人もまた、只者ではなかったのです。

またシュペーアは自伝の中で、「連合国側のドイツ工業地帯への戦略爆撃は無意味だった。戦闘機の生産などはむしろ爆撃開始後に増えている」と述べています。これは事実で、それは連合国側も失敗だったと認めている部分です。あくまで石油関連施設や窒素工場、国内輸送網への打撃がドイツを敗戦へと追い込んだのでした。どんなに戦闘機をつくろうが、石油がなければ飛べませんし、輸送ができなければ前線にも届きません。その段階で戦争は負けなのです。

戦略爆撃を後押しした思わぬ幸運

アメリカの戦争方針の一部となった戦略爆撃計画は、アメリカ参戦のわずか半年前の1941年夏に航空戦計画局（AWPD）で急遽作成されたものでした。ヨーロッパの戦争が始まってから実に2年も経ってからのことなので、計画のスタートラインとしてはかなり遅いと言っていいでしょう。

では、航空戦計画局とはどんな組織だったのか、そこで具体的にどんな爆撃計画が立てられたのかを見ておきます。

アメリカの参戦が避けられない雰囲気になってきた1941年7月8日に、陸軍が立ち上げた新たな組織が航空戦計画局でした。本来は陸軍の地上部隊への支援計画を立案させるつもりの組織だったようですが、立ち上げのために責任者として着任したのが〝戦略爆撃の信奉者〟ハロルド・ジョージだったことが大きく歴史を動かします。

もっとも、この人事はボンバーマフィアの統領にして陸軍航空部門の責任者だったアーノルドの手によるもので、チャンスがあれば戦略爆撃計画を立ててしまおうと最初から考えていたふしはあります。当時ジョージは大佐でしたから、組織でそれほど高度な権限をもっていなかったはずですが、この航空戦計画局がのちの戦争を、そして戦略爆撃を根底から変えてしまうことになります。

ただしこの航空部門の作戦計画も、陸軍上層部に支配されていました。

ジョージは陸軍の航空戦力は戦略爆撃に投入されるべきだという立場でしたが、実際には陸軍上層部に沿う形で航空部門の作戦計画は立てられていたのです。つまり、あくまで上層部は航空戦力を地上部隊の支援に使う気だったため、戦略爆撃の計画立案はできそうもありませんでした。

ところが思わぬ幸運が向こうからやってくることになります。

アメリカ参戦の11ヵ月前、1941年1月29日から3月27日にかけ、ワシントンDCに英米軍の責任者たちが集まり、秘密会議が続けられました。これがいわゆるABC-1会議で、アメリカがヨーロッパ戦線へ参戦することを前提に、英米間でその基本戦略が確認されています。

とりあえずすでにヨーロッパ本土を席巻しつつあったドイツをいかに叩くかが話し合われ、それにはまずイタリアをやっちまえ！　といった結論となり、あとは中東とアフリカもなんとかしなきゃ、という話になっています。ちなみに日本に関してはとりあえず放っておけ、ドイツが片づいてからチャチャっとやっちゃおう、というレベルの扱いになっていました……。

この会議の結果を受け、アメリカが独自に作成に入った参戦計画が、「レインボープラン」と呼ばれるものです。陸海両軍の統合連絡会議（Joint Board）の了承を受け、最終的にまとめられたのが「レインボープランNo．5」でした。これは5月になってからルーズベルト大統領によって正式にアメリカの戦略として承認されますが、当然、この段階では戦略爆撃はまったく計画に入っていませんでした。

その直後、1941年6月22日に始まったドイツの対ソ連侵攻戦争「バルバロッサ作戦」を受けて、ルーズベルトはアメリカ参戦の決意を固め、戦争省と海軍省にレインボープランの実現に必要な資材や兵員、時間などの見積もりをせよ、と命令を出します。これが7月9日のことでした。

しかし、ここでルーズベルトの短気が爆発し、急遽「1ヵ月で見積もりを出せ！」と無茶な要望を出します。

この時間制限が、思わぬ副産物を生みました。先に見たように、ジョージが航空戦計画局を正式に立ち上げたのがその前日の7月8日ですから、まさに最高のタイミングでした。

航空作戦の見積もりを丸投げされる

それから約1ヵ月が経ってから、陸軍航空部門の責任者アーノルド将軍からジョージは突然呼び出されます。これが8月4日のことで、ルーズベルトが指定した兵力の見積もりの締め切り日である8月9日まであと5日、つまり120時間前のことでした。そこで、呼び出されたジョージはアーノルドから驚くべき指令を受け取ります。

「君の部署で対ドイツ戦に向けた航空作戦を立案し、そのために陸軍航空軍が必要とする機材や物資、兵員を見積もれ」と言われたのです。無茶振りの命令ではありましたが、それは同時に〝やりたい放題の自主計画立案が可能になった〟ということを意味しました。すなわち戦略爆撃を基本方針にしてしまえるのです。この突然の吉報に、ジョージは狂喜します。

なぜそんなことになったのかといえば、陸軍戦争計画部の読みの甘さが原因でした。

すでに述べたように、彼が立ち上げた航空戦計画局は残念ながら、独立性の高い組織ではありませんでした。航空軍が陸軍の内部組織であったように、彼の組織も陸軍の戦争計画部(War plan division)の下部組織という扱いです。なのでルーズベルトの指令は、ジョージのところに直接は来ず、最初は陸軍戦争計画部に行き、そこであらゆる作戦に必要な物資と兵器の見積もりが始まっていました。

そのため、ジョージの航空作戦部門は蚊帳の外に置かれており、まさかこの段階で突然、そんな命令が来るとは思っていなかったようです。

このあたりの事情は、いろいろと陸軍のお役所仕事的な部分がありました。陸軍の戦争計画部がルーズベルトの命令によって実際の作戦計画の見積もり作業を始めると、予想以上に多くの要素が作業に絡んでいることが判明してきます。そもそもきちんと戦争全般の進行計画を立てなくては、「何が、どれだけ必要なのか」すらまったく分からないのです。あのルーズベルト相手に、後から実はこれも必要でしたというのは絶対認められないですから、慎重にならざるを得ません。

なので陸軍の戦争計画部は、大陸反抗戦（のちのノルマンディー上陸作戦）からその後のベルリン突入戦（実際にはアメリカ軍はベルリンに向かわなかったが）まで、きっちりと作戦を立てることから始める必要に迫られます。これは膨大な作業を絶望的に短い期間、わずか1ヵ月でやらねばならないことを意味していました。

このため、とても航空戦まで手が回らないことに早い段階で気付いてはいたようです。ところが航空兵力の管理が自分たちの手から離れるのを恐れたためか、最終的に航空作戦の見積もりを断念したのは実に8月に入ってからとなりました。

この段階でもう無理という報告を受けた陸軍戦争計画部のボスは、あまりの時間のなさに衝撃を受けます。そして苦肉の策で、航空軍のボスであるアーノルドを通じて航空作戦計画の立案と必要な兵力の見積もり作業をジョージの部門（航空作戦部）に丸投げしてしまったのです。

本来なら悪質な責任放棄ですが、陸軍戦争計画部にとって幸運なことに、そして同時に不幸なことに、担当者のジョージは有能な人物でした。この話を受けた彼は最初から戦略爆撃以外にやる気はなく、陸軍が期待していた地上戦力への支援という戦術をほぼ無視して独自に計画を立て始めます。これによって、アメリカの戦略爆撃に向けた歯車が一気に動き出すことになるのです。

作戦の立案自体から始める

まず彼は、この仕事が作戦の立案から始める必要があるのを利用して、すぐさま自分たちの戦略爆撃理論を作戦計画に採用します。さっそくそれに合わせた見積もりを彼の部署の３人全員で取り組み始めました（のちに増員されるが、当初は３人しか部員がいなかった）。

ちなみにドイツに対する爆撃目標の選択では、局員の一人であったヘイウッド・ハンセル（Haywood Shepherd Hansell, Jr.）がイギリスがもっていたドイツの工業情報を手に入れて帰国したばかりだったという幸運にも恵まれます。

ハンセルはのちに精密爆撃理論に則って対日戦略爆撃のB-29部隊の指揮を執るのですが、例のアーノルドの心変わりによって失意のうちにその地位を去ることになります。そして彼の後を継いだのが、あの悪名高きカーチス・ルメイ（Curtis Emerson LeMay）となり、日本は無差別都市爆撃の標的とされることになります。

ついでに本章に関する資料の多くはハンセルが残した手記によるもので、個人的に感謝したいと思います（「The Strategic Air War Against Germany and Japan」など複数の資料を残している）。

話を戻します。この作戦立案時、ハンセルが持ち帰ったドイツの工業情報の中に石油関連の資料がなかったため、彼らはさらに情報をかき集めてドイツ国内の27の石油関連施設を突き止めました。そして石油の運搬にも運河の水運が絡んでいることを発見し、その破壊も計画に盛り込みます。こうしてドイツの破壊目標として、産業の〝中枢〟である石油産業とその輸送網（交通網）が加えられる結果となりました。

この結果、戦争の末期にはドイツの石油やガソリンをほぼ枯渇させるのに成功し、１９４４年後半から、ドイツ空軍は飛ぶのもままならんという状況に追い込まれます。こうなると、どれだけ戦闘機の生産が維持されてもまったく意味がなくなるわけで、これがドイツの敗戦をほぼ決定づけました。

ついでに途中で窒素生産工場もターゲットに選択されます。その製造のほとんどを少数の工場で行なっていることが発見されたためで、これを徹底的に叩きに行くのです。窒素がなぜターゲットに？　と思うかも知れませんが、窒素は火薬の原材料です。これを科学的に工業化するのに初めて成功したのが実はドイツで、これがかつて第一次世界大戦の遠因の一つとなりました。

実際この爆撃によって、ドイツは弾薬にすら不足する事態に直面します。ついでに窒素は農業用化学肥料の原材料でもあるので、食糧生産までがピンチとなるのです。窒素関連施設の爆撃や破壊は、産業網構造理論の顕著な成功例の一つでしょう。

反対に、目標選択の失敗例として、シュバインフルトのボールベアリング工場への爆撃が挙げられることがあります。しかしドイツの軍需大臣シュペーアは「爆撃機の集中と反復爆撃の回数が少なかったので救われた(工場の復旧に8週間かかるので、繰り返し爆撃を受けたら打つ手がなかった)。そうでなければ、4ヵ月後にすべてのドイツ軍需産業は停止していただろう」と述べています。

実際、爆撃からの回復には連合国側が考えた以上に時間がかかっており、その間は不良品を含めた軍の貯蔵品でかろうじてまかなっていたとのことでした。すなわち着目点としては間違っておらず、中途半端な戦力投入が失敗の原因だったことを示唆しています。このあたりも戦略爆撃理論の反省点かと思われます。

ちなみにシュペーアは戦後、戦略爆撃をまったく理解していないイギリス空軍の人間(アーサー・ハリスだろうか)と話をして、連合軍の戦略爆撃はお粗末だとの結論を得ていますが、それは話す相手を間違えています(笑)。イギリス人は最後まで夜間爆撃以外の戦略爆撃理論をもつことはありませんでした。

また、このボールベアリング工場への爆撃を受けて、シュペーアはアメリカが少数の工業中枢を破壊することによってドイツ工業全体の息の根を止めようとしていると、極めて正確に敵の戦略を分析していました。しかし軍人ではない彼のその分析が、活かされることは最後までなかったのです。

期日が4日延びた予想外の幸運

話を戻します。

どんなにがんばっても、残り5日では具体的なドイツ工業施設の中枢部地区の選定や、爆撃目標の決定には時間が足りないと思われました。ところがここから、予想外の幸運が重なり始めることになります。

最初は、締め切りの延期でした。戦艦HMSプリンス・オブ・ウェルズに乗ったチャーチル首相がルーズベルト大統領との会談のため、カナダのニューファンドランド島へ8月9日前後に到着することになり、ルーズベルトと軍の上層部が全員、これへ向かうことになったのです。

となれば、8月9日の締め切り段階までに見積もりが完成しても、誰もチェックできません。このため軍内部での締め切りがまず2日延期され、8月11日となりました。そしてさらに会談は13日まで続いてしまったため、結果的に4日ほど締め切りが延びたのでした（ちなみにこのときの会談で、大西洋憲章が調印されている）。

さらに口うるさいタイプの指揮官だった航空軍のボス、アーノルドもルーズベルト大統領に同行したため、ジョージたちの作業中、完全にワシントンDCから不在になってしまったのもラッキーでした。ジョージらはこれを利用して、自分たちが長年温めていた作戦を誰にも遠慮せず、ちゃっかり採用してしまうのです（笑）。アーノルドはのちの行動から分かるように、戦略爆撃についてそれほど進んだ考えをもっていませんでしたから、その妨害が入らなかったことは彼らにとっては大きな幸運だったのです。

戦略爆撃の目標が決まると、彼らは作戦に必要な膨大な数の戦略爆撃機の生産をその必要兵力の要求に盛り込みました。のちにドイツと日本を壊滅に追いやる爆撃機を大量生産する要求です。この段階までB-17が500機程度しかなかったアメリカ陸軍航空軍は、この要求によって初めて本格的な戦略空軍への脱皮が図られたのです。

もっともこのときの見積もりの数字は先ほど［図1-11］で見た通りで、最終的に万単位の機体を投入することになるとは彼らも思ってはいなかったようです。

チェックなしで通過した作戦計画と見積もり書

結局、締め切り最終日の朝まで作業を続けるハメになり、十分な資料の印刷も間に合わない状態でアーノルドら航空軍の上層部相手に説明会を開くことになりましたが、無事承認されます。

しかし、ここまでは良いとしても、最終的には陸軍の戦争計画部に提出するわけですから、そこでのチェックを通る必要がありました。もう一度言うと、彼らのプランは、あくまで陸軍の作戦見積もりの一部にすぎないのですが、実際ジョージたちの計画&見積もりは完全に戦略爆撃に注力しており、陸軍の戦争計画部の戦略方針を逸脱しています。普通に考えれば、拒否される可能性が高いわけです。そうなると、戦略爆撃はまた儚（はかな）い夢に終わっていたでしょう。

残念ながら、ジョージもこの点には明確な対策をもっていませんでした。とにかく、やるだけのことはやろうと決意して、彼らはその書類をもって陸軍戦争計画部に向かったようです。もし審査を通らなかったら、彼らの努力もアイデアもすべて水の泡となる運命でした。

ところがその日は全軍の作戦提出の締め切り日であり、陸軍戦争計画部でも自分たちの計画書のまとめに追われている状態でした。そんなところにジョージたち航空軍の作戦計画と見積もり書の包みが持ち込まれたのです。

すると、どうなるか。

これを受け取った陸軍戦争計画部の担当者は、それに「航空軍分」という札をつけ、内容の確認もせず、即座に自分たちの計画書の袋に放り込んでしまいます。そしてそのまま関係者分の複写を取るため、政府の印刷局に送ってしまったのでした。これはジョージたちにも意外な結末だったようですが、とりあえずこの瞬間にアメリカの戦略爆撃が成立したと考えてよいでしょう。

繰り返しになりますが、アメリカの対ドイツ戦略爆撃がどれだけ有効だったのかを理解するには、このジョージの打ち立てた「戦略爆撃理論」と、のちにアーノルドが決断して〝狂人将軍〟カーチス・ルメイが実行することになる「無差別都市爆撃」とをきちんと区別する必要があることには注意してください。後者は完全に無意味でしたが、前者の破壊力は極めて強力でした。この点は戦後にまとめられた米国戦略爆撃調査報告書（「United States Strategic Bombing Survey Reports」）のヨーロッパ編の最後に書かれている重要参考点の5番、6番を見ると分かりやすいでしょう。

「米国戦略爆撃調査報告書　ヨーロッパ戦線編」（要約版より抜粋）

●重要参考点

（～4番までは省略）

5　爆撃目標を慎重に検討選択する重要性は、ドイツ側の経験則からして極めて明白である。その結果、ドイツはその兵器工場や都市部への攻撃よりも、産業基盤（石油、科学、製鉄、動力、輸送網）への攻撃に憂慮することになった。

もっとも深刻な打撃は、他の産業に必要とされる工場施設への攻撃、そして破壊だった。ドイツは基幹産業の防衛を重視することのほうが、兵器などを生産する工場の防衛を考えるよりも明らかに重要である、という点を発見することになったのである。

（※筆者注：石油産業や窒素工場への爆撃を指している）

6　ドイツの経験が示しているのは、どのような目標選択であれ、一度の爆撃で重要工業施設を永続的に使用不能することはできないということである。執拗なまでの反復爆撃が必要となる。

といった感じです。これらはすべてジョージの爆撃理論に則って行なわれたものでした。

一大空輸ネットワークを構築したハロルド・ジョージ

さて世界初の現実的な戦略爆撃理論を打ち立てたジョージですが、実際の戦略爆撃が始まる前に航空戦計画部の責任者の地位を去り、戦争後半はまったく別の世界の、陸軍航空輸送部隊の責任者の地位にありました。つまり現実の戦略爆撃にはまったく関係していません。

この点、本人は不満だったと思いますが、なにせ有能な人ですから、こちらでも見事な成果を上げてしまい、今でも本国アメリカではこちらの航空輸送網の建設による業績で知られる軍人となっています。

1942年に入ってアメリカの参戦が本格化すると、陸軍航空部隊の中で戦闘機や爆撃機を戦場まで輸送するだけの組織だった空輸司令部（Ferrying Command）を改革し、世界中の戦場に必要な物資を届けるため、輸送機による一大空輸ネットワークを構築することが決まりました。ところが3月にその責任者になる予定だった人物が病気で急死してしまいます。そこでアーノルドは、この困難な任務の責任者に当時まだ大佐だったジョージを抜擢します（任命後に少将にまで昇進）。

本人は嫌だったらしいのですが、なにせ有能でしたから航空輸送司令部（Air Transport Command：ＡＴＣ）と名前を変えた組織は、あれよあれよという間に南極以外の全大陸、それこそ南アフリカからグリーンランド、さらに中国に至る巨大な航空輸送ネットワークを構築し、運用されていきます。これがヨーロッパ方面のアメリカ陸軍の戦いを支える、巨大な原動力の一つとなっていくのです。

ちなみに1942年6月、つまりミッドウェイ海戦の月にはすでに、アメリカを出発してブラジルから西アフリカ、サウジアラビア、そしてインドを横断して中国・昆明に至る空輸ルートが完成しています。仕事が実に速いです。

その後ジョージは、3000機以上の輸送機をもち、3万人近い兵員で運用されたこの航空輸送司令部を見事に指揮し、ドイツのハイテンションなチョビ髭を敗北まで追い詰めるのに大きな役割を果たしました。これだけのネットワークを短期間に組み上げ、運用したその手腕は見事という他ありません。

ただし当時多かった民間人から来た専門職の将軍がここにもいて、アメリカン航空の元社長、スミス少将が彼の補佐に当たっており、その力も大きかったと思われます。

結局、ジョージは以後、退役するまで二度と戦略爆撃に関わることがなかったため、アメリカ本国でも忘れられた戦略家になってしまいました。ちなみに空軍退役後、彼が天下りした先は、あの変態大富豪ハワード・ヒューズ（Howard Robard Hughes Jr.）がオーナーであるヒューズ・エアクラフトでした。戦後の同社は機体の電子装備で大きな役割を果たし、ジョージもその一端を担っていたようですが、のちに経営陣と対立し、退社してしまったようです。

AWPD-1を巡る騒動

なお、ジョージたちが提出した航空作戦計画「AWPD-1」は、真珠湾攻撃直前の時期にアメリカ本国でちょっとした騒ぎを引き起こしています。これによってドイツにアメリカの戦略爆撃計画を知らせてしまう結果となってしまいました。

ただしその計画内容を知ったところで、あまりに膨大な爆撃機の生産数計画にドイツ空軍は呆然となるだけでした。さらに日本はこの騒動においても最後まで蚊帳の外というか、信じられないことに終戦に至るまで計画を知らなかった可能性が高いです……。

2 CENTS PAY NO MORE!

Chicago Daily Tribune

THE WORLD'S GREATEST NEWSPAPER

FINAL

THURSDAY, DECEMBER 4, 1941.—46 PAGES

PRICE TWO CENTS

F. D. R.'S WAR PLANS!

REDS BEGIN NEW DRIVE TO BREAK VISE ON MOSCOW

Strike at Nazi Line South of Leningrad.

LEIBER TRADED TO GIANTS; CUBS GET BOWMAN

NEWS SUMMARY

HOUSE ADOPTS DRASTIC BILL TO BLOCK STRIKES

Goes to Senate on 252-136 Vote.

BY WILLIAM STRAND.

THE STRONGHOLD OF PEACE

GOAL IS 10 MILLION ARMED MEN; HALF TO FIGHT IN AEF

Proposes Land Drive by July 1, 1943, to Smash Nazis; President Told of Equipment Shortage.

BY CHESLY MANLY.

REVEAL TURKEY GETS LEND-LEASE GOODS SINCE MAY

BY WALTER TROHAN.

[図1-15] 1941年12月4日（当たり前だがアメリカ時間）のシカゴ・トリビューン紙。トップに「F・D・R（フランクリン・ルーズベルト）の戦争計画」とのタイトルが躍っている。これがAWPD-1のすっぱ抜き記事だった

まず1941年12月4日に、シカゴの地方新聞であるシカゴ・トリビューン紙がその紙面で、AWPD-1計画の全貌をほぼ完全な形でスクープし、その内容の仔細（しさい）を掲載してしまう事態が発生します。ちなみにワシントン・ヘラルド紙も同じ内容の報道をしているのですが、どうもこちらは1日遅れだったようです。［図1-15］

これを読んだアメリカ市民、特に当時の世論の主流だった参戦反対派の人々は驚きます。その戦略爆撃プランの重要性はまったく理解できなかったものの、ジョージたちが提出していた必要な兵力や戦略爆撃機の生産見積もりは十分理解できました。のちに実際にドイツと日本へ送り込まれることになる膨大な数の戦略爆撃機がそこでは要求されており、それ以外の必要機材も膨大でした。これだけの生産を行なうには、アメリカの工業全体が戦争に協力する必要があるというのは、その数字を見た多くの人がすぐに理解できたのです。

この生産計画をルーズベルトはアメリカの経済を立て直すチャンスと見ていました。しかしそのお金はどこから来るのかといえば、軍事も公共事業である以上、国民からであり、すなわち大幅な増税しかありません（実際には増税では追いつかず、さらに大量の戦時国債が発行されることになる）。

こうなると、まだ世界恐慌以来の不景気からアメリカは抜け切っておらず、このうえ重税で苦しめられてたまるかと誰もが思ってしまったのです。この国民感情を参戦反対派の国家議員たちが煽りまくり、わずか数日でアメリカ世論はAWPD-1計画への反発から反戦論一色に埋まりつつありました。もしこのままだったなら、アメリカは第二次世界大戦に参戦できず、のちの歴史は大きく変わったかもしれません。

しかし世の中は上手くできたもので、それからわずか3日後の12月7日の早朝に日本海軍が真珠湾のアメリカ太平洋艦隊へ不意打ちの奇襲攻撃をかけてくるのです。当然、一夜にして、アメリカの反戦気分は吹き飛ばされてしまいます。

反戦派にとっては、まさに三日天下だったわけであり、ルーズベルト大統領にとっては棚からボタモチとショートケーキと栗ヨウカンがまとめて落ちてきたという状態でした。政治的にかなり厳しい立場に追い込まれていた彼は、この真珠湾攻撃によって一気に劣勢を挽回してしまうのです。

アメリカ人はフェア（fair）という価値観を大きく評価します。アメリカ国民にとって〝フェアではない（卑怯だ）〟というのは最悪な評価ですから、日本の不意打ち先制攻撃（宣戦布告の連絡ミスではあったが）はまさに〝フェアではない〟行為だったのです。よって6日の夜まであれほどアメリカ政府の戦争計画を非難していた世論が、7日朝には、「日本とその同盟国のドイツをギタギタのケチョンケチョンにしちまえ！」という論調一色に埋めつくされることになるのでした。

これによって、アメリカ国内におけるＡＷＰＤ-１計画への非難はウヤムヤになってしまい、以後、その完成に向けてアメリカ陸軍航空軍はひた走ることになります。ただし当初、参戦を１９４２年以降に予定していたので計画の大幅な前倒しとなり、ジョージたちが急遽、その最初の変更を行ないました。これが再び承認され、アメリカの戦略爆撃が動き出すことになるのです。

AWPD-1計画を知ったドイツの反応

とりあえず日本の真珠湾攻撃によってアメリカ国内ではウヤムヤになったＡＷＰＤ-１計画ですが、これをウヤムヤにできない人たちがいました。そこで名指しでターゲットにされていたナチスドイツの皆さんです。戦前にはナチスのファンが多かったシカゴの新聞がスクープしたということもあり、かなり早い段階でこの情報はドイツ本国に送られています。

すでにソ連との泥沼の戦闘で消耗しつつあったドイツ空軍の反応は、こんな数の敵をどうするんだというものと、こんな膨大な兵器を生産して戦争に投入するなんて不可能だからハッタリじゃないのかという両極端なものに分かれたようです。

それと同時に、アメリカ国内では反戦の機運が高まっているということも知っていたらしく、当初はそれほど懸念してなかったと見られます。ところがその直後に真珠湾で日本が頼みもしないのに全力でアメリカの横っ面を張り倒してしまい、思いもよらぬ形でドイツはアメリカの参戦を迎えることになるのでした。

しかしとにかく、アメリカがどういう戦略でヨーロッパへやってくるかは分かったわけです。そこでこの段階からドイツは、その主要部への防空網を大急ぎで構築していくことになります。

結局、彼らがとても信じられなかった数字の物量を本当にアメリカは生産してしまい、さらに極めて効果的な戦略爆撃が行なわれたことで、ドイツは敗れ去るのですが、それでもドイツの防空網はよくやったと言っていいと思います。このあたりはのちにレーダーと対空砲の話として第二章で見ていきます。

ちなみに、このときのＡＷＰＤ-１計画情報の漏洩の元はいくかの説があります。ジョージは、コピーを受け取った大統領補佐官が自宅に持ち帰ってしまったので、そのときどこかで写真に撮られたのでは、という説を述べています。

もう一つは当時、反戦派の代表格だった上院議員、バートン・ウィラー（Burton K. Wheeler）がコピーを入手し、意図的に新聞記者に渡したというものです。ただしこれはのちに通報を受けたＦＢＩが調査して、彼はシロだと認定していますから虚報だったようです。

ちなみに後年になってウィラーは、あれはルーズベルトの陰謀だったと言っていますが、彼をハメるための罠ということなのか、情報漏洩そのものがルーズベルトの仕業ということなのかは分かりません。真相は闇の中というところでしょう。

ちなみに繰り返しになりますが、開戦前に新聞に載ったわけですから、駐在武官を含むアメリカ在住の日本大使館の皆さんもこの記事は見ているはずです。しかしなんですが、この件に関する日本側の対応の記述を私はまったく見たことがありません。どうも最後まで知らなかったか、あるいは気にしなかったというのが実際のところのようです。

4　悲願の独立を果たしたアメリカ空軍

悲願の独立を果たす

こうしてアメリカ陸軍航空軍は第二次世界大戦で極めて重量な役割を果たし、戦略爆撃の力を政府と議会に認めさせることに成功します。この結果、大戦終結後間もなくアメリカ空軍として悲願の独立を達成しました。

そしてその独立の経緯から、戦略爆撃を主とする、しかも戦後は核戦力を主とする空軍となっていきます。その結果、「戦略爆撃機以外の兵器は、すなわち戦闘機も地上攻撃機も輸送機も全部オマケにすぎない。すべての中心は敵中枢を破壊する核爆撃にある」という歪んだ空軍が形成されていくことになります。

その異常な空軍が悲劇的な結末を迎えるのがベトナム戦争ですが、本書ではそんな戦略空軍が形づくられるまでを見ていきます。

文民統制が徹底していた指揮系統

最初に、第二次世界大戦開始直後におけるアメリカ軍の指揮系統を確認しておきます。

戦争が始まった場合、軍の最高指揮官は大統領であることがアメリカ憲法に明記されていますが、さすがに大統領自ら各部隊を指示しているわけでありません(ただし南北戦争時のリンカーンや、ベトナム戦争時のジョンソンはそれに近いことをやろうとした。その結果が両戦争の泥沼化であるとも言えなくもない)。

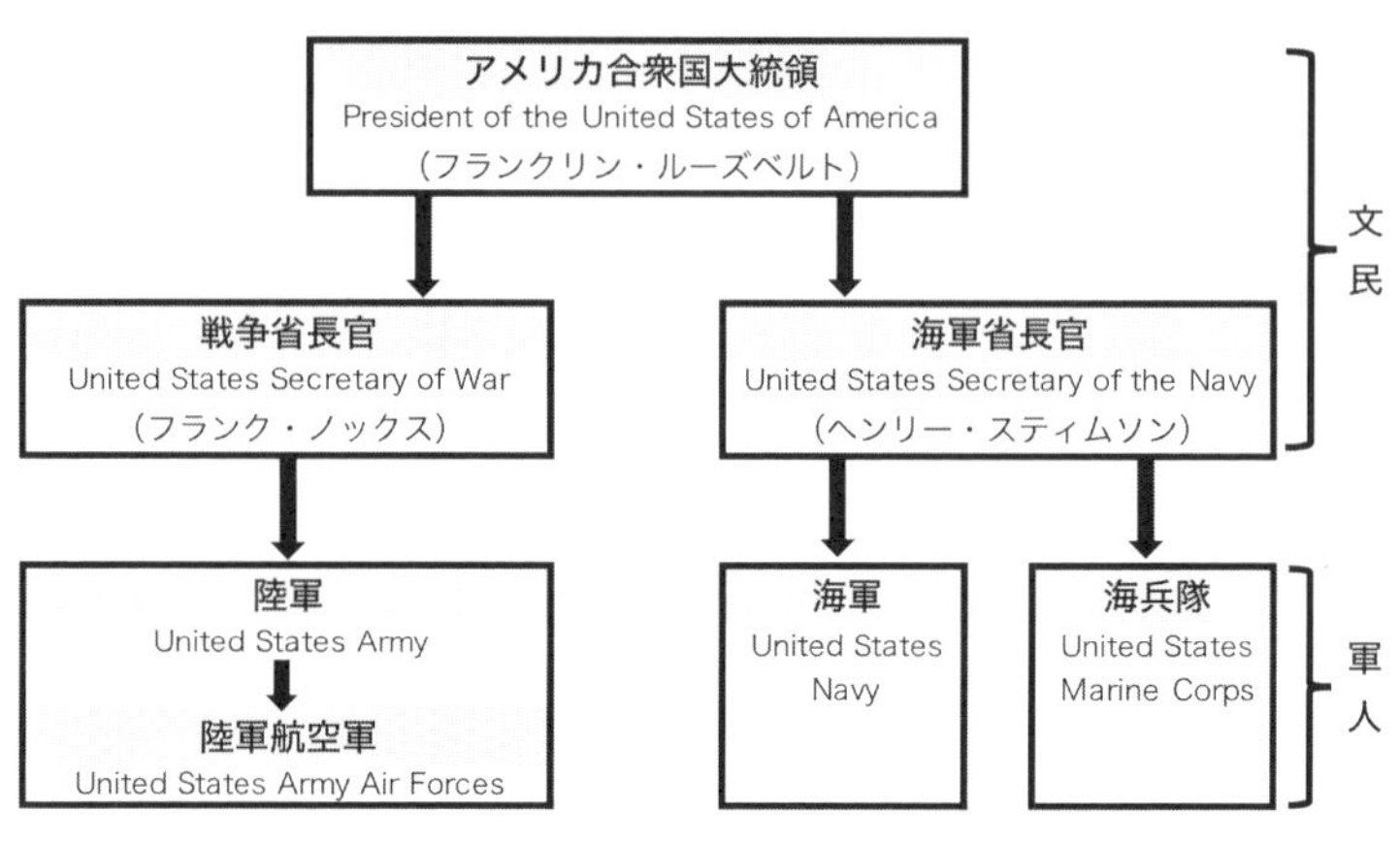

［図1-16］第二次大戦参戦直後のアメリカ軍の指揮系統図

まずは大統領の下に各軍の文民指揮官として海軍長官と戦争長官（他国の陸軍大臣にあたる）があり、その下に各軍の制服組最高司令官がいる形になります。ここで海兵隊は海軍大臣の管轄になることに注意してください。［図1-16］

ちなみに戦後、海軍省と戦争省（他国の陸軍省にあたる）を合弁させる形で成立したのが、現在のアメリカ国防省です。

アメリカ軍は文民統制ですから、軍人は作戦面の最高責任者までです。予算計画の立案や人事関係の権限は文民である各軍事大臣がもち（両者とも最後は議会の承認が必要だが）、加えて戦略面の立案や認可の権限は大統領がもちます。

この大統領と各文民大臣の責任範囲の規定は微妙な部分もあるのですが、とりあえず最終決定権は常に大統領にあり、戦争大臣や海軍大臣の決定を大統領が覆すことがあっても、その逆はありません。また基本的に純粋な軍事面・戦略戦術に関しては、両戦争大臣が介入してくることはありません。

これに加えて国会、つまり上下両院が予算と人事の承認権限を握っており、これも軍人の暴走を抑える機構の一部となっています（人事に関しては基本的に上院のみ）。

ちなみにこのあたりの文民統制は、第二次世界大戦に参戦したあらゆる国で行なわれており、唯一の例外が日本でした。大日本帝国は大戦参戦時には政治も軍人が掌握している軍事国家であり、「どこの後進国だよ！」という政治体制でした。

各軍の調整のために統合参謀本部が設立される

しかし、この文民統制は平時は問題なかったのですが、いざ戦争が始まってみるとほぼ機能しないことが判明します。

例えば、陸軍が海を越えてヨーロッパに進出するには、海軍の協力が不可欠です。その場合、それぞれの責任者が作戦を別々に立て、大臣を通して大統領に提出し、さらに大統領がそれらをすべて調整して認可するということになります。しかしこれではあまりに時間がかかり、しかも軍事については素人の大統領が決断を下すのは困難な場合が多かったからです。

海軍と陸軍の間には統合連絡会議（Joint Board）がありましたが、その権限は限られたもので、とても両軍の作戦を統合して指揮していくなんてことは無理でした。第二次世界大戦は海の向こうでの戦争でしたから、両軍をまとめて統率するのが大統領だけという体制は無理がありすぎたのです。

その対策として、ルーズベルト大統領は当初、軍の指導部と大統領を繋ぐ軍事補佐官の役職の設立を考えたらしいのですが、これは両軍の責任者であった陸軍参謀総長マーシャル（George Catlett Marshall, Jr.）と海軍作戦部長のキング（Ernest Joseph King）が共に難色を示しました。それぞれ自分たちの指揮権が妨害されることを嫌ったからです。

しかし、現実に作戦進行に障害が生じていました。そこで最後は陸軍のマーシャルからの提案により、１９３９年に海軍作戦部長を引退していたリーヒ（William Daniel Leahy）を呼び戻し、彼を責任者として軍の最高意思決定機関・統合参謀本部（Joint Chief of Staff：ＪＣＳ）が設立されることになりました。［図1-17］

海軍出身者を長にしたのは、マーシャルが折れたからです。しかしリーヒも誰からも尊敬される人物だったようで、リーヒ以外では拒否するとマーシャルは言っていたようです。

これがアメリカ参戦から半年後、１９４２年７月のことでした。ちなみに当時リーヒは駐仏大使であり、ドイツへの降伏後はヴィシー政権の大使ということになっていました。しかしすでにアメリカ参戦後ですから、実際にパリにいたのかどうかはよく分かりません。

全作戦・戦略は統合参謀本部にて立案されることに

こうして統合参謀本部では、最高司令参謀総長（Chief of Staff to the Commander in Chief）という不思議な役職名でリーヒが議長となり、同時に大統領とのパイプ役も務めること

アメリカ合衆国大統領
（フランクリン・ルーズベルト）

直属

統合参謀本部
Joint Chiefs of Staff
（略称：JCS）

議長
（ウィリアム・リーヒ海軍大将）

陸軍参謀総長
（ジョージ・マーシャル大将）

海軍作戦部長 兼 合衆国艦隊司令
（アーネスト・キング大将）

陸軍航空軍長
（ヘンリー・アーノルド中将）

［図1-17］陸軍と海軍の作戦を統合するために設けられた統合参謀本部の組織図

になります。ただし通常は単に議長（Chairman）と呼ばれることが多いです。

その下に陸軍参謀総長・マーシャル、海軍作戦部長・キング、さらに戦略爆撃の重要性が認められ陸軍航空軍の責任者・アーノルドが加わります。このアーノルドの参加はマーシャルの配慮による部分が大きいようですが、これによって海軍と陸軍の人数が同じになることにも注意してください。おそらくそのあたりの計算もあったはずです。

この総勢４人からなる統合参謀本部が全軍の最高意思決定機関、そして大統領への軍事助言機関となります。ちなみに太平洋で地獄を見る海兵隊の責任者はこの中に含まれず、キングの下に置かれることになりました（第二次世界大戦終了後に参加が認められる）。

つまり、あらゆる作戦・戦略は統合参謀本部で立案され、各大臣を通さずに直接大統領が裁可します。さらに大統領からの要望も統合参謀本部へ直接下りてくることになります。

さらにイギリス軍との協力が必要な場合のために、連合参謀本部（Combined Chiefs of Staff：ＣＣＳ）がイギリス側と合同で一時的にワシントンＤＣに置かれました。ただしイギリス側の軍責任者は大西洋を渡ってくるのが困難なため、代理責任者が出席することが多かったようです。

厳密には統合参謀本部（１９４２年７月）よりもこの連合参謀本部（１９４２年４月）のほうがわずかに設立が早かったりします。連合参謀本部のアメリカ側の参加メンバーを基に、リーヒを責任者として結成されたのが統合参謀本部と思ってください。

ついでにやや余談ですが、統合参謀本部設立時には中将だったアーノルドは間もなく大将になり、終戦時には元帥になっていました。他の3人の大将も元帥まで昇進します。

それまでアメリカ軍になかった五つ星の元帥（陸軍：General of the Army／海軍：Fleet Admiral of the United States Navy）という階級が設けられたのは、イギリス側には大将の上の階級として元帥があり、連合参謀本部を開催する場合に、イギリス側のほうが階級が上という困った問題が発生したためでした。

ですので、マッカーサーやアイゼンハワー（Dwight David Eisenhower）、ブラッドレー（Omar Nelson Bradley）、ニミッツ（Chester William Nimitz, Sr.）、ハルゼー（William Frederick Halsey, Jr.）といった司令官たちの場合は、そのおこぼれをもらって元帥になったということになります(特にブラッドレーとハルゼーは元帥にする必要はまったくなかった)。

例外的に軍政部と軍令部を兼ねていたキング

ついでに海軍のキングの肩書きが妙に長い理由も、一応、説明しておきます。

そもそもアメリカ参戦時にキングは海軍の最高責任者でも何でもなく、単なる大西洋艦隊司令官にすぎませんでした。ところが太平洋と大西洋の両艦隊を統率する合衆国艦隊司令(Commander in Chief, United States Fleet：ＣＩＮＣＵＳ)であったキンメル（Husband Edward Kimmel）が真珠湾奇襲の引責によって地位を追われてしまい、その跡をキングが引き継ぐことになったのです。開戦から約3週間後の、１９４１年12月末のことでした。

合衆国艦隊司令は単に現場責任者であり、海軍の総責任者である作戦部長（Chief of Naval Operations）の配下にすぎません（日本海軍の連合艦隊司令長官に近い）。当時の海軍作戦部長はスターク（Harold Rainsford Stark）で、キングはその配下ということになります。

ところが開戦後は、現場責任者である艦隊司令官のほうに主な業務が集中し、またルーズベルトがキングの才能を高く評価したこともあって、その権限が徐々に作戦部長から合衆国艦隊司令官に移っていってしまいます。

当然、二重の指令系統が発生して混乱を生じさせる恐れが出てくるのですが、ルーズベルトはスタークをヨーロッパ方面海軍司令官（Commander of US Naval Forces in Europe）に祭り上げてロンドンへと追い出してしまい、キングを海軍作戦部長に就任させてしまったのです。ヨーロッパ方面なんてUボートを叩くくらいしか当時は仕事がありませんから、事実上の左遷に近いでしょう。

しかしこれによってとりあえずこれでキングが作戦部長を兼任して、海軍の全権を掌握することになりました。これは日本で言えば、山本五十六が連合艦隊司令長官と軍令部総長を兼任したようなもので、無茶苦茶な人事ではありましたが、結局、終戦までこのままとなります。

ちなみに大戦終了後は合衆国艦隊司令の地位は廃止となり、海軍作戦部長が海軍内部の最高責任者という形に戻ります。

さらに余談ですが、合衆国艦隊司令、Commander in Chief, United States Fleet の略称であるＣＩＮＣＵＳはシンクアスと読むことも可能でした。しかし Sink us（俺たちを沈めろ）と同じ発音なので、この地位にキンメルがあったときに真珠湾攻撃を食らったこともあって、キングはこの略称の使用を禁じていたそうです。

結果的に上手く機能した統合参謀本部

こうして純粋な軍事面や戦略戦術に関しては、大統領と制服組の最高責任者による統合作戦本部が直結され、それ以外の文民管理の部分のみが海軍省長官と陸軍省長官の仕事とされました。ただし人事の多くも統合参謀本部と大統領が管理しており、アイゼンハワーやスプールアンス（Raymond Ames Spruance）の抜擢などは事実上マーシャルとキング、大統領だけで決断され、海軍長官も戦争長官も蚊帳の外に置かれました。［図1-18］

しかし、このシステムは極めて上手く機能しました。例えばフォレスタル（James Vincent Forrestal）海軍省長官とキング作戦部長は犬猿の仲でしたが、軍事面は大統領直属だったので、キングは政治的な圧力に巻き込まれることなく軍務に集中できました。

ちなみに、のちにアイゼンハワーをヨーロッパ方面の総責任者にしたのはルーズベルトの独断でした。本来は陸軍参謀総長のマーシャルにその地位が約束されていたのですが、ルーズベルトがマーシャルを手放すのを嫌がった結果とされます。マーシャルはこの点については最後まで不満だった形跡があります。

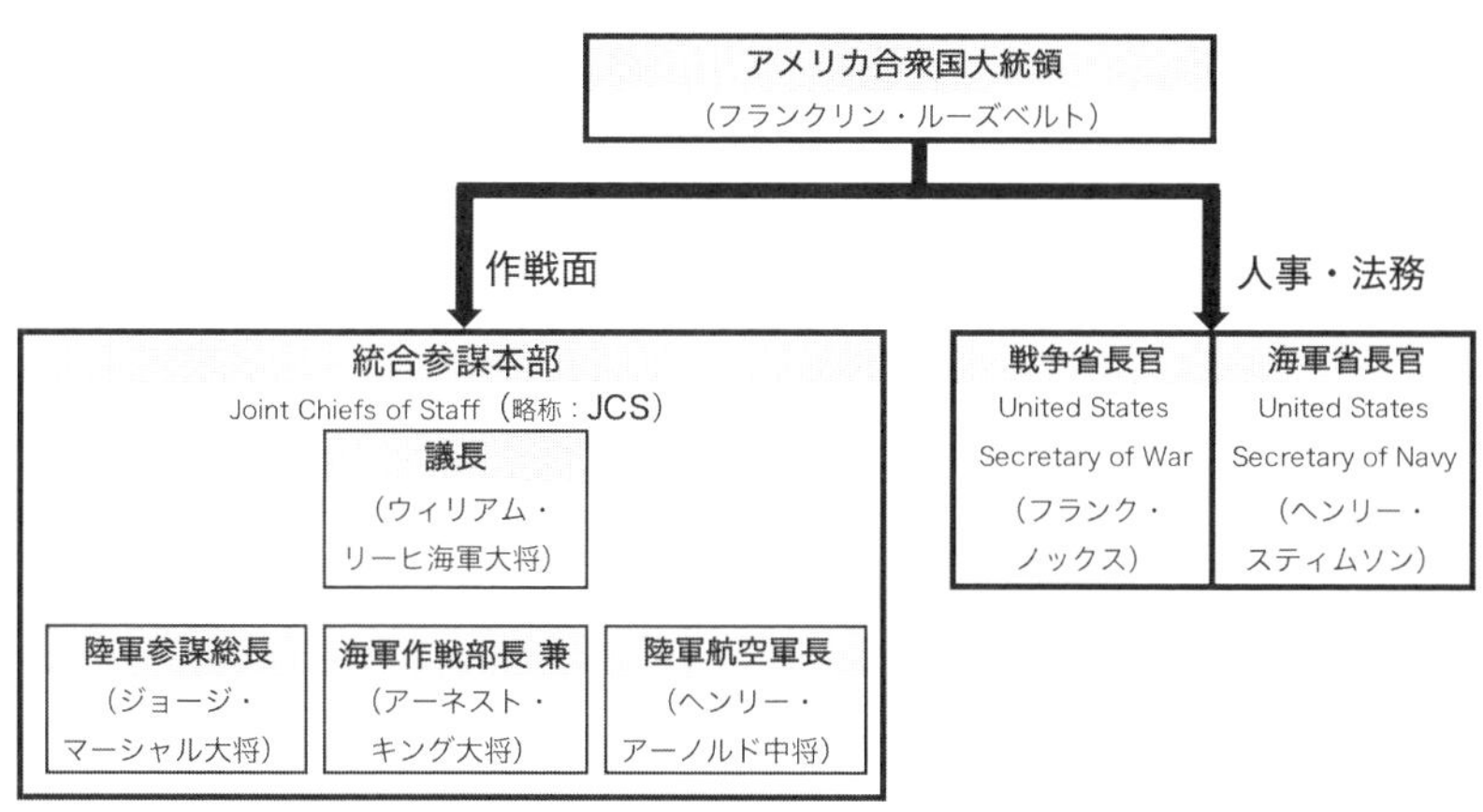

［図1-18］統合参謀本部の指揮系統図

結果的に、この体制は空軍独立の第一歩となりました。海兵隊を差し置いて、当時まだ中将だった陸軍航空軍のアーノルドが最高司令部である統合参謀本部の一員として認められたからです。

ではその後はどうなったのかを見ていきます。まずは陸軍航空軍内の組織からです。

1942年から始まった陸軍航空部隊の組織改革

第二次世界大戦参戦後、1942年から陸軍の航空部隊は大きな組織改造を開始します。まず、従来は陸軍の内部部隊扱いでしたが、半独立した陸軍内空軍といった扱いに変わります。

具体的には1942年3月、それまでは陸軍航空部隊（Army Air Corps）だったのが、陸軍航空軍（Army Air Force）に組織変更され、陸軍内でも大幅に自主性が確立されることになります。

なお、厳密にはアメリカ参戦直後が陸軍航空〝部隊〟、1942年3月以降が陸軍航空〝軍〟なのですが、煩雑なので本書ではすべて「陸軍航空軍」で統一することにします。

開戦の準備として次々と航空軍が新設される

さらにアメリカ参戦前の1941年初頭にワシントンDCで開かれたABC-1会議の結果を受け、「レインボープランNo.5」という対ドイツ、つまり対枢軸国戦略を急いでまとめました。そして5月の段階でこれをルーズベルトが承認し、航空作戦計画「AWPD-1」の作成を開始して、アメリカ全軍は戦争に備える体制づくりへと入ります。

それに伴い、陸軍航空軍はさらなる大幅な組織変更が行なわれることになりました。

まず1941年夏、7つの航空軍部隊が設立されます。アメリカ国内に4つの航空軍、フィリピンなど海外のアメリカの支配地域に3つの航空軍です。これらは一通りの装備や施設、命令系統を独自に所有し、それぞれが独立して活動可能な集団となっていました。

ただしこの組織改造は、ハロルド・ジョージたちのAWPD-1計画の採用前の段階のものであったため、実際に戦争が始まってみると、これらの7つの航空軍は戦略爆撃にはまったく使えませんでした。

このため開戦後の1942年の1月に、8つ目の第8航空軍が設立されます。あのヨーロッパ戦線における戦略爆撃で有名な第8航空軍ですね。[図1-19]

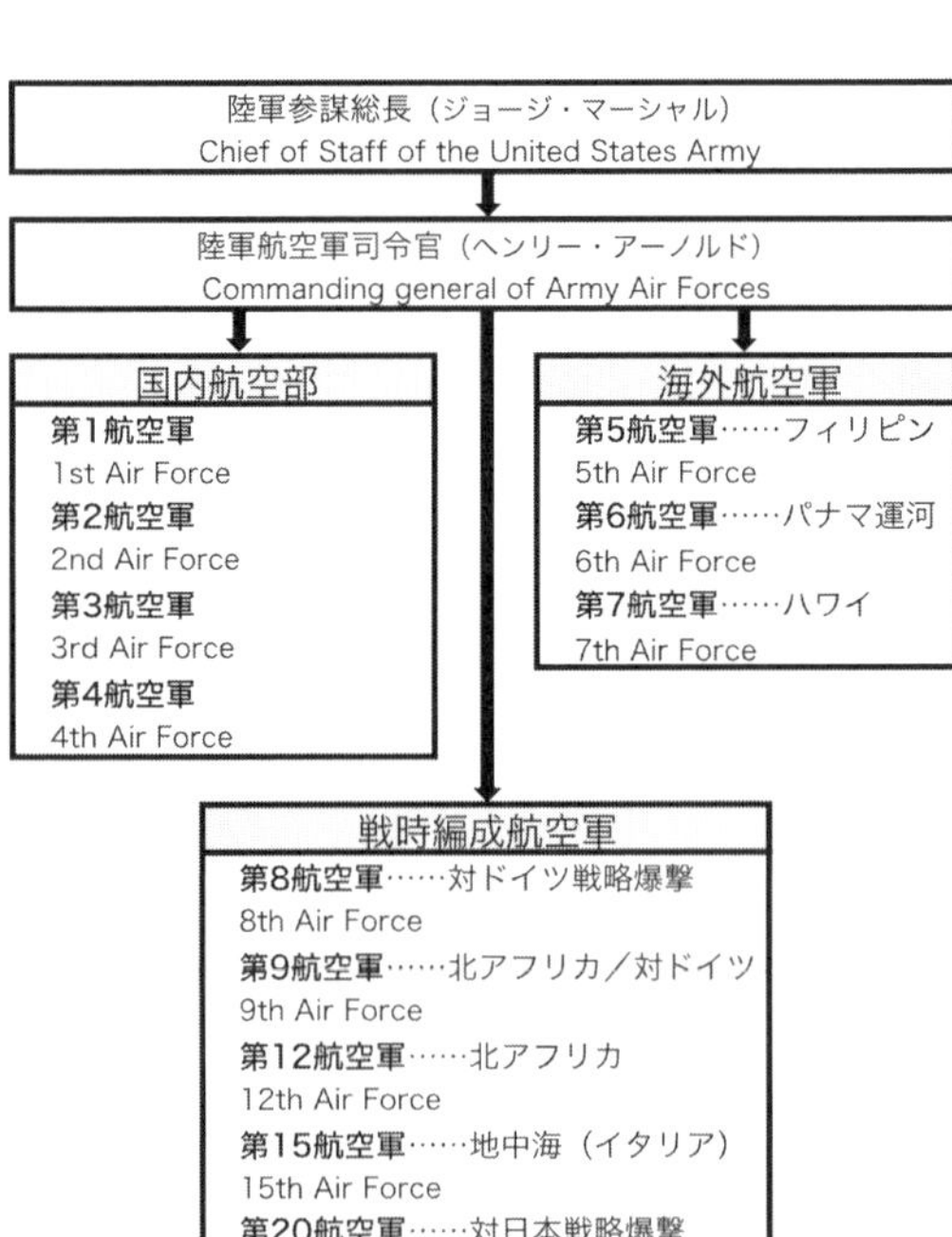

[図1-19]　1942年に行なわれた組織改編後の陸軍組織図

主力航空軍なのになぜ第8なの？　とよく言われるのですが、その理由は開戦前にすでに7つ航空軍が存在していたからです。その第8航空軍の最初の司令官には、のちに初代空軍参謀総長となるカール・スパーツが着任しています。

以後も戦線や航空機生産の拡大に伴って、次々に新たな航空軍が誕生していくことになります。ちなみに戦時編成航空軍は主な航空軍だけを抽出しています（航空軍に欠番はないはずです）。

太平洋戦線にはフィリピン航空軍とハワイ航空軍があったので、主な新設航空軍（戦時編成航空隊）はヨーロッパ、そしてその前段階となるアフリカと地中海方面に設立されています（ただし第13航空軍がのちにハワイで追加設立されるなどしている。またフィリピンの第5航空軍は開戦直後にほぼ壊滅したため、その後オーストラリアで再建されソロモンやニューギニア戦線に投入され、最終的には沖縄戦にまで参加した）。

そこに戦略爆撃航空軍である第８航空軍と第20航空軍などが加わることになりました。

第９航空軍は１９４２年４月、当初は北アフリカ上陸戦に備えて設立され、最終的には対ドイツ本土戦の戦術爆撃にも運用されました。第12航空軍は北アフリカ戦線と地中海を中心に、第15航空軍地中海周辺とイタリア戦線に投入されました（初代司令官はドゥーリトル［James Harold Doolittle］）。

また、対日戦略爆撃航空軍として戦争終盤の１９４４年４月に設立された第20航空軍ですが、これは航空軍司令官のアーノルド自身がその指揮官を兼任しており、社長が営業部長も兼任するみたいな妙な組織構造になっています。

これは以前にも説明したように、Ｂ-29による対日爆撃によって議会とアメリカ国民に対して戦略爆撃の重要性を見せ付け、戦後の空軍独立に繋げたいというアーノルドの野望によるものでした。

ちなみに第21航空軍は輸送部隊、第22航空軍は予備役&訓練部隊なのですが、なぜか第20航空軍より先に設立されていました。これら第22航空軍までが、第二次世界大戦時に設立された航空軍となります。

ハンセルの精密爆撃とルメイの無差別爆撃

しかし心臓に持病をもっていたアーノルドは１９４４年４月、その第２航空軍の設立直後にさっそく心臓発作で病院送りとなっています。このとき臨時で指揮を執ることになったのが、第20航空軍の参謀長だったヘイウッド・ハンセルです。そう、あのイギリス帰りで、ジョージと共に航空戦計画局（ＡＷＰＤ）でＡＷＰＤ-１を創り上げた一人であるハンセルです。

［図1-20］

のちにアーノルドが復帰すると、ハンセルは第20航空軍傘下にあったＢ-29の爆撃部隊である第21爆撃軍司令部（XXI Bomber command）の指揮官となります（ナンバーが20と21

なので混乱しやすいが、これは第20航空軍傘下の爆撃機部隊で下部組織となる)。つまり実質的に、ハンセルがマリアナ諸島からの対日爆撃部隊の指揮を執ることになったわけです。

ハンセルの指揮による、ジョージの戦略爆撃理論に基づいた精密爆撃は日本の航空工場を破壊するなど一定の効果を上げます。しかし爆撃後の偵察によって確認できる成果は限られ、当時はその戦果が判然としませんでした。

そのため、ストレスですでに半分ノイローゼ気味だったアーノルドによって、ハンセルは第21爆撃軍司令官から解任されてしまいます。「もっと目に見える効果を!」というのがアーノルドの要求だったのです。

そしてその要求の下、ハンセルの跡を継ぐのが〝狂人将軍〟カーチス・ルメイなわけです。B-25を空母から発進させた東京爆撃ののちに出世街道を邁進していたドゥーリトルの指揮下で、ドイツに対する無差別爆撃を推し進めていたのがこのルメイでした。その実績を買われ、司令官として対日爆撃を指揮していくことになったのです。[図1-21]

ルメイは確かに有能な男でしたが、人種差別主義者で出世のためなら手段を選ばない男でしたから、無差別爆撃にこれほど適任な人物も珍しいほどでした。

もっとも当時はアーノルドやスプールアンスをはじめ、人種差別的な言動をしていたアメリカ軍人は珍しくありませんでしたが、それでもルメイは特に露骨でした。のちに軍を追われるように退役した後、「永久に人種隔離を」というスローガンを掲げてアメリカ大統領選挙に出馬したウォーレス(George

[図1-20] 1944年夏、マリアナ諸島に飛来したB-29を視察するニミッツ提督に説明を行なうへイウッド・ハンセル准将(前列の一番右。1903〜88年)。第21爆撃軍司令官として、精密爆撃理論に則って対日戦略爆撃のB-29部隊の指揮を執った

Wallace）の1968年の選挙に協力し、副大統領候補にまで指名されています。当然、落選したのですが、このときの選挙で当選したのがニクソン（Richard Milhous Nixon）です。

このためルメイの着任後、1945年3月10日の東京大空襲を皮切りに、日本中の都市が焦土化されることになります。

ちなみに彼が着任したのは、あくまでハンセルが率いていた第21〝爆撃軍司令部〟です。つまり現場部隊のボスであり、上部組織である、第20〝航空軍〟の責任者ではありません。引き続き第20航空軍はアーノルドと参謀本部の直轄下にありましたし、1945年7月の組織変更後は〝ヨーロッパの戦略爆撃男〟カール・スパーツ（のちの初代空軍参謀総長）が太平洋戦略空軍の責任者としてその総指揮を執っています。ルメイは最後まで、その補佐を行なっていたにすぎません。この点はよく誤解されているので注意が必要です。［図1-22］

［図1-21］カーチス・エマーソン・ルメイ（1906〜90年）。戦後のアメリカ空軍が核兵器・弾道ミサイルの運用を主要任務とする戦略空軍へと変身する際の原動力となった。ベトナム戦争直前には空軍の最高責任者・参謀総長にまで昇り詰めたが、マクナマラ国防長官と対立、任期終了前に退役することになった。最終階級は空軍大将

22もの航空軍が3つの上級司令部に再編される

ここでまた、陸軍航空軍の内部組織に話を戻します。

前述の対日戦略爆撃を担った第20航空軍が設立されるあたりから、各航空軍がアーノルドの直轄下にあるという体制には無理が出てきていました。全部で22もの航空軍があるわけで、最高責任者がいちいち全部を見るのは不可能に近いのです。さらにアーノルドは心臓に持病を抱えていましたから、なおさ

［図1-22］カール・スパーツ（1891〜1974年）。1942年に第8軍指令官として対ドイツの戦略航空攻撃の指揮を執る。その後、北西アフリカ航空軍やヨーロッパ戦略航空軍を経て太平洋戦略航空軍の司令官となり、日本の主要都市の爆撃や原爆投下を指揮した

ら無理がありました。

そこである程度戦争の目処が立ちつつあった１９４４年12月、陸軍航空軍は上級司令部（Major Commands）制度を採用します。各航空軍を最高指揮官のアーノルドの直轄とせず、その間に上級司令部を置くという大規模な組織変更に踏み切ったのです。

各地域で分割は、おおよそ［図1-23］のような形になりました。各地区に所属する航空軍は主なもののみ記載しています。

最初にアメリカ本土にいた４つの航空軍をまとめて北米航空軍とし、これを一つの上級司令部としました。さらにヨーロッパの方面にいた４つの航空軍を一つにし、ヨーロッパ戦略航空軍してその上級司令部を設立します。

最後にほとんど戦争が終わっていた１９４５年７月２日、ようやく太平洋戦略航空軍が設立されます。グアムを本拠とし、先にも書いたようにその責任者にはヨーロッパで陸軍航空隊の総指揮を執っていたスパーツが転任してきます。

ちなみにのちにヨーロッパにおける対ドイツ戦を終えた第８航空軍も太平洋戦略航空軍に加わるのですが、実際には機材はほとんどヨーロッパに放置されたままで、書類上の移転だけで終戦となりました。なので、太平洋戦線は最後まで第20航空軍がほぼ単独で戦い抜くことになりました。

他にもフィリピンの第５航空軍を中心につくられた極東航空軍などがありましたが、ほとんど実態はなく、基本的には北米・ヨーロッパ・太平洋の３つの上級司令部で運用されたと思っていいでしょう。

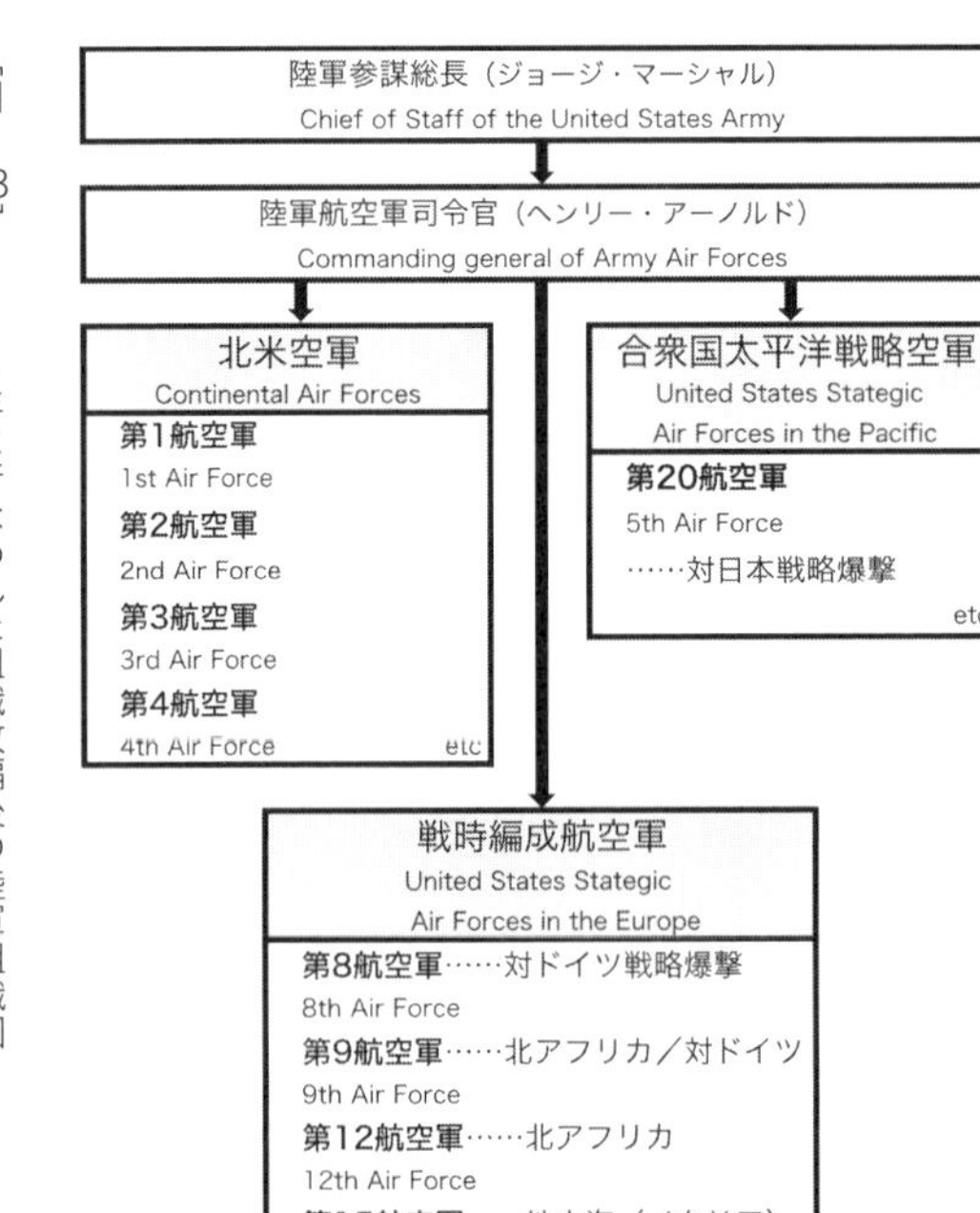

［図1-23］１９４４年に行なわれた組織改編後の陸軍組織図

終戦後のさらなる組織再編成

大戦終盤に指揮系統がまとめられつつあったアメリカ陸軍航空軍でしたが、さらに戦争が完全に終わってしまうとヨーロッパ戦略軍だ、太平洋戦略軍だという戦域別の括りで各航空軍をまとめるのは無理があるということになります。

よって、戦争終結から半年後の1946年3月、またも大幅な組織改革が行なわれます。このときの改革には、戦争が終わって激減した軍事予算の中でなんとか航空戦力を維持すること、翌1947年に控えていた空軍の独立に備えるという意味合いもありました。

そのため1946年3月における組織改革を見ると、最大の特徴は地区ではなく任務で分類された3つの上級司令部(Major Command：いわゆるMAJCOM)が存在することです。これが空軍の最高指揮官である空軍参謀総長の下に置かれることになりました。その後、冷戦終了まで、この組織体系は大筋でそのまま維持されます。

この組織変更直後の1947年9月にはついに空軍の独立がなされ、アメリカは陸軍・海軍・空軍・海兵隊の四軍体制となります。国家安全保障法（National Security Act of 1947）の成立によって新たな安全保障体制としてこの体制になったのですが、もう一つの大きな存在として海外情報機関のCIAがこの段階で設立されています（アメリカ国内はFBIの管轄）。

このCIAは戦中の軍属諜報機関を母体としていたため、妙に体育会系のスパイ集団となってしまい、地味なスパイ活動などよりもU-2やSR-71といった偵察機によるソ連や中国の偵察で活躍します。さらにベトナム戦争でもその泥沼化に暗躍することになるのですが、そのあたりはまた後で見ていくことになります。

ちなみに戦中に設立された統合参謀本部は終戦後も空軍独立後もそのまま維持され（海兵隊の責任者も参加するようになり、のちにいくつかの上級司令部が追加された）、1990年代に冷戦終了となるまで大筋でそのまま存続しました。

空軍誕生後にできた3つの司令部

とりあえず最初に設立され、以後も空軍内の主要な組織となった3つの司令部とその主な担当をここで確認しておきます。

［図1-24］

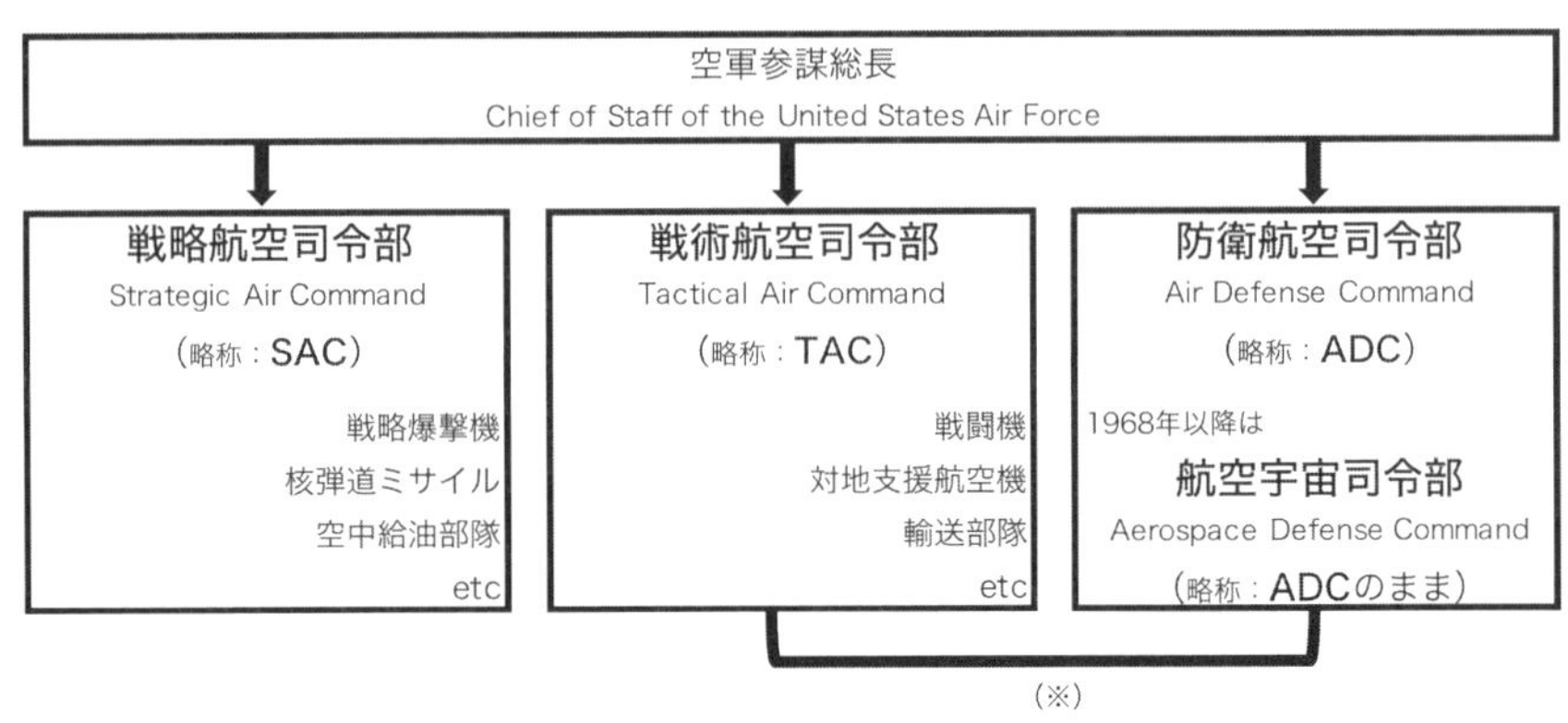

※1948年12月～1950年12月（TAC）、～1951年1月（ADC）の期間は、予算不足により戦術航空司令部と防衛航空司令部は北米航空司令部として、一時的に統合されていた

［図1-24］1946年に行なわれた組織改編後の空軍組織図（この組織変更直後の1947年9月に空軍として独立）

戦略航空司令部（Strategic Air Command）

ＳＡＣの略称で知られる、空軍の主力とされた司令部。のちに空軍全体、それどころかアメリカ軍全体を支配することになります。ちなみにエス・エー・シーではなく、ＮＡＳＡなどと同じくそのまま音読みしてサックと発音します。

戦略爆撃によって敵国家を直接破壊することを目的とする装備をもちます。主に戦略核兵器を運用する部門であり、それを運搬する手段として戦略爆撃機や大陸間弾道ミサイル、そして意外に重要な空中給油機などがその管轄下に置かれています。

戦後、ベトナム戦争に至るまでのアメリカ空軍は、核爆弾で瞬時に敵国家を破壊することを目的にした戦略空軍でしたから、結果的にこの組織が空軍の中でも最も強力なものとなっていきます。そしてその活動を強力に推し進めたのは、設立後間もなく責任者となったルメイでした。

戦術航空司令部（Tactical Air Command）

ＴＡＣの略称で知られる司令部。これも発音はタックとなります。その名の通り戦術航空部門で、航空優勢確保のための戦闘機や近接支援用の地上攻撃機などがその主な装備でした。ただし国内の防空戦闘機部隊は次のＡＤＣの管轄だったので、主に海外展開を行ないます。

のちに小型核爆弾（いわゆる戦術核兵器）については、ＳＡＣとは別に独自に装備するようになりました。しかしこれに熱中しすぎたために、センチュリーシリーズといったダメダメ戦闘機を生み出すことになりました。ついでに、他には海外を中心とした輸送部隊を運用しています。

本来なら空軍の花形部門のはずですが、戦後の核戦略の中では脇役に追いやられ、ベトナム戦争の悲劇が終わるまで、その状態が続きます。

防衛航空司令部（Air Defense Command）

ＡＤＣの略称で知られる司令部で、三大司令部の中ではもっとも地味な存在でした。この組織のみはアルファベットでエー・ディー・シーと読みます。

その名の通り、本土防空が主任務です。後で見ていくことになる、F-89からF-１０６に至る〝狂気の戦闘機隊〞はここの管轄になります。敵の戦略爆撃機が領空近くまで飛んできたら核兵器によって一瞬で都市が丸ごと消滅する時代ですから、これの絶対阻止が命題となり、そのためにノイローゼというかパラノイアみたいな対空兵器の運用がなされていく組織です。

のちの１９６８年以降は航空宇宙司令部（Aerospace Defense Command）と名を変えますが、略称はそのままでした。ただし宇宙と言ってもデススターやXウィングを開発したわけではなく、偵察衛星や、宇宙から落下してくるソ連や中国のＩＣＢＭ（大陸間弾道ミサイル）の迎撃システム（最後まで完成しなかったが……）を担当していた組織です。

ちなみにＡＤＣが１９５３年から構築を始めた防空システム（アメリカからカナダにかけて防空レーダーと対空システムを建設し、これを電子ネットワークで運用したシステム）は、のちのコンピュータネットワークの先駆けになるという副産物を生みました。その防空システム、Semi-Automatic Ground Environment は頭文字をとってＳＡＧＥと呼ばれました。これはアメリカ軍おなじみのダジャレ命名で、ＳＡＧＥには賢者の意味があります。

ＴＡＣとＡＤＣが一度統合されるが、再び独立

こうして主要な３つの上級司令部が揃うのですが、戦後の軍事予算の削減は空軍の予想以上でした。そのため、独立から１年ちょっとの１９４８年12月の段階で、早くも３つの上級司令部を空軍は維持できなくなってしまいます。

このため、戦術航空司令部（ＴＡＣ）と防衛航空司令部（ＡＤＣ）が統合され、北米航空司令部（Continental Air Command）が設立されることになりました。これは「アメリカは海外で戦争をしない。もしするとしたら、ＳＡＣの核爆弾によって一瞬で片づける」という意思表示でもありました。

しかしややこしいことに、実際には１９５０年に朝鮮戦争が勃発すると、核兵器だけの海外派兵では済まなくなります。そこで戦術航空司令部と防衛航空司令部は再びそれぞれが上級司令部として独立が認められ、以後は冷戦終結まで別々の組織として存続していきました。

さらにややこしいことに、両司令部の再独立後も、その集合体であった北米航空司令部はそのまま上級司令部（ＭＡＪＣＯＭ）として存続し続け、予備役になった旧式の輸送機による国内輸送部隊などを運用していたようです。このあたりはポスト（役職）確保の意味合いもあったような気がします。

5　アメリカ全軍の中枢へと成長する戦略爆撃空軍

ＳＡＣをアメリカ全軍の中枢にまで押し上げた男

さて、このように登場してきたのが、戦略航空司令部（ＳＡＣ）です。戦略核兵器の独占運用によって、以後は空軍の中枢となっていき（のちに海軍が潜水艦から発射できる弾道核ミサイル［Submarine-Launched Ballistic Missile：ＳＬＢＭ］を開発するまで、この状態は続く）、やがて空軍の狂気と崩壊の最大要因となります。

しかし意外にも、設立当初はそんな影響力はまったくありませんでした。

１９４６年にＳＡＣが設立され、初代司令官になったのはジョージ・ケニー（George Kenny）でした。彼は大戦中は第５航空軍の指令官だった男です。アメリカ陸軍において、太平洋戦線の司令官は閑職というか、出世コースから外れた人間のポストでした。実際、ケニーが何をやったのかと聞かれると、説明が難しいです。

さらにケニー本人はボンバーマフィアのメンバーでも何でもなかったようで、まったく戦略爆撃を理解していませんでした。この結果、ＳＡＣは設立こそされたものの、単に書類上存在する組織にすぎない時代がしばらく続きます。

ところが１９４８年10月、ケニーが空軍大学の学長に転出し、次の司令官が着任したとたん、状況はまさに一変することになりました。この2代目戦略航空司令官は、核兵器を中心に据えた戦略方針を次々と打ち出し、それによって、この〝パッとしなかった組織〟を一気にアメリカ全軍の中枢に位置づけることに成功してしまいます。

この2代目戦略航空司令官こそ、あのカーチス・ルメイです。この男が、ほぼ一人で戦後のアメリカ空軍を設計し、その結果、事実上の死に至らしめることになります。ＳＡＣが空軍内で権力を掌握してゆく過程で、重大要素として予算の確保がありました。軍はお金で動くので予算をたくさん取って来られる奴が偉いのです。この点、ＳＡＣとそのボスのルメイは疑う余地なく辣腕でした。

「戦略爆撃機と迎撃戦闘機だけあればいい」

先述のように、アメリカ空軍は大戦後に念願の独立を果たしたものの、なにせ予算がありませんでした。戦争中に使った膨大な戦費はもうなくなり、逆に対照的とも言える緊縮財政に入ります。国家としてのアメリカは戦費で破産しかけていたからです。

実際には金だけではなく、ベテラン隊員まで終戦による動員解除で次々に除隊していき、兵器の維持管理すら心もとない状況になります（パイロットは基本的に士官だったので、ある程度の人数が残ったらしい）。

さて、これからどうするんだと空軍の指導者たちが頭を抱えているとき、戦略空軍司令部のボスとして着任したのがルメイだったのです（ちなみに直前までベルリン空輸作戦を指揮していた）。その就任後、彼が軍上層部に提案したのは、実に単純でしたが、魅力的なアイデアでした。簡単に言ってしまえば、「もはや通常の戦力は要りませんよ。空軍が核兵器に特化するだけでいいのです」というものです。

アメリカは第二次世界大戦において、その航空戦力を敵兵力の撃滅ではなく、敵国家を直接破壊することに投入して成功しました。ドイツと日本相手に行なった戦略爆撃がそれです。さらに今なら核兵器という、都市一つを一瞬で消し飛ばしてしまう兵器まである。ですので、もはや航空戦力は敵軍隊と戦うものではなく、敵国家を直接破壊する戦略手段であり、だったらもう通常の軍隊は要らないでしょ？　というのがルメイの主張でした。

核爆弾なら、開戦直後に敵国内の主要部に数発落とすだけで、国家基盤を即座に壊滅させることが可能です。それを行なう戦略爆撃機と、敵の核爆撃機がアメリカに飛来するのを防御する迎撃戦闘機のみで戦争はできるよ、ということです。

確かにその通り、という気はします。

ただし、その理屈、すなわち「通常航空兵力は不要論」が通じるのはあくまでルメイが想定していた戦争の場合のみでした。つまり、ソ連相手の総力戦の場合だけです。それ以外の戦争では、彼らの理論には致命的な欠点がありました。

政治的な制限などがあり、核兵器でボンという戦争ができないケースです。こうなると地上戦が避けられず、航空優勢の確保を行なう空軍の存在は必須です。でなければ輸送や偵察、地上支援といった近代戦に不可欠の航空活動が不可能なのです。

ところがこれらの任務を核兵器に特化した空軍で行なうことはできません。この点を、戦後のアメリカ空軍は完全に読み誤りました。

彼らは仮想敵であるソ連の中枢を破壊すれば、戦争は終わる。その点だけ考えればいいと判断したのですが、戦後にアメリカ空軍が参戦することになった朝鮮戦争やベトナム戦争は、どちらも泥沼の地上戦を伴う〝通常兵器の戦争〟になってしまうのです。この結果、それらに対する兵器をもっていなかったアメリカ空軍は、悲惨といっていい状況に追い込まれていきます。

予算確保のため海軍に論争を吹っかける

さらに言えば、実際の戦略空軍の装備は、ルメイたちが主張するほど安価でもありませんでした。ルメイ率いる戦略爆撃司令部の提案する〝これからの軍隊〟は、確かに従来よりもコンパクトな軍隊になりそうでした。

しかしそのために必要な、地球のどこへでも飛んで行ける戦略爆撃機のB-36や、高速なジェット爆撃機のB-47はビックリするほど高価なものとなり、軍の財布のヒモを握る議会としては、簡単には予算を認めかねるシロモノとなっていくのです。［図1-25］

6発エンジンに加えて補助ジェットエンジンまで備えたB-36は、すでに実用化されていた空中給油機との併用で、世界中のどこにでも飛んで行ける究極の大型戦略爆撃機となりました。前述のように、本来は第二次世界大戦中に配備されドイツ爆撃に投入される予定だったのに、開発が遅れに遅れて戦後の配備となったものです。［図1-12］

その間の開発費の高騰や物価の上昇などによって、当時の価格で350万ドル前後とB-29の5倍近い価格となってしまったと言われています。予算削減中の戦後の空軍としては、そう簡単に買える機体ではなくなっていたのです。

［図1-25］ボーイングが1944年から開発に着手した戦略爆撃機B-47ストラトジェット。後退翼の主翼に、6基のジェットエンジンをポッド式で搭載するなど革新的な機体だった。搭乗員は3名で、パイロット2名が戦闘機のように縦列に座り、爆撃手が機首部分に座る。E型は短距離離離陸のために胴体側面にジェット推進機を付けることもできた

しかし、これらの機体を手に入れられるかどうかが、空軍やルメイ率いるＳＡＣの命運を決めます。戦略爆撃機を手に入れられなければ、猫を捕まえ損ねた三味線屋のごとく戦略空軍なんて成立しないのです。そこでまずルメイは空軍の予算確保のため、他の軍の予算に目を向けます。彼が目を付けたのは海軍と空母でした。

すでに実用化されていた空中給油機との併用で、世界中のどこにでも飛んで行ける戦略爆撃機があれば海軍と空母は不要だと、まるでミッチェルの時代の再来のような主張を彼は始めます。そして１９４９年３月にＢ-29の改良型であるＢ-50を使って、空中給油による無着陸世界一周飛行を成功させ、この点を強くアピールしていきます。［図1-26］

このためルメイ率いるＳＡＣと空軍は１９４８年から１９４９年にかけ、戦略爆撃機のための予算確保を狙って、海軍相手に今後の米軍のあり方についての論争を吹っかけます。「通常戦力は要らない。金のかかる戦艦も空母も廃止して、核爆弾による戦略空軍をつくったほうがはるかに効率がいい予算の使い道だ」というのが彼らの主張でした。

そして最終的にこの主張は議会に受け入れられてしまいます。その結果、建設が始まっていた大型空母ＵＳＳユナイテッド・ステイツ（ＣＶＡ-58）は建造中止に追い込まれ、同型艦４隻も計画中止となってしまいます。

［図1-26］B-29の改良型としてボーイングが開発したB-50スーパーフォートレス。より出力の大きいエンジンに換装し、垂直尾翼が拡大されている。1947年に部隊配備されたのちも実戦に出ることはなかったが、空中給油機型や偵察機型は1960年代まで使用された。写真は空中給油機型のKB-50J

そして海軍支持派だった初代国防長官フォレスタルは1949年3月に自殺に追い込まれ、さらにルメイらは軍事予算の削減手段として海軍と海兵隊の廃止まで主張したため、海軍は存亡の危機を迎えることになりました。1949年半ばにその危機感はピークを迎えたのです。

空軍が全軍の43パーセントの予算を得る

このため当時の国防長官ジョンソン（Louis A. Johnson）とB-36戦略爆撃機の製造メーカーであるコンベアの癒着疑惑を海軍関係者がマスコミ相手にリークしたり、さらには国防省の方針に真っ向から反対する論文を海軍の高官が雑誌を通じて発表するなど、事実上の文民統制への反逆行為にまで至る事態が続々と発生します。

これがいわゆる「提督の反乱（Revolt of the Admirals）」と呼ばれる一連の事件です。その一部にはすでに海軍を退役していたニミッツまで駆り出されていました。その存亡がかかっていましたから、海軍側も必死だったのです。

ところが、この一連の闘争はその直後、1950年の朝鮮戦争の勃発によってあっさり収束します。朝鮮戦争初期、戦略空軍に軸足を移しつつあった空軍がまったく役に立たなかったのです。

逆に現場海域に急遽空母を展開し、事実上の海上航空基地として運用した海軍は、空母機動部隊が戦争そのものの行方を左右する戦略兵器となりうることを証明します。

この結果、一連の論争は空軍の優勢ながら、最終的には海軍も一定の立場を確保した状態で手打ちとなりました。

それでも最終的には、海軍さらには陸軍にそのしわ寄せを負担させることで、空軍は優先的に予算を確保することに成功します。この点を少し具体的に見てみます。

ＴＩＭＥ誌の１９５４年2月1日号に載った記事によれば、１９５５年度国防予算、つまり朝鮮戦争後の〝アイゼンハワーの狂った軍事支出時代〟終盤のアメリカの国防予算は総額で３７６億ドルでした。これは現在の十分の一程度の規模ですが、当時としてはかなりの金額です。

その１９５５年の国防予算の配分は空軍が突出しており、１６２億ドルでした。全軍事予算（空軍、陸軍、海軍、海兵隊の四軍の予算）の43パーセントを空軍が単独で得ているということになります。均等に分配すれば25パーセントどまりですから、空軍は相当優遇されていると考えていいでしょう。

こうして朝鮮戦争終了後はＳＡＣ率いる戦略空軍がアメリカ全軍の主力となり、そんな歪んだアメリカ空軍の状況はベトナム戦争まで続きます。この戦争で手痛い敗北を喫するまで改まらなかったのです。

ソ連による人工衛星打ち上げの衝撃

アメリカ空軍の目的は核兵器の運用であり、当時の主力兵器である戦略爆撃機はあくまでその運搬手段にすぎません。なので仮に、もっと安全に、もっと効率よく、そして迎撃不可能なほど高速に核兵器を敵本土に撃ち込めるなら、戦略爆撃機すら要らなくなります。

そんな都合のいい兵器が実在するのか？　と思っていたら、予想外の方向から、すなわちソ連がこれを実用化段階に持ち込んでしまうのです。

それが弾道核ミサイル（Ballistic Missile）でした。事実上の宇宙ロケットであるこの兵器は、宇宙空間まで到達する大きな弧を描きながら地球の裏側まで到達可能です。さらに音速をはるかに超える高速で飛翔するため迎撃は不可能で、１時間以内に世界中のどこにでも核弾頭を撃ち込んでしまえる〝夢の核兵器〟として登場します。

１９５７年10月、アメリカがまだソ連に対する自国の戦略爆撃機の圧倒的優位を確信していたときに、ソ連は世界初の人工衛星スプートニク１号を打ち上げてしまったのです。

これにアメリカ軍は大ショックを受けるのですが、それは宇宙ロケットと人工衛星の実現において先を越されたというロマンチックな話などではなく、大気圏外まで人工衛星を打ち出せるロケットがあるなら、それはアメリカまで届くミサイルもつくれるということを意味したからです。

そしてさらに困ったことに、そのときソ連はすでに核兵器ももっていました。

長大な射程をもつミサイル、いわゆるＩＣＢＭ（大陸間弾道ミサイル）が実用化されるなら、もはや対空レーダー網や防空システムもまったく意味がなくなってしまいます。それらは戦略核爆撃機は撃ち落とせても、宇宙から流星のように高速で落下してくる弾道ミサイルには無力だったからです。

ただし現実には、ソ連は大気圏外まで打ち出す技術はあったものの、これを大気圏内の目標に向けて正確に再突入させる技術はもっていませんでした。ゆえに再突入不要の人工衛星という形での示唆行為を選んだのであり、さらに当時のソ連の核弾頭はロケットに積めるほど小型ではありませんでした。つまり現実的な脅威ではなかったのですが、このソ連のフルシチョフによるハッタリ宣伝戦術にアメリカはすっかり騙されることになります。

ＩＣＢＭの登場で「空軍も要らなくなる」

ソ連のハッタリはともかく、アメリカはB-36でのんびりソ連に飛んでいく間もなく、一方的に高速核攻撃を受け、反撃する間もなく敗北する可能性が出てきたことには間違いありませんでした。こうしてアメリカもあわてて弾道核ミサイルの開発に邁進し、やがて米ソ共にＩＣＢＭを配備していくことになります。そして当然、このＩＣＢＭがＳＡＣの主力兵器となっていくのです。

そうなるともはや戦略爆撃機も護衛戦闘機も、さらには防空戦闘機すらまったく無意味ということですから、今度は「アメリカ空軍自体が要らないのではないか」というジレンマにＳＡＣは陥ります。核装備というのは技術的には高度ですが、その反面、それだけに頼るなら一切の通常兵力は要らず、維持管理が楽な究極の安価な軍隊なのです。

そののち21世紀に入ってイランや北朝鮮などがそういった軍隊を目指すことになりますが、20世紀のアメリカ空軍としては極めて不本意でした。自己の優位を確保するために進めていた戦略理論が、最終的には自分も要らないという予想外の結論に達してしまったのです。こうなると、今まで威張っていた将軍連中ですら、間もなく全員失業する可能性すら出てきます。

さらに海軍が潜水艦から発射できる弾道ミサイル、つまり敵に場所を知られずにいきなり不意打ちができる潜水艦発射核弾道ミサイル（ＳＬＢＭ）の開発に成功したことで、空軍の優位は一気にゆらぐことになりました。今度は空軍が海軍から突き上げられることになったのです。

そこからさらなるアメリカ空軍の迷走が始まり、さらに数年後に始まった通常戦力だけの戦争であるベトナム戦争で、アメリカ空軍は一度死んだといっていいほどの衝撃を受けることになります。

そしてその衝撃と敗北からの復活に大きな役割を果たした男がジョン・ボイドですが、そのあたりは下巻で見ていくことになります。とりあえず、アメリカ空軍は戦略爆撃で生まれながら、その戦略爆撃によって一度、死を迎えることになるのです。

第二章　レーダーが変えた戦争のあり方

1　脅威だったドイツの高射砲部隊

戦略爆撃機の脅威となった「迎撃戦闘機」と「高射砲」

さて、この章ではアメリカ空軍がその歴史の中で直面した最大の問題の一つ、レーダー誘導による対空兵器について見ていきます。この対策が最終的にはステルス技術の登場にも繋がりますが、その発端は第二次世界大戦時のドイツ軍のレーダー誘導による高射砲であり、その歴史は意外に古いのです。

すでに見てきたように、戦略爆撃こそ生きる道と考えたアメリカ陸軍航空軍（のちのアメリカ空軍）が実際に第二次世界大戦のヨーロッパ戦線で戦略爆撃を始めてみると、恐ろしいまでの勢いでその爆撃機を損失していくことになりました。これは彼らがまったく想定していなかった二つの脅威がそこにあったからです。

一つはレーダー誘導によるドイツ戦闘機の強力な迎撃であり、もう一つは濃密に展開されていたレーダー誘導の対空砲による迎撃でした。

前者はP-51という長距離護衛戦闘機が登場することで一定の解決が図られるのですが、高射砲による迎撃は最後の最後までアメリカ軍の昼間・精密爆撃とイギリス軍の夜間・無差別爆撃に大きな犠牲を強い続けることになりました。その点において大きな影響があったのが、警戒レーダーと射撃管制レーダー、つまり対空レーダー網の存在です。第二次世界大戦は、人類史上最初の電子戦でもあったのです（ただし日本の空は除く……）。

これらはのちに、ベトナムの空でアメリカ空軍を悩ますことになる対空ミサイルと対空砲陣地の祖先とでも言うべき存在でした。よって最初は、現代の防空システムから見ても意外なほど高度な完成度を誇っていた、大戦期におけるドイツのレーダー迎撃システムを見ていきます。

アメリカの対ドイツ戦略爆撃の主役だったのがB-17とB-24の重爆撃機（Heavy Bomber）でした。その効果は十分なものでしたが、その損失も恐ろしいほど甚大で、対ドイツ戦だけで計５５４８機の戦闘損失となっています。どちらも10人を超える乗員の機体ですから、一部が脱出に成功して捕虜になったとしても、約5万人近い乗員が命を失っているわけです。壮絶と言っていいでしょう。［図2-1／-2］

そしてこの損失のうち、ドイツの戦闘機によると認定されているのは２４５２機にすぎません。残りのうち、事故などによる損失が６５７機なので、それ以外の２４３９機、すなわち総損失の約44％は地上対空砲によるものなのです。本来、地上の対空砲はそんなに命中するものではないと思われていたため、アメリカ陸軍にとって想定外の事態でした（数字はアメリカ陸軍航空軍統計局が１９４５年12月にまとめた報告書「Army Air Forces Statistical Digest World War II」による）。

では、なぜそんな事態になってしまったのかというと、ドイツは対空砲をレーダー照準で撃ってきていたからです。

［図2-1］敵国の中枢を破壊するために、ボーイングが開発した戦略爆撃機B-17フライングフォートレス（空飛ぶ要塞）。並外れた堅牢性と、爆撃機では初めてターボ過給機を搭載したことで優れた高高度性能を備えていた。1936年から45年までに約1万2,700機が製造された

［図2-2］コンソリデーテッド・エアクラフトが開発した爆撃機B-24リベレーター（解放者）。優れた航続距離をもち、B-17を凌ぐ約1万8,400機が生産された。しかしやや脆弱な面もあり、「空飛ぶ棺桶」などと揶揄されることもあった

痛感させられた制空権の重要さ

世界初の〝現実的な〟戦略爆撃を行なったのはドイツ空軍です。バトル・オブ・ブリテンにおいて、爆撃だけでイギリス空軍基地と航空機産業を叩き、殲滅しようとしました。

ただしこれはドイツがイギリス本土上陸作戦を遂行するために制空権を確保することが目的でしたから、これだけで敵本国を屈服させる！　という規模のものではありませんでした。その目的はあくまで敵航空戦力を一気に戦略レベルで殲滅するだけで、あとは従来通り、上陸部隊が陸上戦で敵本土を屈服させるというものでした。

このとき、ドイツ空軍指導部とその親玉である国家元帥ゲーリングは、戦略爆撃理論の始祖、イタリアのドゥーエの先手戦略必勝論に影響されていたと思われます。つまり、飛行場や工場にある敵機を先に爆撃で破壊してしまえば、敵の航空戦力はほぼ壊滅するから航空戦は勝利が確定するという理論です。

しかし、結果はほぼ失敗に終わります。ドイツの爆撃部隊は一定の戦果を挙げたものの、イギリスの戦闘機スピットファイアとハリケーンに痛打されることになったからです。与えた損害は小さくなかったのですが、こちらの爆撃機も大きな損失を被ったのでした。さらにイギリスの挑発に乗って、以後、都市部への無差別爆撃に移行することでドイツの勝利は完全に遠のいてしまいました。

この戦訓から導き出された結論は、今後は爆撃前に敵戦闘機を排除して航空優勢を得る必要があること、いわゆる制空権の確保が重要であるということでした。爆撃機は思った以上に、戦闘機に対して脆弱だったのでした。

実はすでに第二次世界大戦の緒戦であるポーランド戦で、すでにその兆候はあったのですが、しかしドイツ空軍指導部はまったく学習しておらず、結果、手痛い打撃を食らうことになったのです。

ドイツと同じ轍を踏んだアメリカ

さらにのちに行なわれることになるアメリカによる対ドイツ戦略爆撃が、このあたりの問題をよりはっきりとさせることになりました。１９４３年、アメリカの戦略爆撃を担う第８航空軍は、長い準備期間を経てドイツ占領地区への爆撃準備を整え、さっそくその作戦を開始します。

司令部は当初、B-17の高高度性能とハリネズミのごとく搭載されている機銃の防御力でなんとかなると判断していました。つまりドイツ軍が「航空優勢」を確保しているエリアに、〝護衛戦闘機なし、爆撃機だけ〟で進入しても問題ないと考えたのです。

その結果、よく知られるシュヴァインフルト（Schweinfurt）のボールベアリング工場爆撃の際に、記録的ともいえる損失を受けてしまうことになります。１９４３年10月14日の作戦では、２９１機の出撃（sortie）で60機の損失を出し、その損失率は約20．６パーセントにもなりました。

長期修理の必要な損傷機や、帰還後スクラップになった機体もあるので、実質的な損失はさらに大きかったでしょう（この数字は第1、第３爆撃航空団［Bomber Division］のB-17の数字のみ。第2爆撃航空団のB-24×60機は目標到達に失敗して損失もなかったので、母数から外す）。長期修理の必要な損傷機や帰還後にスクラップになった機体も８機あるので、実質的な損失はさらに大きく、こちらを合わせると損失率は23．４パーセントにもなります。

ちなみに毎回23．４パーセントの損失が続く作戦を補給なしで続けると、5回も出撃すると部隊の生き残りは４分の1程度の機数にまで激減します（母数×０．７６６×０．７６６×０．７６６×０．７６６×０．７６６＝母数×０．２６４）。当時の作戦ペースからすると、1ヵ月以内にアメリカの爆撃機部隊はほぼ全滅に追い込まれるということです。

驚いたアメリカ陸軍航空軍の指導部は、爆撃機の補充が終わってさらに十分な護衛戦闘機が揃うまで、ドイツ本土の重要目標への爆撃を一時的に中断する決断を迫られます。その結果、先にシュペーアが証言していたように、連合軍のボールベアリング工場爆撃は中途半端に終わり、ドイツの兵器産業に致命傷を与えることができなくなったのです。

護衛戦闘機のおかげで損失は6分の1に

とりあえず対策としては、第8航空軍の首脳部は戦闘機を送り込んで敵戦闘機を殲滅し、さらに敵の航空基地も徹底的に叩き、航空優勢を打ち立てることにしました。アメリカ陸軍航空軍の上層部は、これで戦略爆撃は安全に行なえると判断します。

そこでアメリカの戦略爆撃部隊は、長距離護衛戦闘機P-51の数が揃いつつあった翌１９４４年初頭から、その考えを実行に移すことになりました。ちなみにこの段階、１９４４年1月には、あのドゥリットルがヨーロッパ本土への上陸作戦に備え、第8航空軍の司令官になっています。

こうして１９４４年2月20日から25日にかけ、第8航空軍はヨーロッパ戦線最大の爆撃作戦を展開します。これが「争奪作戦（Operation Argument）」で、いわゆる「ビッグウィーク」と呼ばれたこの6日間に、全力でドイツの産業の中心部を潰しにいったのです。

この作戦から大量投入された護衛戦闘機によって、ドイツ戦闘機による航空優勢は一気に崩されていくことになります。

その結果、アメリカ重爆撃機の損失はどこまで減少でしたのでしょうか。

ただしこのあたりは資料によって微妙に数が異なり、さらに帰還後に損傷で廃棄された機体をどう扱うかで損害の数が変わってくるのですが、ここでは未帰還機（Failed to Return：FTR）のみを被撃墜機とし、数値はイギリスの帝国戦争博物館（IWM）がネット上で公開している「American Air Museum in Britain」の各作戦時のものを採用して話を進めます。

対ドイツ戦略爆撃を行なった第8航空軍の爆撃航空団は3つあり、第1、第3がB-17、第2がB-24を運用していました（1944年5月頃から一部で機種混在運用になるが、この時期はほぼ明確に機種ごとに分けられていた）。

以下の数字は、各爆撃航空団の作戦開始時の稼働機数と、終了時の損失機数です。

《第8航空軍 爆撃航空団》

第一爆撃航空団 B-17×417機……損失79機

第二爆撃航空団 B-24×272機……損失58機

第三爆撃航空団 B-17×314機……損失27機

総出撃回数……約4200回

総損失……159機

損失率……3．8パーセント

第8航空軍は6日間でB-17（第1、第3爆撃航空団）とB-24（第2爆撃航空団）あわせて、延べ約4200出撃させました。参考までに作戦開始時の稼働機数は第1、第3爆撃航空団のB-17がそれぞれ417機と314機で731機、第2爆撃航空団のB-24が272機で計1003機でした。

滅茶苦茶な数で、これでタコ殴りにされたドイツこそ気の毒と言うべきですが、ただし1000機を超えたのは初日のみで、以後は2日目の861機が最大でした。そして作戦終了までにB-17を106機、B-24を53機、計159機も失って終わります。

よって損失率は総出撃数約4200回に対して約3．8%ということになり、先に見たシュヴァインフルトの20．6%の損失率と比較すれば、実に約5分の1以下まで激減しました。ここまでは大成功であり、目論見通りでした。

ついでに余談ながら、B-17の機体損失のほうがはるかに数が多いのですが、出撃回数もずっと多いので（B-17が約3090回で、B-24は約1120回）、損失率ではB-17の約3．

4%に対し、B-24は4.7%で上回ります。現場では頑強なB-17が好まれたという話は数字的な裏付けもあるわけです。

依然として脅威だったドイツ軍の高射砲

しかし、これでもう怖いものはない！　となったのかというと、先述のようにほぼ戦争終盤までそうはなりませんでした。

確かに爆撃機の損害は劇的に減ったものの、一定レベルから先になると、なかなかそれ以上損失が減らなかったのです。もはや空にドイツ戦闘機を見かけるほうが稀という時期になっても、アメリカの戦略爆撃機は一定規模の出血を強いられ続けます。

なぜか。

それは、ドイツの対空兵器である高射砲陣地が頑強なまでに抵抗を続けた結果でした。これはアメリカ陸軍航空軍にとって二つ目の衝撃となります。敵の戦闘機を排除しても、完全な空の安全は確保されないということです。どんなに相手の戦闘機を破壊しまくっても、それでは不十分なのでした。

その兆候は、このビッグウィークの結果にも現れていました。作戦5日目の2月24日に撃墜されたB-17×16機のうち、15機については損失の詳細が分かる資料が残っていますので、これで見てみます。

その内訳は次の通りです。

戦闘機による撃墜……9機
対空砲火……………5機
飛行中の機械故障……1機

サンプル数が少ないものの、全損失のうち3分の1、約33パーセントは敵の航空兵力ではなく地上からの攻撃によるものでした。実際、最初に見たように重爆撃機の総損失の半分は対空砲によるとされていたのです。つまり、爆撃機の敵は戦闘機だけではなかったのです。

この点は大戦後にベトナムや中東で、さらに深刻な形で表面化してくることになります。特にレーダー誘導された対空砲は戦闘機に匹敵する脅威となり、さらに戦後の誘導ミサイルの登場によって戦闘機よりも恐ろしい敵に進化しました。これがのちにステルス技術という発想に繋がる大きなポイントになっていきます。

ここで対空砲が脅威になるのは、〝あくまでレーダー誘導がある場合〟であることに注意が必要です。地上から数千メートル、つまり数キロメートルも先を高速で飛ぶ航空機に目視で命中弾を与えるのは極めて困難であり、実際、レーダー誘導がなかった日本の対空砲はB-29に対して事実上無力に等しい存在でした（撃墜率は1パーセント台で、アメリカにとっては日本軍より事故損失のほうがはるかに脅威だった……）。

このレーダー誘導による対空砲射撃を最初に本格導入したのも、またドイツ軍だったのです。

アメリカ軍が気付かなかったレーダー誘導

ところが当時のアメリカ軍の指揮官たちは、なぜ高射砲がこれほどまでに当たるのかを理解するのにかなり時間がかかっています。戦闘機の脅威は、まあ理解できました。しかしさらに高射砲の場合は「高射砲なんて、そんなにパカスカ当たるもんか！」といったあたりが平均的な反応だったのです。

しかし現実として、高射砲による損害は無視できないほど膨大なものになっていきつつあったのに、こういった無理解が対高射砲戦術の採用を遅らせることになり、損害をいたずらに増やす要因となりました。もっとも彼らの推論は正しいデータに基づいており、普通にやっていれば〝確かに高射砲なんてそうそう当たらないはず〟だったのです。

推論の根拠は、先のバトル・オブ・ブリテンにおけるイギリス高射砲部隊の成績でした。このとき、平均1万８５００発（！）を撃って、ようやく1機撃墜というスコアになっていました。「こんなもん当たるか」という状態だったと言っていいでしょう。

ところがレーダー誘導を行なっていたドイツ軍の対空砲火では、１９４２年後半で３３４３発につき1機撃墜という成績でした。つまりイギリス軍が必要とした砲弾数のわずか20パーセント前後で撃墜が得られていたのです。まあ、それでも３０００発以上撃ってようやく1機撃墜なのですが、対空砲の数を揃えてしまえば相当な脅威となります。

しかし、そんなことを知らないアメリカ軍の指導部は、ドイツだってイギリスと同じさ、と判断していました。当時は、高速で飛ぶ航空機に弾を当てるなんて至難の業だと考えられており、その推測が、ご丁寧にも実戦のデータで証明されてしまったわけですから、彼らが「高射砲は当たらない」という結論に飛びついてしまうのも、ある程度は無理がないところなのでした。

しかし現実には、ドイツは連合軍の戦略爆撃部隊の一枚上手を行っており、それがレーダー照準による対空射撃だったのです。対して英米側は、例の１９４３年の大損害キャンペーン後でも、「ドイツのレーダーは早期警戒と戦闘機の誘導だけが仕事だろう」程度に考えていたふしがあります。まさかレーダーで対空砲の照準を行なっているとは夢にも思わず、この点に気が付いたのは、おそらく１９４４年に入ってからでした。

連合軍の戦略爆撃機はまったく予想してなかったドイツの

レーダー防空戦闘システムに、何も知らないまま巻き込まれていったと見ていいでしょう。たとえ「実戦から得られたデータと、そこから導き出された正しい戦訓」であろうとも、前提条件が間違えていれば何の役にも立たない、というのは重要な教訓だと思います。

夜間爆撃で昼同様の損害を出したイギリス

より安全なはずの夜間爆撃を行なっていたイギリス空軍も、1942年春以降、どう考えても異常という損失を出し続けるハメになりました。

この点、原因はドイツの夜間戦闘機だと思われていたふしがあります。夜間爆撃機は単機で行動することが多いので、撃墜時の目撃証言が残りにくく、撃墜原因の特定はほぼ不可能だったのも一因でしょう。

「相手がレーダー照準を用いている場合、夜間でも昼間でも高射砲の脅威は大きく変わらない」という事実に気が付かないと、この謎は解けません。夜間爆撃の利点は目に見えないだけで、レーダー相手ではほとんど意味がないのです。

よってイギリスの対策もまた後手に回りました。この結果、安全と思われた夜間爆撃に逃げたはずなのに、イギリス空軍の戦略爆撃機も予想以上の出血を強いられていくことになります。

とりあえず、その損失を見ると、

1942年
総出撃数（sorties）……約2万3000機
損失……約1100機（損失率4.7パーセント）

1943年
総出撃数……約4万8000機
損失……約2100機（損失率4.37パーセント）

1944年
総出撃数……約7万8000機
損失……約1830機（損失率2.3パーセント）

損失は夜間戦闘機によるものも含みますが、いずれにせよ4.5パーセント前後という数字は小さくありません。これは戦闘機の護衛を付けた後のアメリカの昼間爆撃の損失とほとんど変わらない数字であり、それではより安全なはずの夜間爆撃の意味がないのです。

1944年になってレーダー対策が進み、ようやくその損失は2パーセント台になりますが、それでも対空砲による一定数以上の損失は最後まで残りました。ヨーロッパの夜空は昼の空と同じく、ドイツの対空砲火の脅威から逃げられない空だったのです。

ちなみにアメリカ陸軍航空軍は、のちに太平洋版「ビッグウィーク」とでもいう戦略爆撃を1945年3月に日本に対して行なっています。10日の東京大空襲を皮切りに、大阪、名古屋をはじめとする日本の主要都市を夜間爆撃で叩きにいったのです。相手がレーダーによる射撃照準システムをもたない日本ですから、このときのデータを見れば、レーダーによる対空砲火をもたない軍隊相手に夜間爆撃をやるとどうなるかという結果を見ることができます。

このときの損失は、以下の通りです。

総出撃数……1570機
損失……21機（損失率1．3パーセント）

この数字も夜間戦闘機による損失を含みますが、いずれにせよイギリスがドイツ相手に被った損失のわずか3分の1以下に抑えられてしまっています。ほとんど誤差の範囲の損害しかなかった、とすら言えます。やはりレーダー誘導射撃の威力はかなりのものなのです。

のちに成果を上げたイギリスの高射砲

ちなみにのちにドイツ対空砲のレーダー誘導に気が付いたイギリス軍は、自軍でもレーダーによる射撃管制を導入し、大きな成果を上げています。

当初、イギリスでは通常、4門で一つの高射砲陣地を構築していました。そして陣地内の全砲門で同じ目標を狙うのが原則です。その戦果はバトル・オブ・ブリテン時で実に約1万8500発撃ってようやく1機撃墜（0．0054パーセント）という絶望的な数字でしかなかったのでした（命中率ではない。当たっても落ちない機体がある）。事実上、無力であった

［図2-3］イギリス軍の3.7インチ（93ミリ）高射砲

と見ていいでしょう。［図2-3］

１９４４年に入ってようやく、イギリス軍もドイツの高射砲の秘密に気が付き、同じく射撃管制、つまり照準にレーダーのデータを使ったシステムを構築してみています。このときの

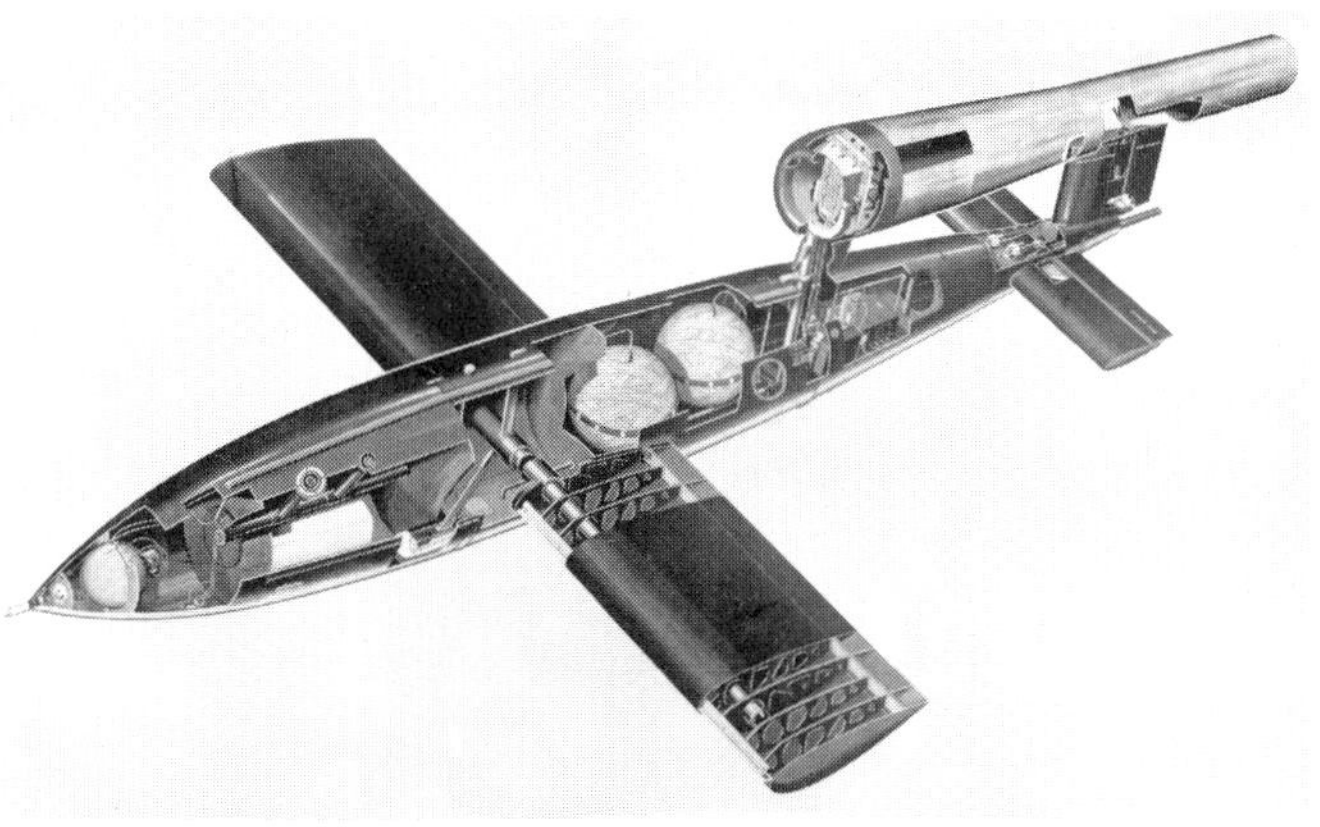

［図2-4］第二次世界大戦当時にドイツ軍が開発した無人誘導飛行爆弾V1の透視図

相手は、爆撃機よりもはるかに小型で高速のドイツのＶ１飛行爆弾でしたが、驚くべき戦果を挙げています。ちなみに以下の数字もイギリスの帝国戦争博物館の資料によります。［図2-4］

Ｖ１は極めて小型で、さらに爆撃機などよりずっと高速でしたから、従来の高射砲システムなんかで撃ち落とせるとは思われませんでした。しかしレーダーを射撃管制に組み込んだ高射砲陣地の構築が行なわれた結果、撃墜率は１５０発ごとに１機撃墜（０．６パーセント）と、従来の１００倍以上にスコアを叩き出してしまいました。これだけ短時間に、これだけ進化した運用システム（高射砲自体はほぼ同じモノなので、運用システムだけが更新された）は極めて珍しいでしょう。

ついでに言えば、この時期のロンドンの防空任務には予備役兵隊どころか、街のオバちゃんやお姉さんまでが駆り出されていました。近所の八百屋のオバちゃんが、レーダーのデータから射撃管制装置で計算した数値通りに砲を設定し、「やれやれ、よっこいしょ」と撃っていたわけです。

そんな部隊が国王閣下のプロ軍人から成る高射砲兵の１００倍以上の撃墜率を、当時の最新兵器であるＶ１飛行爆弾相手に叩き出してしまったことになります。レーダー照準恐るべしでしょう。実際、ジェット戦闘機のミーティアまで駆り出した戦闘機による迎撃部隊とほぼ同数の、約１６００発ものＶ１

が高射砲部隊によって撃墜されていますから、レーダーから射撃照準のデータを得るということが、どれだけ強力な武器になるかがよく分かります。

ただし確認はできなかったのですが、この時期だと直撃しなくても近距離で自動的に爆発して目標に損失を与える電波感応式の近接信管（いわゆるVT信管）をイギリスはすでに導入していた可能性があり、それが一層の撃墜率向上に貢献した可能性も考えられます。そしてまた、これもレーダー技術の一種といえば一種ではあるのです。

スクープ報道を受け強化された対空防御システム

さて、この強力なレーダー誘導による対空システムを世界で最初に生み出したドイツ軍は、具体的にどういった運用をしていたのか。その点をこれから見ていきます。

ほとんど知られていませんが、ドイツ空軍の主力は開戦前から終戦まで、すなわち最初から最後まで、戦闘機でも爆撃機でもなく、実は対空砲部隊でした。ドイツ空軍で最も多数の兵員が常に配備されていたのは、対空砲部隊なのです。

このあたりについては『The Luftwaffe Data Book』に詳しい記述があるので、興味のある人は読んでみてください。

その対空砲部隊の活動はすでにアメリカの参戦直前に開始されています。きっかけは、例の１９４１年12月4日にシカゴ・トリビューン紙がスクープとして掲載したアメリカの参戦計画に関する報道だったようです。ハロルド・ジョージ率いる航空戦計画部（ＡＷＰＤ）が立てた対ドイツ戦略爆撃計画「ＡＷＰＤ-1計画」の全貌を、この新聞がすっぱ抜いてしまい、その爆撃計画の情報はドイツの諜報員によってすぐさまベルリンに伝えられていました。

そのあまりに大規模な計画にショックを受けたドイツ空軍上層部は、当初その巨大な爆撃計画を信じなかったと言われますが、さすがに開戦後にはその対策を講じ始めます。

その結果、アメリカ参戦から約1年半後に始まった連合軍の戦略爆撃は、すでに準備を終えていたドイツ空軍の強力な対空防御システムによって巨大な出血を強いられることになるのでした。この点、「アメリカの多くの若者は、シカゴ・トリビューンの記者によって殺された」という見方もできます。

2　ドイツ高射砲部隊の内実

ドイツ空軍の主力だった対空砲部隊

ドイツの場合、対空砲部隊も空軍の管轄です。このため数字を見ると驚愕すべき人的な資材が、対空砲部隊の組織に投入されています。例えば１９３９年、開戦直後であまり航空機を保有していなかったドイツ空軍において、その組織内で最大の兵力を誇っていたのは、すでに対空砲部隊でした。総員で１２０万人しかいなかった当時の全ドイツ空軍の人員のうち、対空砲部隊が実に３分の２以上を占める状況だったのです。

その後もその状態は続き、最終的に戦争末期の１９４４年秋には実に１２５万人が対空砲部門に所属しています。これは当時のドイツ空軍兵員１５０万人のうち、５分の４が所属しているという凄まじい数となっています。

ただし１９４４年の場合、民間から徴用された防空隊員や、さらには占領国から連れてこられた人員、挙句の果てにはソ連軍の捕虜まで動員されていたようなので、必ずしも全員が正規の空軍兵ではないようですが……。

それでも、そういった女性や学徒動員、果てはロシア人捕虜を別にしても、ドイツ空軍の正規軍人のうち、半分近くが対空砲部隊の配属だったとする資料もあります。ドイツ空軍の主力部隊は、あくまで空を飛ばない対空砲部隊だったとすら言えるのです。妙な空軍なのですが、それが連合軍の戦略爆撃に膨大な出血を強いたのもまた事実でした。

［図2-5］射撃準備に入るドイツの８．８センチ高射砲（8.8cm FlaK）。８はドイツ語でアハト（Acht）なので、ドイツ軍では「アハト・アハト」と呼ばれた。FlaK はドイツ語の対空砲の略。よく知られているように、対戦車砲としてティーガー戦車の主砲にまで転用された（Photo：Bundesarchiv）

ドイツ対空砲部隊

ドイツ空軍の対空砲部隊の運用は、爆撃機に対する対空陣地のものだけにとどまらず、野戦部隊にも広がっています。ドイツ空軍最高責任者ヘルマン・ゲーリングの俺様理論によって、すべての対空砲の運用は主に空軍が担当することになっていたからです。

この結果、地上軍の護衛用対空砲部隊も基本的に空軍が運用することとなり、対空砲に車輪を付けて陸軍部隊と共に転戦していくことになります。よって、空軍の軍人の多くが陸軍と共に8.8センチ高射砲（8.8cm FlaK）を引っ張ってフランスやソ連の戦場に派遣されるという妙な事態になり、彼らは世界でも珍しい陸戦経験豊富な空軍となっていくのです。［図2-5］

イギリス空軍も基地防衛用に地上部隊をもっていますが、主に基地周辺の防衛用部隊であって敵地侵攻の地上戦にまでは参加したことはありません。また、当時は陸軍の所属だった大戦中のアメリカ陸軍航空軍にさえも、こういった種類の部隊はありません。ドイツならではの運用と見ていいでしょう。

そもそもドイツ空軍における対空砲の運用においては、対空砲軍（Flak korps）という陸軍式の組織までつくられており、もう完全に陸戦部隊と同じ世界でした。彼らは対空戦闘だけではなく、高射砲による対戦車戦闘も最初から想定しており、まさに空軍による地上火砲部隊という存在となっています。さらに対空砲軍以外にも大隊・中隊レベルの分散運用もあり、相当な数の空軍兵が対空砲をもって陸戦に投入されていたようです。

ただし、さすがにすべての対空砲部隊を空軍で運用するのは無理だったのか、陸軍にも陸軍対空砲部隊（Heers Flak）が存在し、こちらはこちらで最終的に31個の対空砲師団を保持していました。実際にはこれらは師団単位で運用されているわけではく、（より小さい単位の）大隊・連隊単位で機甲師団や歩兵師団に派遣され、対空砲師団本部が各部隊に対する補給や人員配置などを行なっていたようです。

そしてさらに、その配下の部隊には空軍の対空砲部隊も含まれていたというような話もあり、空軍と陸軍の対空砲部隊の住み分けについてはイマイチよく分からない部分があります。しかしとりあえず、相当な数の空軍兵が陸戦に投入されていたことだけは間違いないようです。

ちなみに空軍にはもう一つ、ゲーリング装甲師団（のちの第1降下装甲師団）という陸戦部隊もいましたが、こちらの兵員は元陸軍兵などが中心の完全な陸戦部隊でした。そもそもゲーリングが空軍の責任者に就任したとき、彼が指揮していた元秘密警察のエリート部隊をそのまま軍に転属させたのがルーツで、高射砲部隊とはちょっと性格が異なります。本来は要人警護という元秘密警察らしい任務だったのが、ゲーリングの功名心から、のちに地上戦闘にも参加することになったのがこの師団でした。

ドイツ空軍の重・中・軽対空砲

さて、このようにいろいろな方面で活躍することになっていた空軍の対空砲部隊ですが、とりあえずその主要な装備を見ておきます。対空砲は重対空砲・中対空砲・軽対空砲の３種類に分類され、混在して運用されたようですが、連合軍の戦略爆撃部隊を迎え撃ったのはその中の重対空砲部隊でした。

重対空砲は、口径7．5センチ以上のものとされていました。もっとも実際にはドイツ空軍に7．5センチ口径の対空砲はなく、最小サイズとなったのが、すでに紹介した8．8センチ高射砲（8.8cm FlaK）でした。２万門以上生産され、開戦から終戦まで主力として活躍します。

その上のサイズの対空砲が１９３７年から採用された10．5センチ高射砲（10.5cm FlaK38/39）でしたが、これは２０００門前後の生産で終わっており、それほど活躍していません。ちなみにドイツの戦艦ビスマルクやシャルンホルストの対空砲として積まれていたのが、この10．5センチ高射砲（10.5cm FlaK38）だったようです。

もう一つ、ドイツ軍が採用した最大の対空砲が12．8センチ高射砲（12.8cm FlaK40）でした。本来は8．8センチ高射砲の後継として開発されたのですが、最終的に１０００門以下の生産に終わったようで、これまたあまり活躍していません。

ただし有名な対空砲塔、コンクリートでつくられたビルのような建物に対空砲を集中配置したFlakturm（英語だとFlak Tower）に設置されたほか、主に列車高射砲として採用されていたようです。

ちなみに列車高射砲は、高速で各地に展開できる高射砲として開発されたものです。その名の通り、鉄道貨車の台車の上に設置され、連合軍の爆撃が予測される地点へと汽車で牽引されて送り込まれます。

重対空砲の下のクラス、中対空砲として採用されたのは3．7センチ高射砲（3.7cm FlaK18/36/37/43）で、他には世界中で運用されていたスウェーデン製のボフォース40ミリ対空機関砲も使用されていました。これらは連射可能な機関砲で、単発で撃ち出す高射砲とは異なります。基本的には高度４０００メートル以下を飛ぶ機体が主な対象で、地上部隊の護衛や

航空基地の防衛などが任務だったようです。［図2-6／7］

［図2-6］1944年半ば、北フランスにて連装の形で使用されている3.7センチ高射砲（3.7cm FlaK43）。FlaK 36/37から発射速度が改善され、終戦まで使用された。Ⅳ号戦車の車体に積まれて、オストヴィントやメーベルワーゲン対空戦車としても使用された（Photo：Bundesarchiv）

［図2-7］1930年代に、スウェーデンのボフォースが開発したボフォース40ミリ対空機関砲。日本を含め、多くの国に輸出されて使用された。写真は1943年、アルジェリアのビーチを見下ろす位置に配備されたアメリカ対空砲兵

その下、一番小口径の軽対空砲には2センチ高射砲（2cm FlaK30/38）が採用されました。これらは低空侵入してくる戦闘爆撃機などが主な標的となっています。［図2-8］

とにかく大量に弾をばら撒き弾幕を張る

通常、移動式の対空砲大隊では重対空砲と軽対空砲が混成で使われていました。基本的に12門の8.8センチ高射砲と33門の防衛用2センチ高射砲、さらに4連装2センチ高射砲 9台が組み合わされ、そこにサーチライト12台が配置されていたとされます（ちなみに2センチ高射砲は地上攻撃機対策と同時に、対歩兵戦闘にも使われた）。

それに対し、固定式の陣地を築いて運用される対戦略爆撃用の対空砲陣地の場合、3〜4の重対空砲中隊（各中隊が4〜6門をもつ。よって全部で12〜24門を装備）を一つの指揮所から指揮するGrossbatterieと呼ばれる運用になっていました。これについては、また後で詳しく見ていきます。

1935年とやや古めな（といってもMe109初飛行と同じ年だが）2センチ高射砲は、戦争が始まってみるとその発射速度（毎分120発＝毎秒2発）の遅さから実用性が低く、やがてマウザーが開発した2cm FlaK38に取って代わられることになります。

ただしFlaK38も毎分約200発という速度であり、低空を高速で突っ込んでくる敵機を弾幕で囲むには微妙な発射速度でした。高速で動く目標を撃つ対空砲は狙って当たるものではないため、大量の弾丸をばら撒いて弾幕を張り、そこに敵機が突っ込んでくれば撃墜となります。

［図2-8］1934年にドイツで採用された単装の2センチ高射砲（2cm FlaK30）

これは機関砲である軽対空砲だけでなく、8.8センチ高射砲などの重対空砲でも原理は同じで、いかに大量に弾をばら撒けるかが重要なテーマになっていました。このためドイツの2センチ高射砲では、弾丸をより大量にばら撒くために4連装形態となっていたわけです。[図2-9]

とにかく大量に弾をばら撒いて弾幕を張る、というのが撃墜率を上げる基本的な対策でした。そのため最終的に20ミリクラスの機関砲は、複数の銃身を束ねることで、戦後のヴァルカン砲へと発展していくわけです。

8.8センチ高射砲で何発撃てるのか

ここで当時のドイツ高射砲の基本的な性能を見ておきます。ドイツの8.8センチ高射砲のおおよその射程は最大で14キロ、高度8000メートルとされています。ただし実際はもう少し低かったと言われているので、とりあえず高度7000メートルで10キロ飛ぶとして、目標の高度によってその射撃範囲がどうなるかを考えてみます。

[図2-10]は高度5000メートルと7000メートルの目標に対して、8.8センチ高射砲がどの程度のエリアをカバーできるのかを示したものです。高射砲の射程(矢印の点線で示されている距離)が10キロなら、高度が高くなるほどその到達直径は狭くなります。

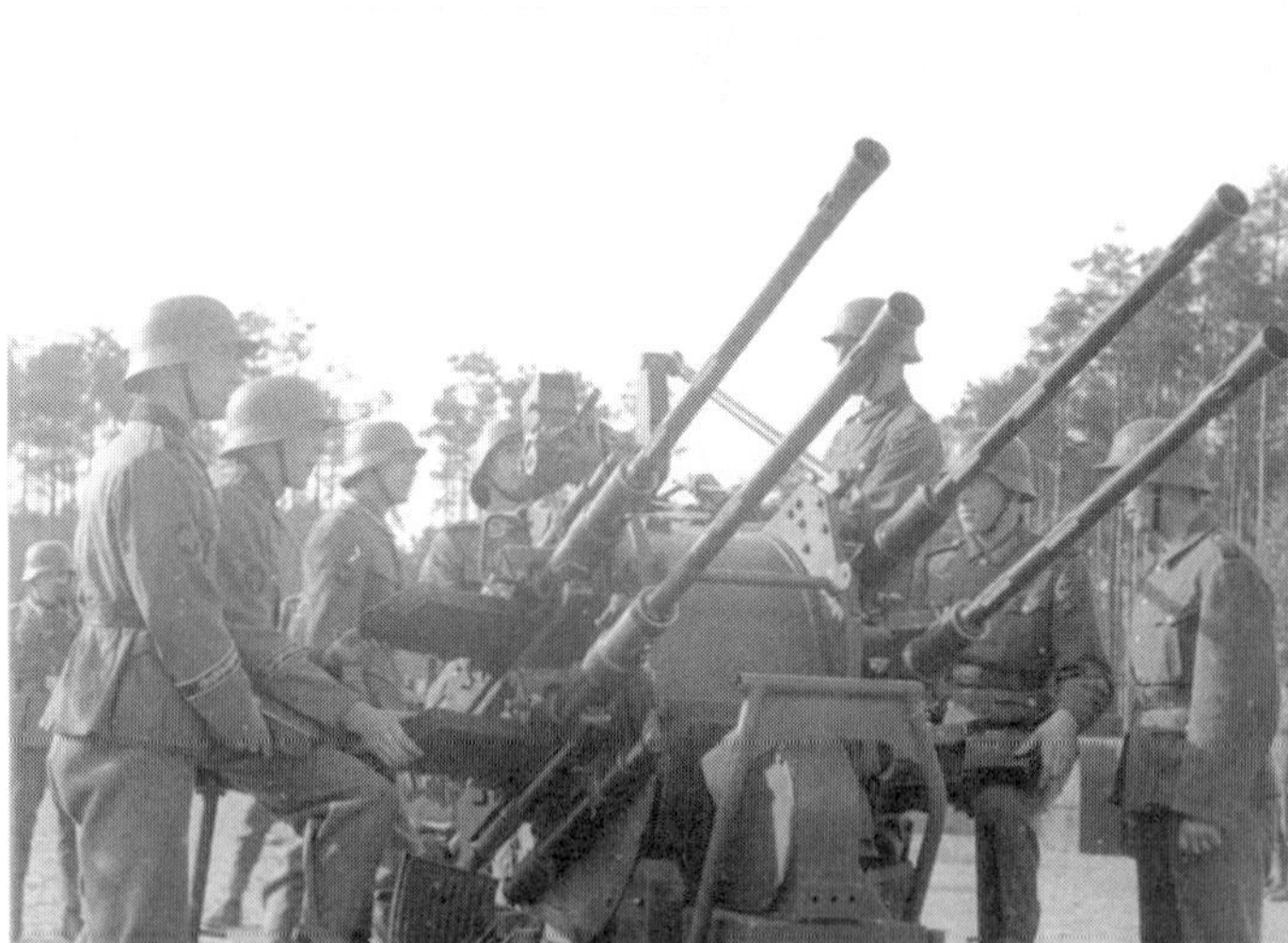

[図2-9] 2センチ高射砲（2cm FlaK38）を4門束ね、素早く大量の弾幕を張れるようにした対空機関砲2cm Flakvierling38（フラクフィーリン38）（Photo：Bundesarchiv）

アメリカの昼間爆撃は通常は高度7000メートル前後、イ

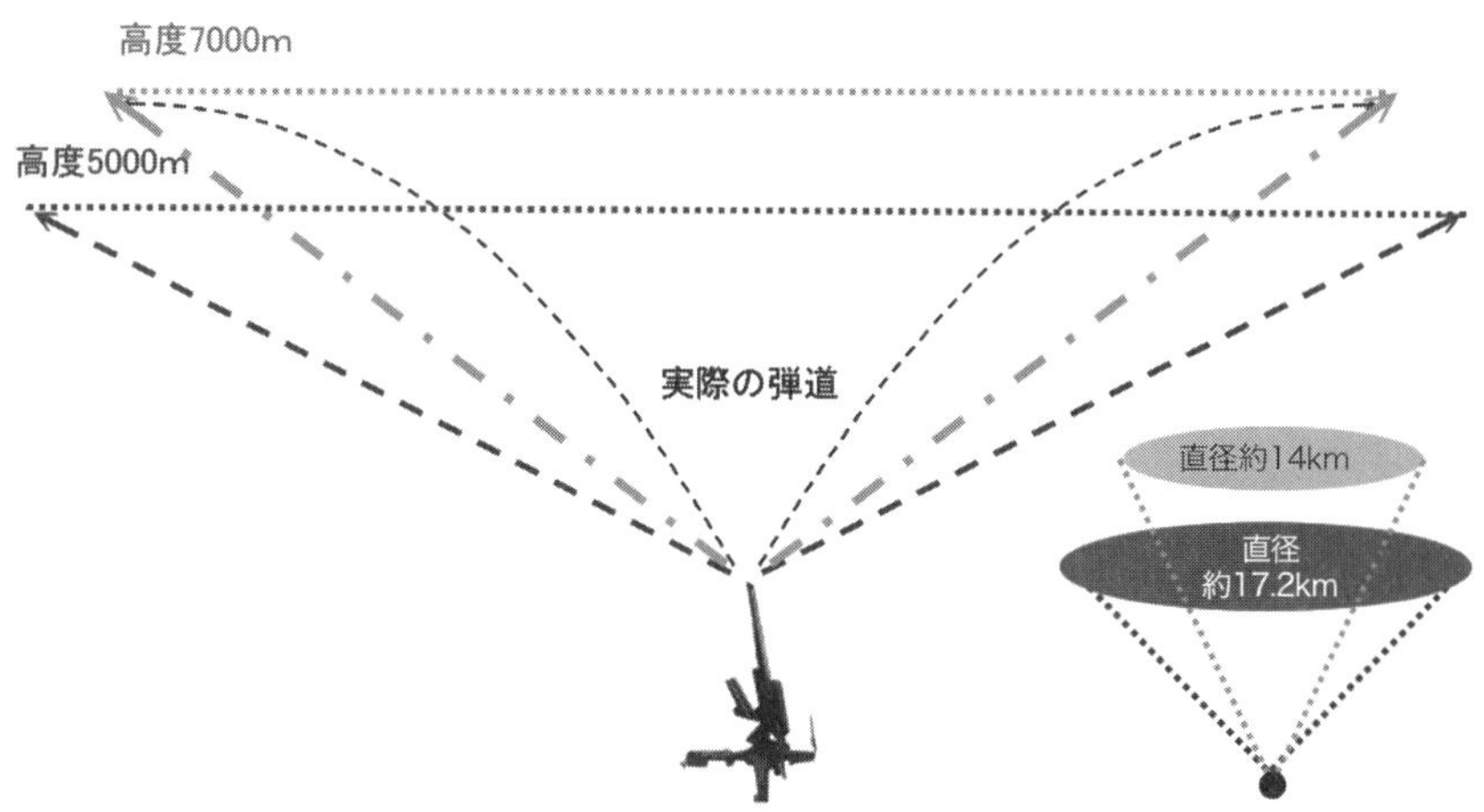

［図2-10］高射砲の射程イメージ。高度が高くなるほど、カバーできるエリアは狭くなる

ギリスの夜間爆撃だと５０００メートル前後で行なわれたので、それぞれの高度における8．8センチ高射砲の射撃範囲を計算してみます。するとそれぞれの高度に対し、直径14キロと17．2キロの底面をもつ円錐内を8．8センチ高射砲はカバーできたことになります。

ただし、実際の砲弾は地球の重力によって放物線を描いて飛ぶため、点線のような軌道を描き、有効エリアは朝顔の花のような形になるようです。とりあえず、意外に広い範囲がカバーできてしまうことが分かると思います。

しかし、広いと言ってもB-17だと巡航速度でも時速２２０キロ前後が出ていますから、14キロの円を最大距離（つまり直径部分を通過した場合）で横切っても、4分弱で射程外に飛んでいってしまうことになります。撃墜するなら、この間に可能な限りの砲弾を撃ち上げる必要があるわけです。つまり、どれだけ速く撃てるかの勝負になります。

このため、8．8センチ高射砲の砲弾装填はかなり早い段階で自動化されており、1分間に18～20発は撃てたとされています。しかしそれでも、4分間だと最大80発前後を撃ち出すのが限界です。

実際はそんなに都合のよい飛行ルートばかりではなく、もっと短い時間だった可能性が高いです。相手の移動に合わせて砲身の向きを変えるなんてことをやっていたら、当然、撃てる数はもっと減ります。先に書いたように、3343発につき、ようやく1機撃墜となると、いつになったら撃墜できるのだろう？　という世界になってしまうのです。

このため、すでに説明したように、ドイツの対戦略爆撃用の高射砲は常にグループで運用され、全砲門で同じ機体を狙っていたのです。

ちなみに、もう一つ重要な点を述べておくと、高度7000メートルに比べて高度5000メートルのほうが、かなり砲撃され続けるエリアが広いことに注目してください。つまり、高度が低いほど、より長時間にわたって砲撃され続けるわけで、航空機にとって低高度に降りるということがいかに恐ろしいかが理解できるでしょう。対空砲から安全に逃げ切るなら、高高度のほうが有利なのです。

撃破ではなく、散弾式の砲弾で飛行不能を狙う

高射砲の場合、至近弾（至近距離で砲弾が爆発）でも空気の薄い高空では衝撃波の効果は弱く、直撃の場合でも胴体中心部やエンジン以外だと機体に穴だけ開けてそのまま飛び去ってしまう、という冗談みたいな状況になることが少なくありませんでした。

このため破裂して散弾銃や手榴弾のように細かい破片が高速で広範囲に飛び散るタイプの爆裂式弾頭が採用されていきます。これは敵機の周りで、大量の小銃弾をばら撒くような効果を狙ったものです。それによって爆撃機本体を撃破するのはほぼ無理なのですが、飛行不能になる損傷を機体や乗員に与えられれば同じことだという考え方で使用されました。

具体的にはエンジン周りの損傷に弱い部分やラジエーター、オイルクーラーなどを破壊する、もしくは舵や補助翼（エルロン）を操作するワイヤを切断するといったものです。他にもパイロットを殺傷すれば後は墜落しかないですし、爆撃要員が負傷すれば正確な爆弾投下は望めなくなりますから、これまた十分有効なわけです。

余談ながら8．8センチ弾には照明弾もあり、夜間戦闘ではかなり使われています。これはサーチライト代わりだけでなく、敵の夜間爆撃編隊の先導機が落とす爆撃位置指示の照明弾（いわゆるクリスマスツリー弾に似せたものもある）が後続の爆撃機に分からないようする狙いもあったようです。つまり、わざと爆撃目標のはるか手前に打ち上げて、爆撃機の乗員に目標位置を誤認させるために使われたようです。

数で勝負するため、集中運用が徹底される

対空砲陣地で全期間を通じて主力兵器となったのは、８．８センチ高射砲でした。先述のように一つ上の10．５センチ高射砲や後継の12．８センチ高射砲の生産数は（８．８センチの）10分の1前後で終わってしまい、最後まで主流になることはなかったからです。［図2-11］

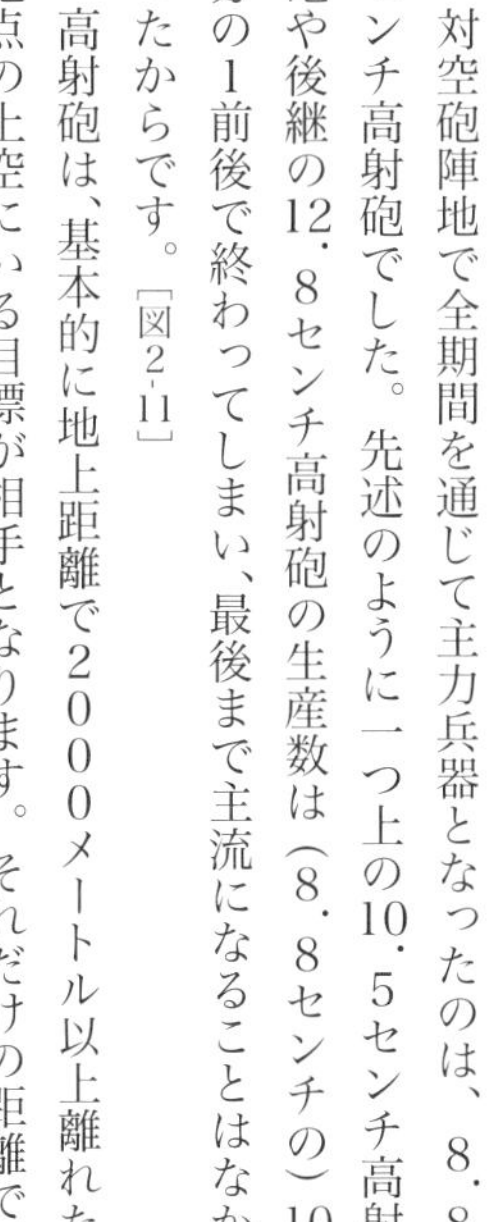

［図2-11］8.8センチ弾をもつドイツ兵。弾頭部の直径は当然88ミリで、全長は571ミリ。一番上の金属色の先端部分が時限信管で、爆裂時間を設定して打ち上げる。その下の黄色部分からが弾頭で、その下は炸薬が入った薬莢部となっている

高射砲は、基本的に地上距離で２０００メートル以上離れた地点の上空にいる目標が相手となります。それだけの距離で、さらに上向きに弾を撃つわけですから、その弾道は緩やかな放物線となり、ほんの少し砲身の角度が動いただけで着弾位置は大きくずれてしまいます。その到達点を正確に予測するのは、まず不可能なのです。

さらに上空の風や砲ごとの癖によって弾道は変わりますから、ほぼ１００パーセント狙った位置に弾は飛んでいきません。加えて、ドイツの高射砲弾には時限信管しかなく、目標の近くで自動的に爆破させることはもちろん、特定の高度で起爆するようにすることも無理でした。

そうなると、撃墜するには上空で時限弾頭が爆発したときにたまたま近くに敵機がいるか、あるいは敵機のエンジンやコクピットへ直撃させるしかありません。こうなると、もう数を撃って、そのうち1発が当たるのを願うという戦法しかないわけです。

よって、砲の大量運用による集中砲撃が必須条件となります。

このため対空砲部隊は砲撃を集中させるために中隊単位が基本となり、当初は4門で1中隊を構成し、同じ目標に向けて一斉に射撃を行なうようになっていました。ちなみに先に見たように、イギリスもバトル・オブ・ブリテンのときは高射砲4門で一つの単位としていましたから、これが当時の標準的な対空砲の構成だったのでしょう。

ただしB-17のような大きな爆撃機でも、２０００メートル

以上先では点みたいなものですから、4門程度の弾幕ではまずもってなかなか当たりません。また、当たったとしても先述の信管の問題もあって、そう簡単には撃墜できませんでした。よって、とにかく大量に弾をばら撒いて1発でも当たればラッキ

［図2-12］ドイツ上空を飛行するB-17が、8.8センチ高射砲の対空砲攻撃を受けているときの様子。無数の煙のような点が、時限信管で爆発した8.8センチ弾

ーという勝負をする必要があったのです。

そこで１９４１年の年末頃から1個中隊ごとの砲の数が増やされ、各中隊で6門装備となります。さらにイギリスの夜間爆撃が本格化し始めた１９４２年からは、3個あるいは2個中隊をまとめて一つの射撃管制指揮所の配下に置き、そこで照準を付けた1機の爆撃機に対して同時に12〜18門の８．８センチ高射砲が火を噴くという体制になります。

それでも6門体制になった１９４２年後半で、実に平均３３４３発撃ってようやく1機撃墜だったわけですから、6門一組で５５０回射撃して、ようやく1機撃墜という世界になっていきます。実に壮大な弾の無駄使いという感じですが、とにかく数を撃つしかないのでした。このため最終的にドイツ対空砲部隊では、1個中隊ごとに8門まで運用するようになっていきます。

ちなみに、これだけ撃ちまくった弾の破片は当然、すべて後から地上に落ちてきます。それらは地上に到達する段階ではライフル弾くらいの速度となっており、人間に当たれば当然即死でした。なので空襲中に防空壕に入るのは敵の爆弾の爆風を避けるのと同時に、大量にばら撒かれた友軍対空砲の砲弾破片を避けるという意味もあったのです。対空砲は地上の友軍にとっても危険な存在だったのでした。

3　ドイツのレーダーと8.8センチ高射砲の実力

早期警戒用レーダーと射撃管制用レーダー

次にレーダー対空射撃のもう一つの要、第二次世界大戦期におけるドイツ軍のレーダーについて見ていきます。

基本的な部分は現代でも同じですが、低空用レーダーには敵を早期に発見するための長距離用早期警戒レーダーと、射撃照準に使われる近距離用射撃管制レーダーの2種類がありました。両者は電波の波長がまったく異なるため、基本的に別々につくって運用する必要があります。

警戒レーダーは波長の長い（周波数の低い）３００メガヘルツ（ＭＨｚ）（波長1メートル）前後のメートル波、いわゆる極短波の電波を使うもので、比較的遠距離の40～１５０キロ程度まで探知できます。普通にレーダーと聞いて、最初に思い浮かべるのがこの早期警戒レーダーでしょう。

ちなみに極短波といっても、レーダーの世界ではかなり長い波長です。基本的にレーダーで使う電波は波長が短いほど精度が上がるのですが、その代わりに到達距離が短くなっていく特徴があります。

このため１００キロ以上先の遠方の敵を発見するには長距離まで届く長い波長の低周波レーダーしかないのですが、当然これは精度が落ちます。距離だけは正確に測れるのですが、方位や高度、敵機の数などの正確な情報を得るのはほぼ不可能でした。おそらく数百メートル単位まで絞り込むのが精一杯で、とても対空射撃の照準に使える精度ではありません。

ただし長距離用の早期警戒レーダーは、その電波、すなわち長い波長のレーダー波をつくるのに必要なマグネトロンが比較的単純な構造で済むため、技術的な難易度が低いという特徴

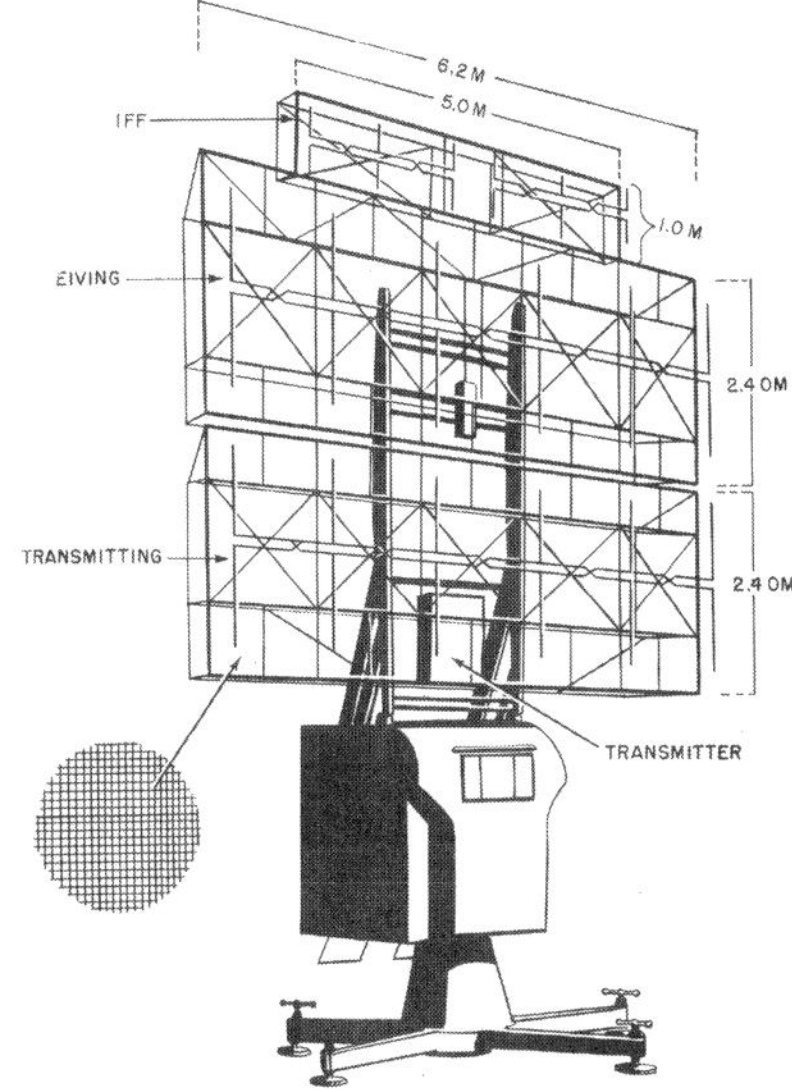

［図2-13］ドイツ空軍が早期警戒レーダーとして開発したフライヤ・レーダーのイメージ図（Photo：US War Department）

もありました。この結果、各国で最初に実用化されたレーダーの多くがこのタイプです。ドイツ空軍だとフライヤ（Freya）・レーダーがこれに当たります。［図2-13］

対して射撃管制用レーダーは、通常ギガヘルツ（GHz）以上の周波数、センチ単位のごく短い波長の極超短波を使います。これだと数十キロの近距離までしかレーダー波が届かないものの、それと引き換えにより細かい、正確な数や位置情報などが得られます。この正確な位置情報を基に、対空砲の照準を行なうわけです。

ただしギガヘルツ波、すなわちセンチメートル波長の高周波を生み出すマグネトロンの開発は極めて困難で、イギリスとアメリカでは実用化に成功したものの、他の国でははるかに性能が劣るものしかつくれませんでした。ちなみに実際にゼロからの開発に成功したのはイギリスだけで、アメリカでそれを改良する形で量産に持ち込んでいます。

ドイツ空軍ではヴュルツブルク（Würzburg）・レーダーが射撃管制用レーダーでしたが、最後まで英米に比べて性能が劣るものしかつくれなかったため、運用面でいろいろな工夫を行なってその点をカバーしていました。［図2-14］

［図2-14］ヨーロッパ西部の海岸に設置された「大西洋の壁」に、8.8センチ高射砲と並べて配置されていたドイツの対空射撃管制用のヴュルツブルク・レーダー（Photo：Bundesarchiv）

早期警戒用レーダーでは距離しか分からない

ちなみにレーダーはその動作原理上、目標までの距離しか分かりません(電気的にレーダー波の向きを制御するフェイズドアレイ・レーダー［Phased Array Radar］は別)。

そもそもレーダーはRadio detection and rangingの略ですから、電波探知&距離測定装置の名の通り、電波が目標に反射されて返ってくる時間から逆算し、距離を測る装置なのです。よって、レーダーでは目標の確認と距離の測定以外は原理的に無理で、目標の方向や高度を測定することはできませんでした。

目標の方向を知るには、電波が戻ってきたときにレーダーアンテナが向いていた方向を確認することで、間接的にその方位を測定するしかありません。この場合、精度の高い高周波の射撃管制レーダーなら、アンテナはほぼ正確に目標方向を向いていますから、その測定は困難ではありません。

しかし精度の低い、波長が長い長距離用レーダーでは、拡散しながら広い方向から反射が返ってくるため、誤差が大きすぎて射撃の照準に必要なレベルの正確な方位データは得られないのです。よって長距離用の早期警戒レーダーを使って、対空射撃管制を行なうことはほぼ不可能となります。

加えて、そこからさらに高度を知るには、まず目標の位置測定を2回以上行なったうえで、三角関数を使った計算が必要です。ドイツの対空砲ではこれをアナログコンピュータ、つまり原始的な歯車式の計算機でやっていたようです。

ドイツレーダー技術の先進性

ドイツ空軍の射撃管制用高周波レーダーであるヴュルツブルク・レーダーは、テレフンケン（Telefunken AG）が1935年頃から自主開発していたものでした。のちの1938年にドイツ空軍から正式に開発を受注し、その生産が始まっています（ただし先述のように、実戦投入は1940年頃になってしまっているが……)。

これは高周波の短距離用高精度レーダー、つまり精度は高いが探知距離は短いレーダーとして、最初から射撃管制用に使うつもりで開発を開始したものと思われます。その後、1939年に最初のプロトタイプのレーダーが完成し、ハイテンションなチョビ髭ことヒトラーに見せてやったところ感激され、速攻で量産に入ることになります。

1940年からは、実戦配備が開始されています。ちなみに最終生産数は4000台を超えていますから、ドイツの対高射砲陣地ほぼすべてが、これを配備していたはずです。

当初は高射砲中隊の4門ごとに、同一の目標を狙わせる運用となっていたようですが、すぐにそれでは数が足りないことが判明し、複数の中隊の合同運用が基本となっていきます。

1938年頃までは独走状態だったドイツのレーダー技術

ここでちょっと脱線しますが、ドイツにはもう一つのレーダーメーカー、GEMEがあります。実はドイツにおける高精度レーダーの開発はこちらが先行しており、1935年には高周波発生用の真空管であるTSIを完成させていました。これは400メガヘルツ前後までなら出せたとされ、1935年の段階では、他の高周波発生装置を完全にブッチぎってしまうほどの高性能でした。

ちなみに多くの資料でタマネギ型真空管と呼ばれていますが、実際の現物はオシャブリに似たちょっと変わった形状をしています。〔図2-15〕

このTSIはドイツ海軍の射撃管制レーダー「Seetackt（ゼータクト）」初期型に搭載され、のちにTS6という発展型の高周波真空管になってからも、ドイツ海軍の主力射撃管制レーダーの心臓部として活躍しました。

これが「マグネトロン（高周波真空管の一種）の始祖」となり、その構造は世界中でパクられます。まず同じドイツではこの技術を元にテレフンケンがLDIと呼ばれるマグネトロンを開発し、初期のヴュルツブルク・レーダーで実験的に採用されます。さらにその進化型のLSI80がヴュルツブルク・レーダーで最も使われた高周波発生装置となりました。

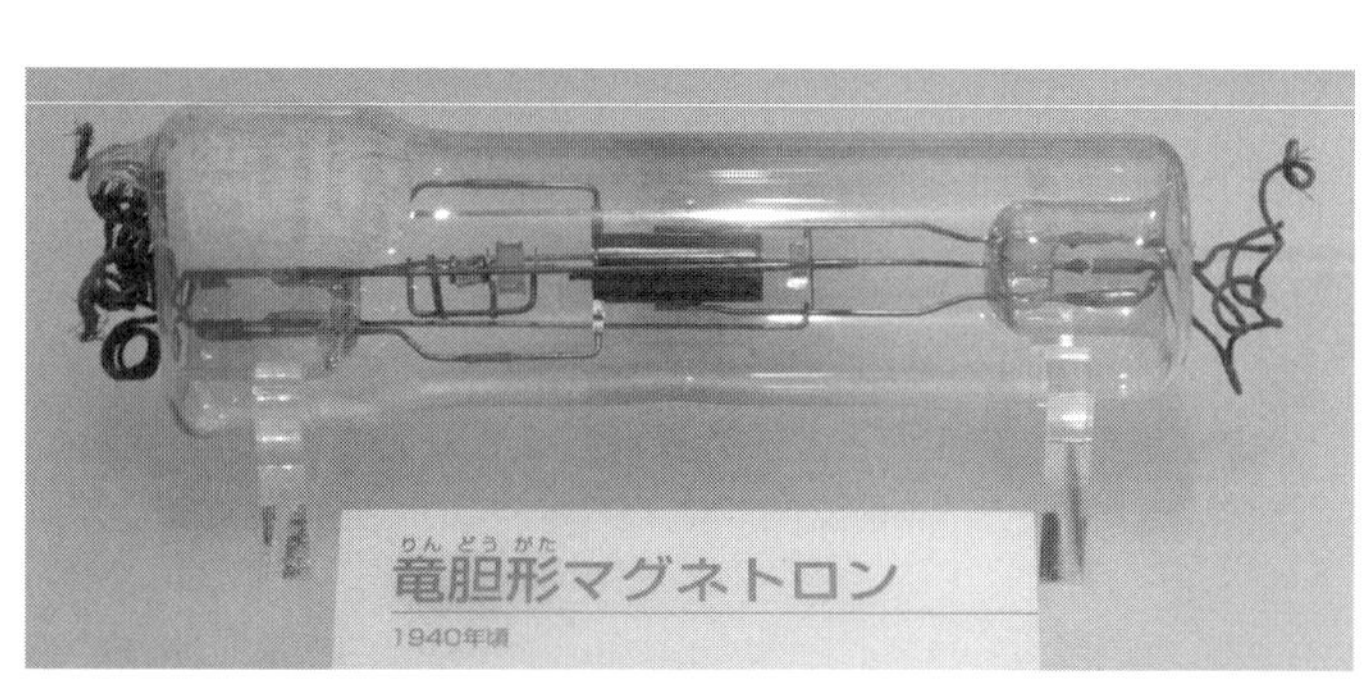

［図2-15］レーダーに必要な高周波発生装置マグネトロン。日本でも開発されていたが、低周波のモノしかつくれなかった。この点はドイツも同じで、連合国側に対して圧倒的に不利だったと考えてよい

さらに戦争までであと3年という段階の1936年前後には、アメリカのウェスタン・エレクトリック（WE）が、これを元に750メガヘルツまで出せるという3極管のWE316Aを開発しています。このWE316Aの完成が、アメリカ海軍最初の射撃管制レーダーであるFA MarkIの開発のきっかけとなりました。

なのでアメリカ海軍の「レーダーで主砲の射撃管制」というアイデアは、ドイツ海軍からの影響を強く受けている可能性が高いでしょう。さらに、このWE316Aはイギリスでもライセンス生産されました。

のちの1940年に、イギリスのバーミンガム大学で開発された世界初のセンチ波を発生させる水冷ギガヘルツ級マグネトロンもドイツの高周波真空管を参考にしたとされていますから、その影響下にあったと見るべきで、ドイツGEMEは「世界のレーダーの始祖」とも言えるわけです。

とりあえず、開戦前の1938年前後までに限れば、ドイツのレーダー技術は、ほぼ世界最先端を走っていたと考えていいでしょう。それがバーミンガム大学の水冷ギガヘルツ マグネトロンの完成によって逆転されてしまい、以後、ドイツは連合軍に対して精密な測定ができる高周波レーダーでは常に後れを取ることになるのです。

警戒レーダーの発想で止まっていた連合国側

ドイツで対爆撃機用の早期警戒レーダー「フライヤ」が採用されたのが1939年、すなわち開戦の年なのに対し、対空砲の射撃管制に使われる「ヴュルツブルク」の導入は翌1940年初夏からとなっています。おそらく最初は迎撃戦闘機を誘導するためだけのレーダーシステムが導入され、その後1940年に入ってから対空砲用の射撃管制用レーダーの運用が始まったのだと思われます。

対して連合国の場合、射撃管制レーダーは艦艇用に限られていました。イギリス海軍が600メガヘルツ級の低周波レーダーによって目標までの距離測定を始めたのが1940年春頃、アメリカ海軍がP帯域（1～3ギガヘルツ）とS帯域（2～4ギガヘルツ）のレーダーの配備を始めたのが1941年秋以降となります。

このようにあくまで海軍の対艦砲撃のみの運用で、地上で対空射撃管制レーダーとして使うという考えはまだありませんでした（艦船は目標としてかなり大きいので、方位精度の低さをある程度ごまかすことができた。さらに高度も存在しないので、対空戦闘より射撃管制レーダーの導入は楽だった）。

よって初期のヨーロッパの連合国軍には、とりあえず敵を早期に発見するための、警戒用レーダーとしての対空レーダーしかなかったのです。この点、高周波数の技術は見劣りするものの、射撃管制レーダーの導入して運用していた点で、ドイツの高射砲運用はかなり進んでいたと言っていいでしょう。

合理的だったレーダーシステムの運用方法

世界で初めて対空砲にレーダー管制射撃を持ち込んだドイツですが、そのレーダーシステムの運用も、極めて合理的なものでした。その点も少し詳しく見ていきます。

とりあえず、大雑把にドイツの対空レーダーの役割分担を紹介すると、［図2-16］のような感じになります。

まずは遠距離まで電波が届く低周波の早期警戒レーダー「フライヤ」が150キロ前後の距離で敵機の接近を捉え、各部隊に警報を出します。ただしこの150キロ前後という数字は、迎撃戦闘機部隊にとってはかなり厳しいものでした。

高高度を飛行する戦略爆撃機の場合、イギリス方向からだと追い風となる西風に乗って飛んでくるため、巡航速度でも時速400キロ近い対地速度が出ていたからです(巡航中は燃費の悪い最高速度では飛ばず、燃費の良い巡航速度で飛ぶ)。よって150キロというのは、現地到達まで25分前後しかない距離となります。

迎撃戦闘機部隊の場合、敵爆撃機がいる6000メートル以上の高度に上がるだけで5～8分はかかるので、乗り込んで離陸して編隊を組み、待ち伏せ高度で待機するまでに20分近くは必要となります。よってちょっとでも段取りがずれると、上空を飛ぶ爆撃機を見逃すことになり、それどころか連合軍の護衛戦闘機に上空から頭を押さえられ、位置エネルギーを十分にもった敵機からタコ殴りにされる最悪の事態が待っていることになります(空戦では高度が高いほうが有利なので)。

特に高高度性能が弱いドイツ戦闘機ですから、ここで先手が打てないとかなり厳しいのです。それでもなんとかするしかなかったというのが、戦闘機部隊の状況でした。

なお、夜間戦闘機の場合はより精密な誘導が必要なので、この後、ヴュルツブルク・レーダーによる精密誘導を受けることにな

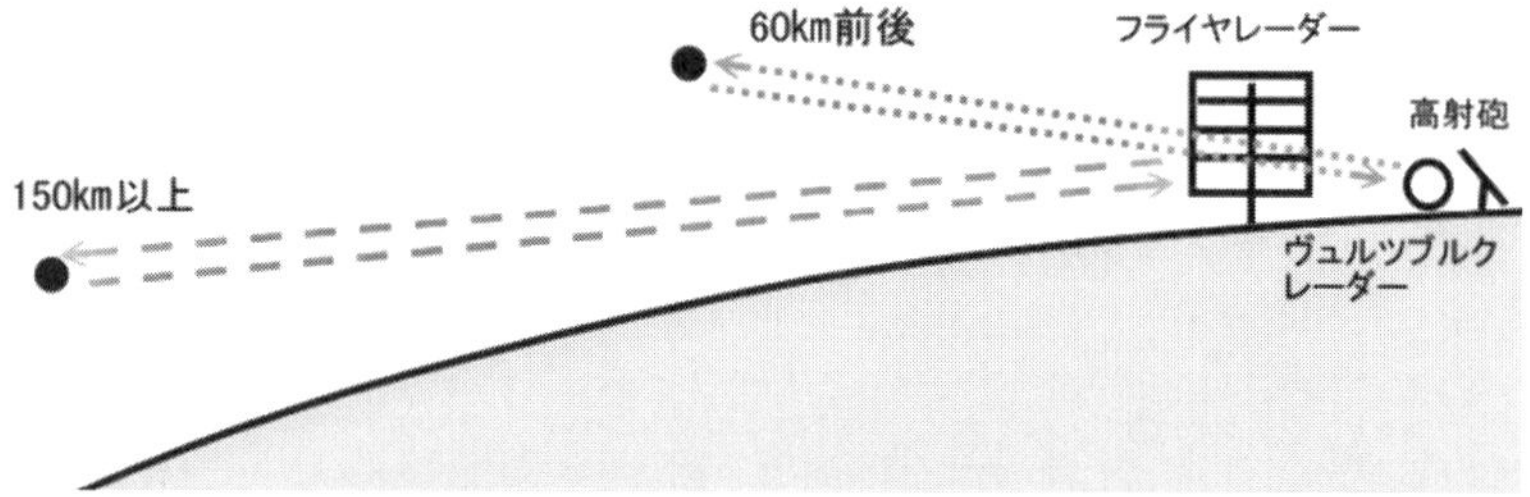

［図2-16］ドイツの対空レーダーシステムの役割分担

ります。

一方、対空砲部隊はフライヤからの警告を受けた到達予想地域の部隊が準備に入ります。まず60キロ前後まで敵機に接近するのを待ち、射撃指揮所に配置された射撃管制用レーダー（高周波で、より正確な情報が得られるヴュルツブルク・レーダー）による追尾へと切り替えます。

これによって正確な敵機の方位や距離の情報を得て、諸元の計算を開始し、各高射砲の射撃に必要な射角と方位の設定を指示します。このあたりの一連の作業は照準算定機（kommandogerät）にレーダーからのデータを入力すれば半自動的に計算が行なわれ、その射撃データが配下の全対空砲に電気信号として自動的に送信されるシステムになっていました（ただし、砲側の設定は指示板の数字を見ながらの手動作業となる）。

照準算定機から送られたデータは、各砲に設置された中継器（Übertragung）と呼ばれる装置に表示されます。後はその表示盤の指示通りに砲の設定を行なって射撃すれば、同じ目標に対して、全砲門が集中砲火を加えることができたわけです。

複数門での集中砲火を可能にした照準算定機

照準算定機は、当初Kommandogerät 36（照準算定機36）が配備されていました。しかしこれは射撃データの算定をできるのが、「直線飛行している場合で、かつ目標が時速５６０キロ以下のみ」という制限があったため、性能的にはギリギリでした。この点はのちに、「緩やかな旋回飛行までなら対応可能で、かつ時速１０００キロまで対応」したkommandogerät 40が登場することになります。

ドイツの対空用照準算定機では、レーダーからのデータを元に計算するだけでなく、それを信号として各対空砲に送信できることが重要でした。これによって配下の対空砲中隊が運用するすべての8．8センチ高射砲に対し、射撃に必要なデータを一斉に指示できました。すなわち一種の情報回線ネットワークをすでに構築していたことになります。

このあたりの装置の発展は、一斉に多数の高射砲に情報伝達する必要から生まれたものでしょう。１９４１年から2〜3個中隊が一つの射撃指揮所の指揮下に入るようになりましたから、最大で24門もの砲に対し、計算された射撃データを同時に伝える必要があったのです。

伝達に時間がかかっていたら、高速で飛行する目標はその間に射程範囲から飛び去ってしまいます。また口頭での伝達では間違いが発生しやすく、ただでさえ低い命中精度をさらに落とすことになりかねません。

よって、このデータリンク機能はドイツ対空砲部隊の大きな強みであり、これがなければそれだけの数の砲の同時運用は不可能だったと思います。

8.8センチ高射砲の操作方法

8.8センチ高射砲の各種操作は手前側（砲の右側）でほぼすべて行なうことになっていました。

簡単に見ておくと、［図2-17］の1が砲の上下方向（射角）の調整ハンドルで、2が水平方向（射撃方位）の調整ハンドルとなっています。基本的に立って操作するもので、それぞれに一人の作業員がつき、全力でハンドルをグルグル回して操作します。

ちなみに1のハンドルの上に付いている分度器みたいな装置が射角の目盛りで、これは四分儀というちょっと珍しいものを使っていました。

続いて3と4が、先ほど説明した中継器の指示盤です。ここに照準算定機から送られてきた設定に必要な数値が表示されます。

［図2-17］いくつかのタイプがある8.8センチ高射砲のうち、量産型2代目の36型(8.8cm FlaK36)。この型から照準算定機とデータリンクされた中継器（Übertragung）が取り付けられ、砲の集団運用が可能になった

上下方向調整するハンドル1の上にある3が射角の指示盤で、方位を調整するハンドル2の上にある4が方位の指示盤となっています。その数字に従って砲を設定したら、後はドカンと撃つだけです。

このため砲には直接照準を行なう装置は備えられておらず、とにかく指揮所から言われた通りに撃つことになっていました（ただし、目視照準機を設置することは可能で、その取り付け部は残っているため野戦部隊などでは使った可能性がある）。

36型（8.8cm FlaK36）の後継機である37型（8.8cm FlaK37）は、砲の性能はそれほど変わっておらず、基本的には中継器周辺が強化されているだけです。指示盤が普通のメーター式になって、より見やすくなっています。[図2-18]

同時に、前述のように射撃指揮所に置かれる照準算定機も36から40に進化しています（もしかしたら、それに合わせて何らかの変更があった可能性もある）。

ちなみに8．8センチ高射砲には、41型（8.8cm FlaK41）という射撃性能まで強化された最終進化型もありました。しかし1000門前後の少数生産に終わっており、あまり戦力にはなりませんでした。

［図2-18］8.8センチ高射砲36型（8.8cm FlaK36）の後継機である37型（8.8cm FlaK37）の指示盤部分

4　合理的だったドイツのレーダー対空システム

射撃指揮所から半径250メートルの円内に配備

次に、ドイツ重対空砲部隊での実際の配備を見ておきます。いかに正確な照準で、大量の砲弾をばら撒くかが対空砲運用のテーマですから、それに対応した配備となっています。このあたりもドイツ空軍に関する古典的資料『The Luftwaffe Data Book』に詳しい記述があるのでそこから引用します。

とりあえず代表的な例として、1942年前半から火力を集中するために採用された、Grossbatterieと呼ばれる配置を見ておきます。これはレーダーと射撃管制装置が置かれた射撃指揮所を中心に、3個（2個の場合もあり）の砲兵中隊が配置されたものです。1942年以降は、基本的にこの単位で対空砲部隊は配備され、爆撃目標となりやすい重要目標をぐるりと円形に取り囲むように陣地が築かれました。［図2-19］

中央の射撃指揮所にはヴュルツブルク・レーダーと射撃管制装置が置かれており、指揮官もここにいます。すべての砲はこの射撃指揮所の照準算定機がはじき出した数値に従って、同じ1機の敵に対して一斉に集中砲火を浴びせることになります。すでに述べたように、1941年末以前は1中隊は4門で運用されていたのですが、実戦データから火力の強化の必要が認識され、1942年以降、各6門に強化されています。さらにそれでもまだ不十分ということで、最終的には8門まで強化されていきます。

8.8センチ高射砲の計6門は、ほぼ30メートル前後の距離を置いて円形に設置されたようですが、五角形に配置してその中央にもう1門を置くといったタイプもありました。射撃指

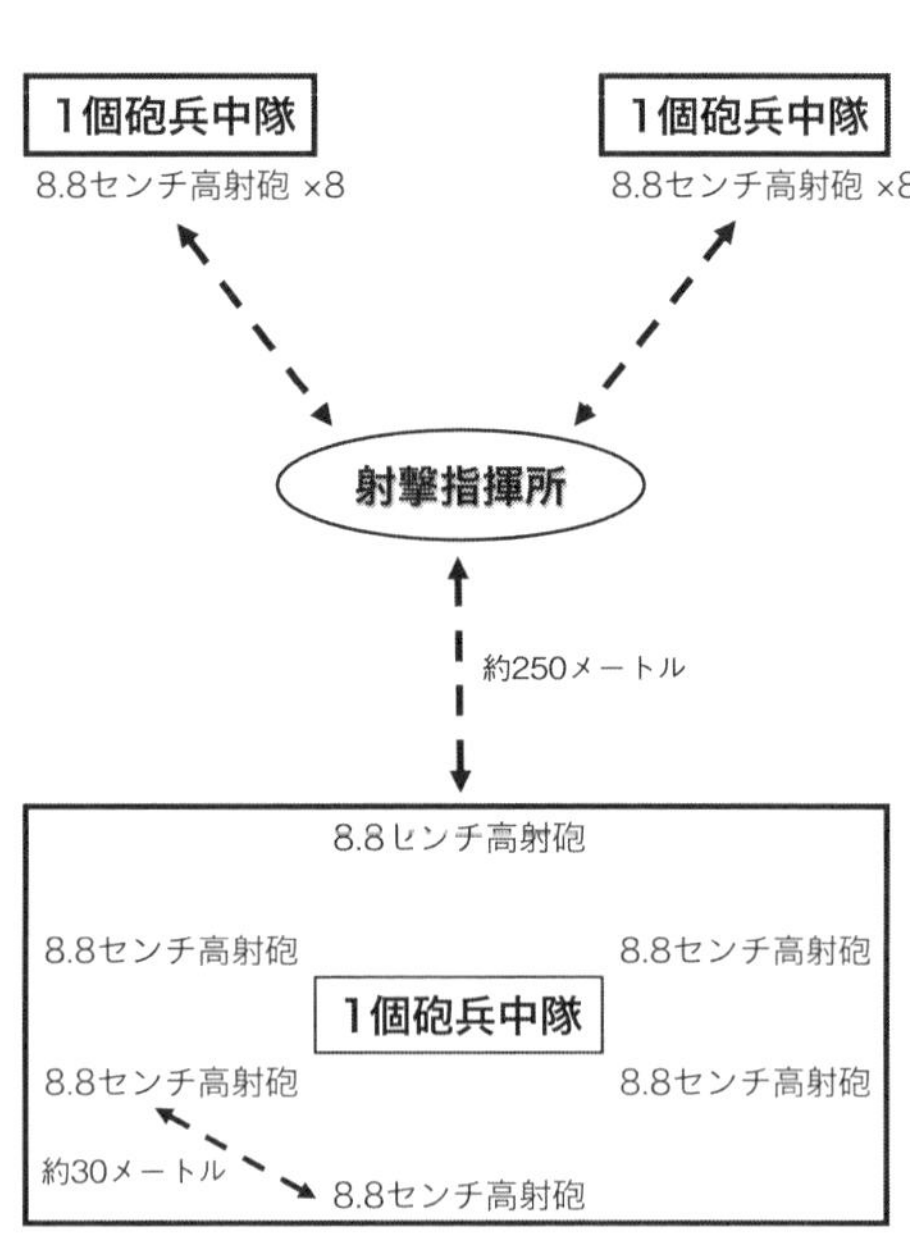

［図2-19］ドイツ対空砲陣地の配置イメージ

揮所から各中隊までは約250メートルの距離がありますから、半径250メートルの円内に3つの砲兵中隊が配置されると考えてください。ただし、配置される地区の地形によって必ずしもこの距離が取れないこともあり、絶対的なものではないようです。

守備目標から4～6キロ地点に配備

連合軍の爆撃機は爆撃目標の直前から爆撃ルートに入り、その後は爆撃照準装置の関係で直線飛行しかできなくなります。さらに速度もやや落とすため、このタイミングを狙うために対空陣地は（敵が狙うであろう）重要目標から4～6キロ離れたところに配備されていたとされます。

ただしのちに連合軍側も安全確保のために徐々に爆撃時の速度を上げていったようで、それにつれて対空陣地も（爆撃される）目標からの設置距離は離れていっています。

この単位で射撃管制所から示された一つの機体に対して一斉に射撃するわけですから、一度に18発の弾が飛んでいくことになります。8.8センチ高射砲の36／37型では1分間に15発（4秒に1発）撃てたので、1分以上敵が射程内にいてくれれば、18×15で270発の弾が敵機に殺到することになるわけです。

3343発で1機撃墜という先述のデータからすると、12分間撃ち続けていればいずれ1機撃墜の可能性あり、です。しかしこれも先述のように、爆撃機が射程内に留まってくれる時間は最大で4分前後ですから、これではやや厳しいものがあります。

このため、6門でも不十分と判断され、最終的に中隊あたり8門まで強化されます。それでも24×15で1分間に360発、9分程度の連続射撃が必要となり、どうもあまり効率のよくないシステムのように思われますが、それでも連合軍にとって一定以上の脅威だったというのはすでに見た通りです。

射撃指揮所内部の配置例

次に、このシステムの心臓部とも言える、射撃指揮所の内容を見ておきます。ただし、時期と地域によっていろいろバリエーションがあったようで、以下で説明するのは、あくまで代表的な配置例です。［図2-20］

対空砲陣地の中央部に置かれている射撃指揮所は、地面を掘り下げて周囲に土の壁を築いた状態、つまり一種の塹壕に入った形で設置されました。なので爆弾を直撃で食らわない限り、簡単にはやられない構造になっています。この点は各8.8センチ高射砲も同じで、すべての砲は地面を掘って周囲を木材で

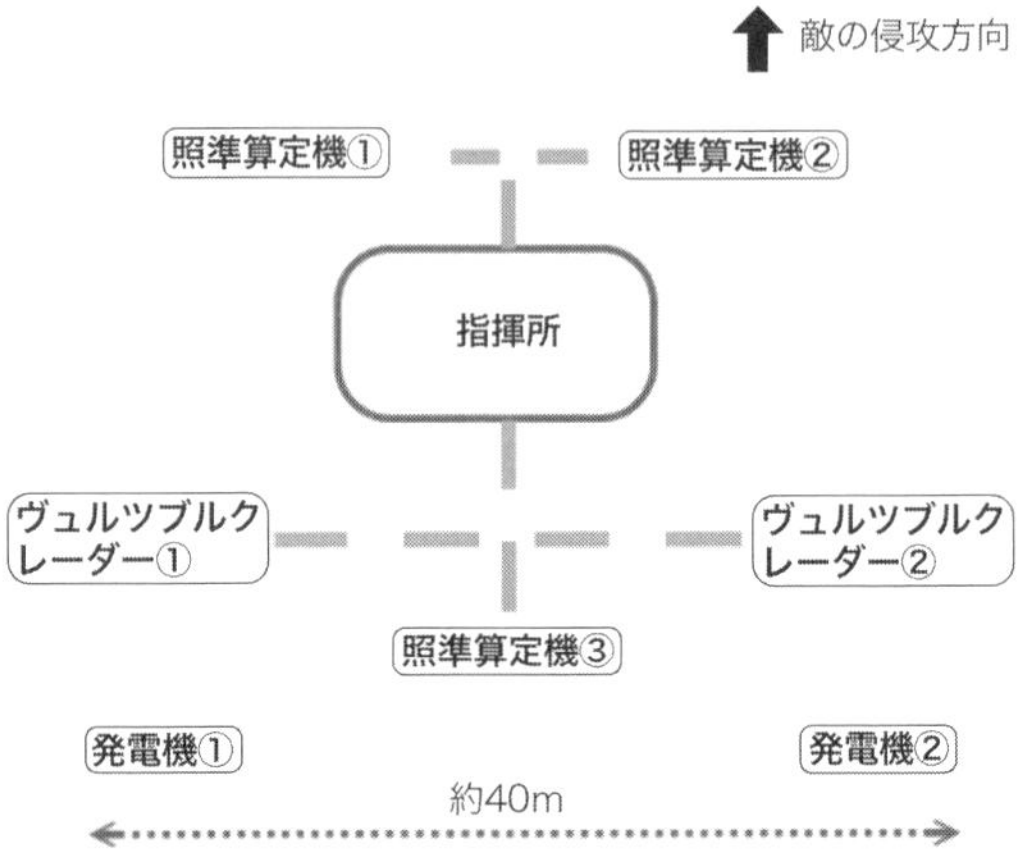

敵の侵攻方向

照準算定機①　照準算定機②

指揮所

ヴュルツブルク
レーダー①

ヴュルツブルク
レーダー②

照準算定機③

発電機①　発電機②

約40m

［図2-20］射撃指揮所内部の配置イメージ

補強された塹壕状態の陣地から運用されました。

このため真上からの直撃弾以外でこれら対空砲部隊を殲滅するのは極めて難しく、連合軍の悩みの種となっていきます。射撃指揮所は重要かつ高価な機材が集中していましたから、防御は堅固になっていたようです。

また、射撃指揮所全体は、だいたい40メートル前後の正方形の陣地となっており、中央に指揮官がいる指揮所がありました。各所を結ぶ点線は連絡用の通路で、これはさらに地面を掘ってつくってあり、塹壕の連絡路のような構造になっています。

2基のレーダーで代わる代わる射撃目標を追尾

［図2-20］を下から見ていくと、まず発電機が2機あるのは予備という意味と、どうも1機では全電力を維持するには足りなかったから、という面とがあったようです。

射撃管制用のヴュルツブルク・レーダーも陣地内に設置されており、これも2基ずつ配備されていました。こちらが2基あるのは予備ではなく、1基のレーダーで追跡できる目標は一つだけだったための対処でした。

まず1基で、現在の射撃目標を追尾します。そして2基目は目標の機体が砲の射程外に出た後にすぐに次の目標の射撃に移れるように、あらかじめ次の目標を追尾して必要な諸元を計算しておくことに使用されました。こうすることで途切れずに、次から次に目標を砲撃できたわけです。

諸元の計算を行なう照準算定機は3機設置されていますが、このうち1機は予備のようです。この予備の3番機は他の2機が被害を受けても生き残れるように、やや離れた場所に置かれていました。そして残りの2機で、前述したように現在砲撃中の目標への射撃データ算定と、次の目標の射撃データ算定を並行して行なっていたことになります。

これが射撃指揮所の基本的な構成であり、ここで2～3個中隊の対空砲部隊にまとめて目標の指示を出し、集中射撃を行なっていたことになります。この合理的に洗練されたレーダー誘導による対空砲火陣地により、連合軍の戦略爆撃機は昼夜を問わず、その脅威にさらされていくことになるのです。

対空砲の運用にはやっかいな計算が必要だったため、ドイツの対空砲部隊は当時最新の機械式計算機（アナログコンピュータ）まで投入していました。

しかし野戦部隊などはそんな機械式のアナログコンピュータを設置できず使えないため、彼らは［図2-21］のような対空砲撃用の計算尺を利用していました。一般的な計算尺といえばスライド式の定規みたいなものですが、対空砲の照準を付けるための必要なデータを取るには、より複雑な構造の計算尺が必要だったのです。

英独のレーダーを巡る戦い

これだけしっかりした対空レーダー網をドイツが構築していたとなると、連合軍側としてはそのレーダーをどうやって潰

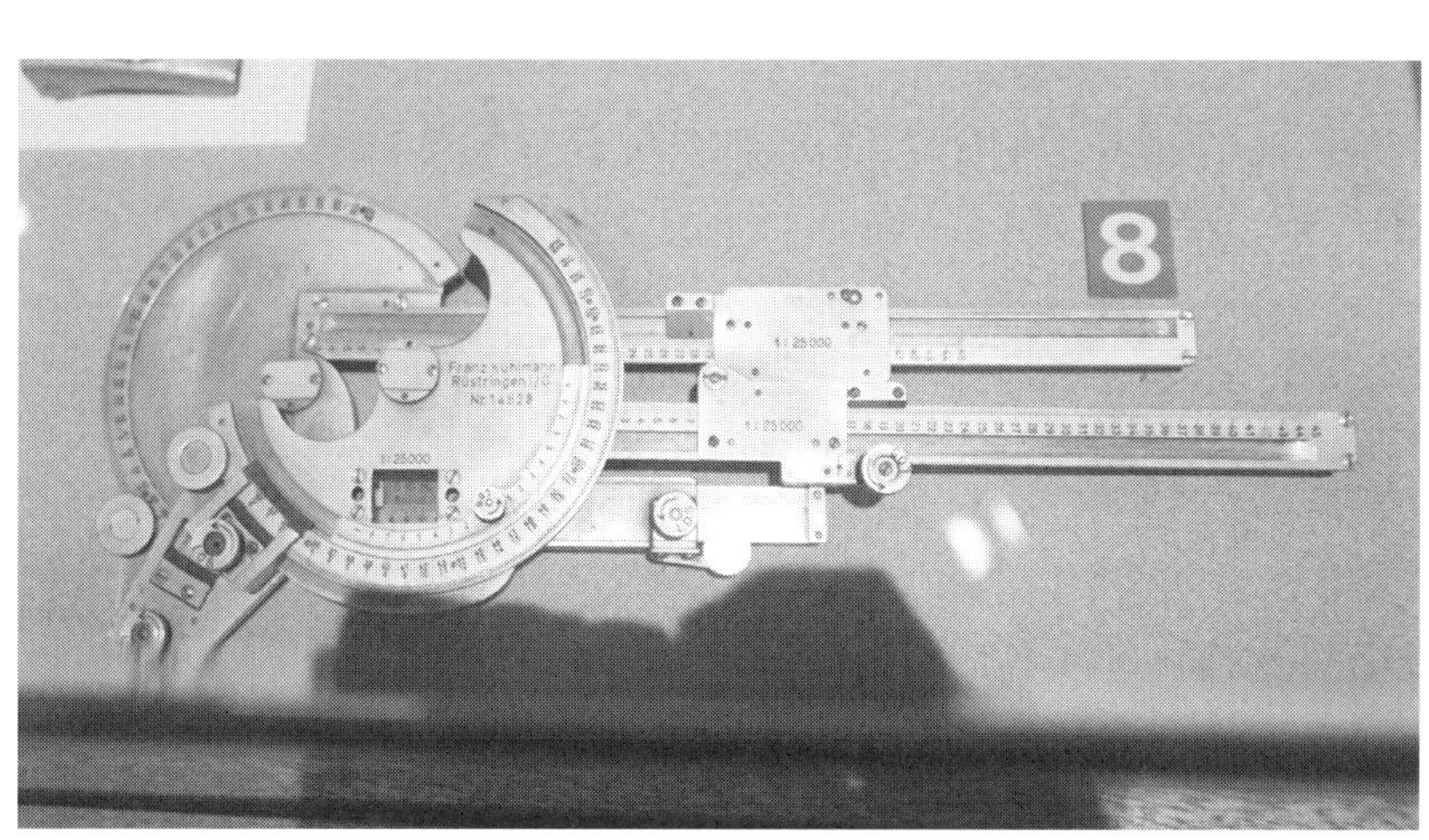

［図2-21］アナログコンピュータを使用できない野戦部隊が使っていたとされる対空砲撃用の計算尺

すかという戦術が重要な位置を占めてきます。ところが英米共にこの点に対しては驚くほど後手に回ってしまっていました。

ちなみにイギリス側のこのあたりの対策に関しては、あらゆる本よりロンドンの帝国戦争博物館の展示が一番分かりやすくて詳しいものでした（同博物館の展示は結構入れ替わるので、今でも展示が続いているかは未確認）。

バトル・オブ・ブリテン直前の１９４０年前半、英独共に、英仏海峡周辺で妙なパルス波や、一定周期で同じ内容が繰り返される電波が受信されることに気が付いていました。これによって、どうやら相手もレーダーをもってそうだと互いに知ったわけです。

さらにイギリスは、ドイツのレーダー波が大きく分けて二つの周波数帯に分かれることにも１９４１年に入ってから気が付きました。

これは早期警戒用レーダーの「フライヤ」と、射撃管制用の「ヴュルツブルク」のものですが、すでに書いたように連合軍側には射撃管制レーダーという発想がなかったため、イギリス人にはなぜ2種類の異なる周波数のレーダーをドイツが用いているのかは分かりませんでした。それどころか、当初ヴュルツブルク・レーダーの電波はレーダー用のものかどうかも判断できなかったようです。

フライヤ・レーダーについては、長距離レーダーですからイギリス本土でレーダー波を受信してしまえば、ある程度まで分析することができました。しかし短距離用の射撃管制レーダーであるヴュルツブルクの方は最大でも60キロ程度しかレーダー波は飛ばないので、イギリス本土からでは有用な情報を得るのは難しく、十分な情報が手に入りませんでした。

このためイギリス側にはヴュルツブルク・レーダーはまったく謎の電波装置という存在だったようで、偵察機がその発信源と思われるパラボラアンテナの写真をもたらすまで、ほとんど情報がなかったとされます。のちに暗号解読によりヴュルツブルクという装置名までは分かったのですが、なにせその電波を捉えにくいので、それ以上の情報がありません。

ここで、イギリスは、いかにもイギリスらしい結論にたどり着きます。

資料がないなら、現物を奪ってきてしまえばいいのでは？（笑）。

他所の国なら、お前はアホかと総員からツッコまれそうな発案は、１９４１年12月、思わぬ展開を見せます。偵察機によって、フランスのブルターニュ半島のブリュネーヴァル（Bruneval）にて以前から電波の発信源として疑われていたパ

ラボラアンテナが発見されたのです。［図2-22］

これによって、この無茶な計画は一気に現実化します。発見されたアンテナと装置は非常に海岸線から近い位置に設置されており、これならもち逃げできるだろうと最終的にイギリス側が判断したのが、1942年1月上旬でした。

ただし、さすがに海からの上陸は無理だと判断され、空挺部隊が強襲し、そして撤退時に海軍が海岸まで揚陸艇を差し向けるという作戦が立案されます。そして作戦名は「Operation Biting」に決定されました。

これが、いわゆる「ブリュネーヴァル襲撃（The Bruneval Raid）」で、悪天候などにより数度の延期を経たものの、1942年2月27日の深夜から28日早朝にかけて作戦は決行されます。そして本当にレーダーの主要パーツを抜き取ってもち去るのに成功し、さらには複数のドイツ人レーダー操作要員まで捕虜にして見事イギリスに帰還してしまうのでした。下手な小説や映画顔負けの作戦だったと言えるでしょう。［図2-23］

［図2-22］1941年12月5日に偵察機から撮影されたブリュネーヴァルのヴュルツブルク・レーダー（写真左下の黒いもの）。夜間戦闘機を精密に誘導するためのレーダーなので、周囲に対空砲などもなくポツンと置かれていた

最後まで射撃管制レーダーだとは分からず!?

しかし、イギリスがカッコ良かったのはここまででした（笑）。作戦によって、ついにヴュルツブルク・レーダーの現物を手に入れたイギリスは、これが高周波短距離レーダーであることと、その正確な波長まで突き止めました。ですが最後まで、これが射撃管制レーダーだとは気が付かなかったのです。

実はこのとき襲撃で入手したのは、夜間戦闘機の誘導用レーダーシステムに使われていた特殊用途のヴュルツブルク・レー

［図2-23］1942年2月28日朝、イギリス海軍の高速魚雷艇がヴュルツブルク・レーダーを強奪した空挺部隊「Cカンパニー」を無事回収し、ポーツマス港へと帰還したときの写真。右から２番目が空挺部隊を指揮したフロスト少佐

ダーでした。そのためイギリスは、夜間戦闘機をより正確に誘導するための高精度レーダーだろうと判断してしまったようでした。

この結果、「レーダーによる射撃管制」という肝心なポイントを見逃してしまい、結局１９４３年後半～44年まで、イギリスの夜間爆撃部隊は不可解な損失を出し続けることになります。

先述のように、夜間爆撃は編隊を組まずに個別に突入するため、撃墜されても目撃者が少なく、損失原因は不明のままとなるケースが多くなります。よって、そもそも対空砲による被害がどれほどなのかすら正確に把握できていなかった可能性が高いのです。夜間爆撃機の損失が想定以上である原因が、ドイツの夜間戦闘機によるのか、それともそれ以外の理由があるのか、なかなか判断できなかったようです。

ただし、それでもドイツが利用している二つのレーダー、フライヤとヴュルツブルクの周波数情報が完全にイギリスに把握されてしまったことも、また事実でした。これがのちの電子戦に大きな影響を与えていくのです。

5　大戦中すでに行なわれていた英独の電子戦

電子戦に積極的だったイギリスと、後れを取ったドイツ

すでに第二次世界大戦の航空戦において、敵レーダーを無力

化するのは必須の対策でした（ただし日本上空を除く）。

理想的なのは爆弾を落として物理的に破壊することですが、ドイツの無数のレーダー基地（ヴュルツブルクだけで４０００台もつくられている）を一つひとつ追いかけるのは不可能でした。さらにヴュルツブルク・レーダーは車載型も多く、作戦が終わると移動してしまうため、その捕捉は極めて困難だったのです。［図2-24／25］

［図2-24］移動式の台車に乗せられたヴュルツブルク・レーダー。放物線（パラボラ）アンテナは中心から左右に折り畳めるようになっている（写真は折り畳まれた状態）。パラボラ円盤は単なる反射板で、アンテナ本体は真ん中から伸びた棒の先に取り付けられている（写真では取り付け棒だけ残してアンテナ本体は失われている）（Photo：Ekem）

［図2-25］走査をしているヴュルツブルク・レーダー。真ん中から伸びた棒の先に取り付けられているのがアンテナ本体となる。このパラボラ円盤が一種の凹レンズとなり、電波をその焦点に集中照射して感度を高める（現在の衛星放送の受信アンテナと同じ原理）（Photo：Bundesarchiv）

となると、最も効率のいい対策は電波妨害ということになります。成功すれば一気にエリア内のレーダーをすべて無力化できてしまいますから、その効果は絶大です。これがいわゆるＥＣＭ（Electronic Counter Measures）戦や対電子兵器戦であり、ヨーロッパ戦線では第二次世界大戦中からすでに本格的な電子戦が始まっていたのです。特にイギリスはこの戦術にかなりの力を入れていました。

対してドイツは電子戦の発想がやや遅れていた印象があり、バトル・オブ・ブリテンの段階ですでにイギリス沿岸部レーダーの存在に気が付いていながら、直接爆撃で叩く以外はほとんど有効な手を打てていません。

イギリスによる電子戦には、大きく分けて2種類がありました。一つ目は「Window（窓）」と呼ばれたアルミ片を張った紙を空中からばら撒いてレーダー波を乱反射させ、その撹乱を狙ったものです。いわゆるチャフです。そしてもう一つがより高度な戦術で、敵レーダー波にカウンターで妨害電波をぶつける方法でした。いわゆるＥＣＭです。

どちらにしても重要なのが、敵レーダーの周波数の情報で、これが分からないと妨害ができません。チャフは目標とする周波数に合わせた長さでないとほとんど効きませんし、ＥＣＭに至っては周波数が分からなくては何もできません。そのためイギリスにとって、ドイツのレーダーの周波数情報は極めて優先度の高い情報となってきます。

この点、長距離まで届いたフライヤ・レーダーのパルス波はイギリス本土でも受信できたうえ、偵察機からの写真や捕虜の尋問などによりほぼ丸裸にされていました。とりあえずイギリスのチェーンホームシステムに使われたAMES Type1（& Type2）と同じ早期警戒レーダーであることは分かっており、波長もすでに解析されていたので、早期からその対策の目処が立っていました。

そしてヴュルツブルク・レーダーも先述の通り、手荒い奪取作戦によって情報を完全に把握できましたので、１９４２年の春までには、イギリス側の準備は整っていたことになります。

レーダー撹乱兵器を投入するタイミングを計る

当時すでにイギリスの電信研究所（ＴＲＥ）で、「レーダー波長の半分の長さの金属片が、レーダー波をよく反射する」という発見がなされています。これを基に、先に述べたWindowと呼ばれる、のちのチャフの源流となる金属片を使ったレーダー欺瞞装備が開発されていました。

実験により、目標とするレーダー波長の半分の長さのアルミ箔を黒い紙の裏表に貼り付け、1ポンド程度の重さの束にして

航空機からばら撒くと、極めて効果的なレーダー妨害となることがすでに確認されていました。[図2-26]

　これにより敵のレーダーサイトには無数の反応が出現し、走査画面が埋めつくされてしまいます。そうなるとその中にいる敵機を拾い出すのは不可能となります。また、本隊とは別の場所で散布すれば、レーダースコープ上では、まるで複数の大編隊が進行中であるかのようにも見せかけられました。

　ただし、あまりに単純な〝兵器〟のため、イギリスはこの投入のタイミングを慎重に探り続けます。もしレーダー技術者がアルミを貼った紙片を見れば、一発でその仕組みが分かってしまう性質のものであり、これをドイツ領内でばら撒けば、当然、地上で回収されてすぐに対策を採られてしまう可能性が高いからです。そしてドイツも

[図2-26] オランダで発見された連合軍のWindow。ここから目標とするレーダー波長の半分の長さに切って使用していたと推測される（Photo：RenseNBM）

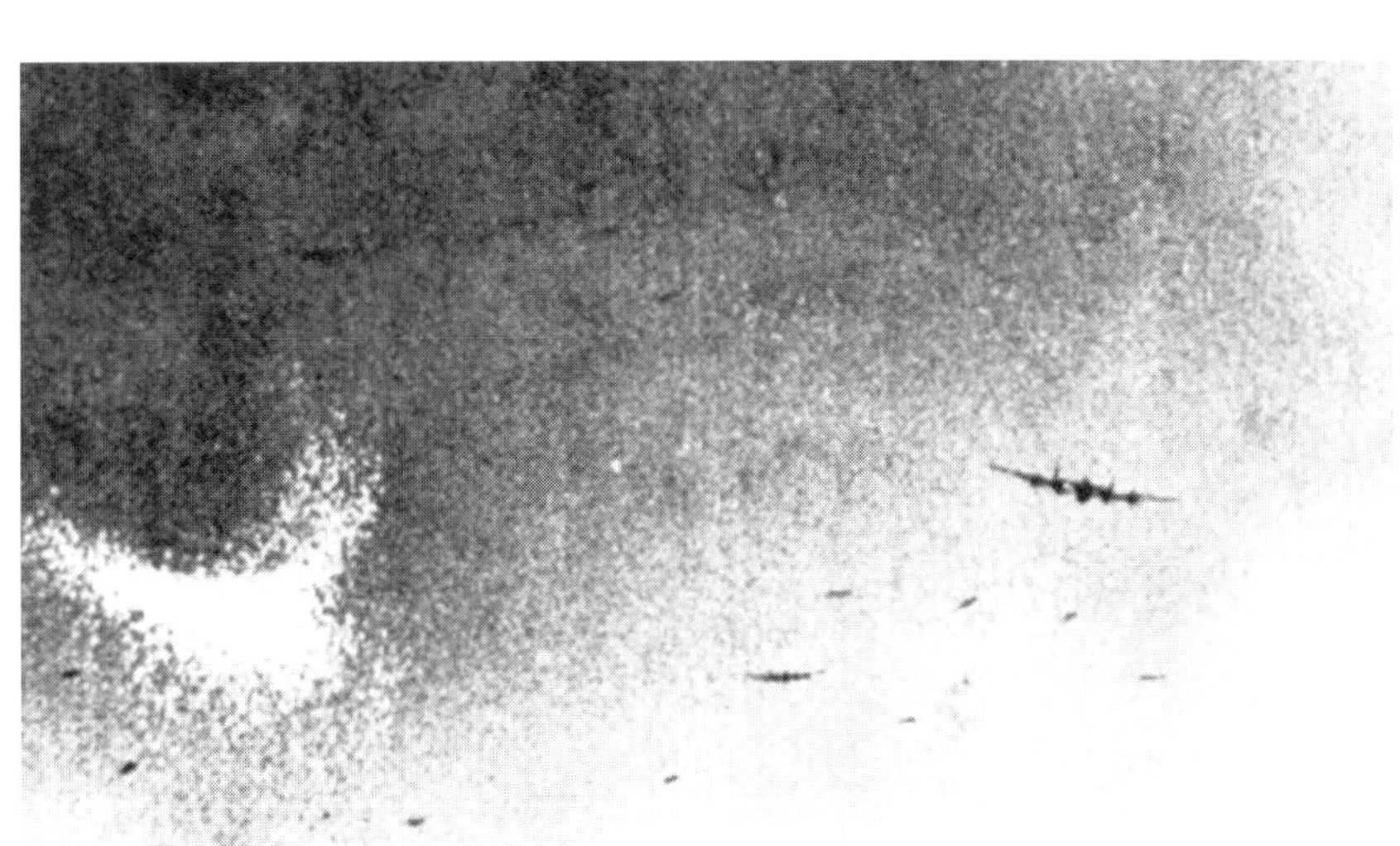

[図2-27] アブロ ランカスターがレーダー撹乱のために撒いたWindow（写真左下の白い部分）

同じ装備を採用してくるでしょう。

実際、のちにドイツはかなり素早い対応を見せていますから、これは杞憂ではありませんでした。

混乱に陥り、大きな損害を出したドイツ軍

そう考えると、理想は回収不能な海上でばら撒くことですが、先にも書いたように、上空の風は西からドイツに向けて吹くので確実ではありません。この点がイギリス空軍を悩ませます。

悩みに悩んだイギリス空軍ですが、結局、1943年7月末に8日間にわたって行なわれた連合軍の一大爆撃作戦である、ハンブルグへの大規模空襲「ゴモラ作戦」での投入を決定します。ちなみに、これは昼夜の連続爆撃作戦でしたが、最初の爆撃は24日のイギリスの深夜爆撃からスタートしました。

すでにイギリスは、ドイツ側のレーダー波長が大きく3種類(フライヤ、ヴュルツブルク、後はたぶん夜間戦闘機の機上レーダー)であることを確認しており、それぞれに合わせたサイズのWindowを計40トン近くばら撒いたとされます。

その効果は絶大で、ドイツのレーダー網は早期警戒のフライヤ・レーダーがまず潰され、間もなくヴュルツブルク・レーダーも完全に目潰しされることとなったのです。これによって、対空砲火も夜間戦闘機の誘導も完全にダウンしてしまいました。ドイツ側は完全なパニックに陥ったと言われています。

このときの連合軍側爆撃機の損失を見てみます。数値はイギリス空軍の公式記録「Bomber Command Campaign Diary」から直接拾ったものです。

初日の7月24日深夜のイギリス空軍では次の通りでした。

出撃数……791機(ランカスター×347機、ハリファックス×246機、スターリング×125機、ウェリントン×73機)

損失数……12機(ランカスター×4機、ハリファックス×4機、スターリング×3機、ウェリントン×1機)

損耗率……1.5%

前年、1942年のイギリスの戦略爆撃機の損耗率が平均4.7パーセントですから、実に3分の1まで激減したことになります。やはり、レーダーを潰してしまうことの効果はとても大きいものでした。

余談ながら、アメリカ軍が1945年の3月、日本の主要都市に対して1週間にわたって行なった例の夜間爆撃作戦での損耗率が1.3パーセントでした。「敵にレーダーがない状態だと、損耗率は1.5パーセント前後になる」というのが普通

［図2-28］マーリンエンジンに変更するなど、双発爆撃機アブロ マンチェスターの改良型としてアブロが開発した４発爆撃機アブロ ランカスター［Mk.III］。燃料をあまり積めず、耐久性も与圧システムもない機体だったが、B-29（全長30メートル）よりも小型ながら（全長21メートル）、より多くの爆弾を搭載することができ（B-29の9,072キログラムに対し、1万キログラム）、対ドイツの夜間戦略爆撃で活躍した。1942年から約7,300機が製造された

なのかもしれません。

すぐに無効化されたレーダー撹乱作戦

このようにWindowの効果は絶大でしたが、当然、ドイツ側の対応も迅速でした。彼らはWindowの金属が張り付けられた紙片を発見するとすぐにこれを理解し、その対策に入りました。

まずはその場に漂っているだけの金属片と高速飛行している爆撃機を（レーダー上で）見分ける方法を考えつきます。

ほとんど動かない金属片に対して10センチ間隔でレーダーのパルス波を打つと、ほぼ同じ10センチ間隔のまま反射されてレーダーまで戻ってきます。すなわち、出ていく電波と帰ってくる電波の波長・周波数はほぼ変化がないことになります。

対して、こちらに高速で向かってくる爆撃機へ打った場合、（爆撃機は）2発目のパルス波が来るまでに一定距離を前進してしまいますから、動かない目標に比べて、より早く次のパルス波に当たることになります。その結果、反射されて戻ったパルス波の間隔は、10センチより短く圧縮されることになります（一種のドップラー効果で、周波数が上がる）。

この差を正確に読み取れれば、動かないチャフと高速移動する爆撃機は見分けることができると、ドイツ側はすぐに気が付

いたのでした。

　さらにもう一つは、レーダーの波長を変えてしまえばいいという基本的な対策です。とはいえ、（周波数を上げて）波長を短くすることは当時のドイツには技術的に困難でしたから、レーダーの波長を長くするしかありません。しかしそれは探査精度を下げることになりますから、限度はあったと思われます。

　それでもその成果は、3回目の夜間爆撃となった7月29日深夜のイギリス爆撃機の損失に現れています。作戦初日の7月24日からわずか5日目には、ドイツが早くも対策を打った結果、この日の損失は次のように悪化しました（ゴモラ作戦中にドイツはその対策を採用し始めているのですが、どっちの対策をどれだけ採ったのかは、資料によって記述が異なるため詳細はよく分かりませぬ）。


出撃数……777機（ランカスター×340機、ハリファックス×244機、スターリング×119機、ウェリントン×70機、モスキート［※］×4機）
※モスキートは護衛ではなく、パスファインダー（先導機）か、先行して気象観測を行なったものと思われる。
損失……28機（ランカスター×11機　ハリファックス×11機　スターリング×4機　ウェリントン×2機）
損耗率……3．6％

　いきなり24日の2．5倍近い損耗率に戻ってしまっています。つまり、Windowによる効果はほとんど一晩（7月24日）だけで、ドイツにはもう通用しなかったのでした。これが常に進化し続ける電子戦の特徴で、技術的に解明されてしまって対策が採られると、速攻で無効化されてしまうのです（2回ともランカスターの7割程度の機体数しか出撃していないのに、常に同じ数が撃墜されているハリファックスにも注目。どうもこの機体も脆弱性の問題を抱えていた可能性が感じられる）。

　ちなみに余談ですが、この前々日の27日に行なわれた2回目のハンブルグ爆撃から、イギリス空軍は当時の最新鋭秘密兵器であるH2S爆撃レーダーを先導のパスファインダー機に搭載しています（1943年初めからすでに本格的に実戦投入されていた）。このため高周波レーダーによって夜だろうが曇りだろうが、地面の形状を読み取って正確な爆撃を行なえるようになっていました。これも当時の電子戦の一つと言えます。

Windowに見切りをつけ、電波妨害へ移行

　このためイギリスの対レーダー戦は、Windowには見切り

［図2-29］ハンドレページが開発し、1940年から運用が始められたハリファックス爆撃機［Mk.II］。対潜哨戒機や電子戦機、輸送機などと、幅広く運用された。約6,100機が製造されている

をつけ、次の対抗手段である電波妨害（ＥＣＭ）に軸足を移していきます。

この点、ドイツはイギリスが使っている高周波をそもそも使えないため（それを発生させるマグネトロンの開発に失敗している）、相手のレーダー波を潰せないというハンディを背負っており、あらゆる周波数が使えるイギリスに対抗できませんでした。よって、この段階ではイギリスの圧勝という展開になっていきます。

イギリスは１９４３年末頃から、ヴュルツブルク・レーダーへの目潰しが（爆撃機の損害を抑えるのに）極めて有効であることを認識します。その結果、１９４４年の損耗率は２．３パーセントとほぼ半減することになりました。イギリスはこの段階でようやく、ドイツが対空砲にレーダー照準を使っていることを確信したと思われます。

第二次世界大戦のレーダー照準対空射撃はドイツによって始められ、恐るべき効果を見せましたが、戦争後半に入るとすでに対策が練られて、一定の無効化が進んでいたことになります（くどいようだが、日本は何もやっておらず蚊帳の外であった）。

ちなみに、実はドイツ側もレーダー妨害用のチャフを実戦に投入しています。

「Düppel」と呼ばれたドイツのレーダー欺瞞用金属片は、1943年の10月からイギリスへの爆撃に投入されています。時期的にWindowのパクリだと考えられていましたが、どうもドイツはドイツで独自に研究していたらしいです。しかし、当然イギリスもすでにその対策は完成させていますから、あまり効果はなかったようです。

こうして第二次世界大戦の戦略爆撃とレーダーの戦いは、ECM戦の完成で終焉を迎えます。当初はドイツ側のレーダー管制射撃によって多大な損害を受けていた連合軍の戦略爆撃機も、最後は電子戦の優位によってその損失を徐々に減らすことに成功した、と見ていいでしょう。

6 戦略爆撃を殺した対空レーダーシステムの発展

戦略爆撃機に対し無力だった北朝鮮

では、その安全性は以後も有効だったのでしょうか。次に朝鮮戦争とベトナム戦争について、簡単に見ておきます。

第二次世界大戦後、アメリカが初めて本格的な戦闘に巻き込まれたのが、1950年から始まる朝鮮戦争でした。北朝鮮の思いつきで始まった侵略戦争であり、アメリカ軍を中心とする国連軍が迎え撃ったというのが実態です。このため、まともな産業も軍事工場もない(基本的にソ連からの補給に頼った)北朝鮮相手に戦略爆撃は成立しないのですが、それでもアメリカはB-29を送り込み、投下した爆弾の量だけなら対日戦を上回る量となっています。

これを戦略爆撃と呼べるかは微妙なのですが、このB-29による爆撃とレーダーの射撃管制を受けた北朝鮮側の対空砲の勝負では、戦略爆撃側が圧勝を収めました。B-29はほとんど被害らしい被害を受けずに、この戦争を乗り切ってしまうのです。

ちなみに以降の数値は2015年になってからアメリカ国防省がまとめなおした「Korean War Air Loss Database」や、アメリカ空軍博物館が発行した「KOREAN WAR 1950-1953」などによります。

とりあえず朝鮮戦争時のB-29の総出撃機数(sortie)は約2万1300機で、これは対日戦における約3万3000機の約64パーセントにもなりました。ほぼすべて日本の横田基地から出撃し、北朝鮮まで1200キロもの長距離爆撃を行なっています。

そして戦闘損失はわずか34機前後にすぎませんでした。よって戦闘による損失率は0．1パーセント以下でしかなく、事実上、損害はなかったと言っていいレベルです。

ちなみにB-29に対して最大の損失を与えたのはMiG-15戦闘機の迎撃なのですが、これも1950年の爆撃開始から1年間かかってようやく16機を撃墜しただけで、ドイツの空の地獄を考えれば、あってないような損失でした。［図2-30］

［図2-30］ミグ設計局が開発したジェット戦闘機 MiG-15。NATO コードネームはファゴット（Fagot）。小型・軽量で優れた運動性をもち、強力な37ミリと23ミリ機関砲を備えていた。1万5,000機以上が製造された。写真は発展型の MiG-15bis で、出力を大きく強化したエンジンと油圧動力式のエルロン（補助翼）を備えていた

ただし護衛のF-84、のちにF-86までもがMiG-15に振り切られてしまうケースが多発したため、以後、ミグ戦闘機の飛べない夜間爆撃に切り替えられています。これをもってして「B-29はMiG-15に圧倒された」とする記事も見ますが、それは言い過ぎでしょう。より安全な対策を採っただけで、そこまでの損害は受けていません。

北朝鮮の対空砲はほとんど脅威ではなく、実際に（対空砲による）損失はわずかに4機にすぎませんでした。残りの14機は機械故障などによる損失ですから、北朝鮮軍の対空能力は無力で、北朝鮮の空は、敵よりも機体の故障のほうがよほど怖い空だったのです。

電子戦はアメリカ軍が一方的に勝利

ただし北朝鮮側に、対空レーダーシステムが存在しなかったわけではありませんでした。これを構築した当時のソ連人と中国人のコンビにドイツ人のような緻密さを求めても無意味ですが、それなりの機材を持ち込み、防空レーダー網は建設していたと見られています（のちのベトナム戦争ではドイツ顔負

けの対空砲網が構築されるのですが、これがソ連が学習した結果なのか、ベトナム人が極めて優秀だったのかはよく分かりませぬ）。

しかしヨーロッパ戦線でそんなことはすでに経験済みのアメリカ軍は、その上を行くことに成功します。ＥＣＭ戦に特化した装備を積んだB-29などの機材を次々と送り込み、これを無力化してしまったのです。

ソ連側の早期警戒レーダーに関しては、アメリカ空軍は第二次世界大戦中にヨーロッパ方面でデータをすでに取っていたと見られます。さらに戦闘時にしか電波を出さず、しかも近距離でないと電波の届かない射撃管制用レーダーのデータも、朝鮮戦争中に本格的に収集することに成功します。周波数などのデータさえ揃ってしまえば、この時代のレーダー妨害は容易でした。

さらにアメリカはソ連のレーダーの多くが、第二次世界大戦時にアメリカがレンドリースでソ連に供与したタイプのコピー、あるいはその発展型であることにすぐに気が付きました。これは国連軍側にとってラッキーでした。なにせアメリカが自分でつくったレーダーなのですから、その正確な周波数はおろか、あらゆる性能データは調べるまでもなかったのです。

こうして、一方的とも言える対レーダー戦、電波妨害のＥＣＭ戦が展開されていきます。

ちなみに、このときのアメリカ側の分析によると、共産軍のレーダーに、日本陸軍のタチ18号やドイツのフライヤ・レーダーのパルスパターンがあったということです。戦利品として持ち込んでいたのかもしれませんが、確証はありません。

とりあえず朝鮮戦争ではアメリカ側のＥＣＭ戦が一方的に勝利し、戦略爆撃に関しては圧勝に終わります。もっとも、戦略爆撃の戦果そのものはまともなターゲットがない以上、ほとんど無意味でした。

被害が大きかった低空侵入の攻撃機

ただ、圧勝だったのはあくまで高高度から水平爆撃をして帰るだけの戦略爆撃の話です。低空から地上部隊を援護する任務の機体はまた話が違って、大きな損害を避けられませんでした。

アメリカ空軍の初期のジェット戦闘機であるF-80シューティングスターは、朝鮮戦争当時にはすでに時代遅れと見られため、ミグ戦闘機との空戦には投入されず、主に地上攻撃に利用されました。つまり、レーダー誘導の対空砲火とまともに勝負しながら、目標に突入する任務を担当していたわけです。［図2-31］

この機体の戦争中における計１４３機の戦闘損失の内訳は、次のようになっています。

空戦の損失……14機
対空砲火による損失……１１３機
原因不明の未帰還機……16機

すなわち約79パーセント、実に８割近くが対空砲火による損失でした。低空侵入する地上攻撃機に対しては、北朝鮮のレーダー対空網も十分に機能していたと考えていいでしょう（どこまでレーダー管制が使われていたかはよく分かっていないが）。

同じく朝鮮戦争に投入されたジェット機ながら、F-80とは対照的に、主に航空優勢を確保するために空中戦で使用されたF-86セイバーとその損失内容を比較してみると、この点はより鮮明になります。F-86の戦闘損失は全部で１０８機でしたが、その内訳は以下の通りです。

空戦の損失……76機
対空砲火による損失……19機
原因不明の未帰還機……13機

［図2-31］第二次世界大戦末期に部隊配備まで進んでいたジェット戦闘機のロッキードF-80C（陸軍航空隊時代はP-80）。朝鮮戦争では完全に時代遅れな機体となっており、ナパーム弾などを使った地上部隊支援攻撃に投入された。しかし結果として、ジェット機でも低空攻撃では対空砲火に脆弱であることを最初に証明してしまうことになった

完全に数字が逆転し、対空砲火による損失は17．5パーセントにすぎず、主な損失理由は空戦になっています。

同じレーダーによる対空射撃でこれだけ損失に差が出るということは、おそらく低高度用の対空砲は十分な数と性能があったのに対し、高高度を飛ぶ高速機に対する十分な対空砲がなかったのだろうと推察されます。

すべてがちぐはぐだったベトナムでの戦略爆撃

朝鮮戦争の次に、アメリカ空軍が巻き込まれた本格的な戦闘がベトナム戦争でした。アメリカ軍の介入は1964年からですが、当初は海軍の空母航空部隊のみの投入だったので、空軍の参戦は翌1965年からとなります。

この戦争で爆撃の主役を務めたのは、当時の主力戦略爆撃機だったはずのB-52ではなく、戦術核爆撃機として開発されたF-105サンダーチーフでした。ベトナム戦争最後の1972年、アメリカ最後の航空攻勢として実施された「ラインバッカー&ラインバッカー作戦II」まで、戦略爆撃機のB-52は北ベトナムの爆撃、いわゆる北爆に一切参加していません。

あくまでB-52はベトコン、すなわち地上のゲリラ部隊相手の爆撃を担当したので、あの巨体で地上支援攻撃に近いことま

[図2-32] 国立アメリカ空軍博物館に展示されている、リパブリックが開発したF-105D サンダーチーフ。サッドの愛称で有名な機体で、事実上、ベトナム戦争におけるアメリカ空軍の主力機だった。写真の機体の主翼付け根部分に「メンフィス・ベルII」と機体愛称がマークされている

でやっていました。つまり、1972年に最後の北ベトナム空爆作戦が開始される直前まで、単座（一人乗り）のジェット機であるF-105が〝事実上の戦略爆撃〟を担当していたのです。［図2-32］

なお、B-52が戦略爆撃に投入されなかったのは、作戦計画段階においてルメイ率いる戦略航空司令部（SAC）が、地対空ミサイルだらけの危険な北ベトナムで高価な戦略爆撃機を失うことを嫌ったためです。ラインバッカー&ラインバッカー作戦IIのときはルメイは空軍を追われており、彼の意向は無視されることになりました。

単座のジェット戦闘爆撃機による農業国家と言っていい北ベトナムへの〝戦略爆撃〟は、数百機単位で重爆撃機が編隊を組み護衛戦闘機を引き連れて行く従来の戦略爆撃とはまったく別の形となっていきます。そもそも爆撃対象に〝産業中枢〟など存在しないので、徹頭徹尾、従来とはまったく異なる形にならざるを得なかったのですが、それはまったく意味のない戦略爆撃ということでもありました。

出撃は多くても数十機で、ミグ戦闘機が登場してからは護衛も付きましたが（戦闘機の護衛に戦闘機が付くという冗談みたいな状況だが）、F-105自らがミグを迎え撃つこともありましたし、高速で振り切って逃げ切るということもありました。どちらも第二次世界大戦の戦略爆撃では考えられなかった状況です。

ちなみにF-105は超音速ジェット機でしたから、ある意味では人類初の超音速機による戦略爆撃ではありました。ただしベトナム戦争では上層部から極めて詳細に爆撃計画が指示されていたため、ほとんどが低空侵入の通常速度での爆撃であり、超音速機の意味はまったくありませんでした。

脅威となったレーダー誘導対空ミサイル

さらに北ベトナム側が超音速のレーダー誘導ミサイルS-75（NATO側呼称はSA-2「ガイドライン」）を運用していたことで、それまでの空の戦いとはガラリと様相が変わっていきます。［図2-33］

このミサイルは従来の高射砲とは比べものにならない命中精度をもち、簡単に逃げる術はありませんでした。実際、ベトナム戦争中に撃墜された17機のB-52はすべてこの地対空ミサイルによるものでした。ベトナムの田舎の空は、かつてのドイツよりもはるかに危険な空だったのです。

ただしその脅威には、ベトナムならではの特殊事情もありました。レーダー誘導のSA-2地対空ミサイルは確かに恐ろしい存在だったのですが、地上から発射されたのを目視してからすぐに回避運動を行なえば、逃げ切ることは難しくなかったようです。

ところが冬の短い期間を別にして常に雲の多い熱帯のベトナムでは、広範囲に亘って地上を監視することは困難であり、これが被害増大の一因ともなっていました。いきなり雲の中からミサイルが飛び出してきて命中、というパターンが多かったのです。

余談ですが、この点、中東戦争でイスラエル相手に投入されたSA-2は不利でした。晴れの日が多く、湿気が少ない砂漠では視界がよく効き、さらに発射時には周囲の砂が盛大に巻き上げられます。そのためイスラエル側のパイロットはSA-2が発射されたことを比較的容易に発見でき、すぐに回避運動に入ることができました。

しかし残念ながら、ベトナム上空でのアメリカ空軍は、そんな状況はまったく望めなかったのです。

田舎の戦争ではなかった電子戦の様相

その結果、アメリカ軍によるECM戦の開始となるのですが、北ベトナム側のECM対策も次々と登場し、このあたりは常にイタチごっことなっていきます。この結果、最後の最後までアメリカ空軍は完全なSA-2対策を完成できなかったと思っていいでしょう。この点は朝鮮戦争とは大きく異なる点です。

一例を挙げると、SA-2はレーダー誘導ですから、発射前に地上の射撃管制レーダーで目標の機体を捉え、命中までそのレーダー電波を照射し続ける必要があります。それならば

[図2-33] 二段式ロケットでもあるSA-2ガイドライン地対空ミサイル（ロシア名：S-75)。マッハ3の速度が出て、高高度まで飛行可能、さらに40キロ近い射程をもっていた。専用トレーラーに乗せて、トラックなどで牽引し、発射時には発射架を用いる

とアメリカ側は、そのレーダー電波を追尾して発信源へ攻撃機を飛ばしレーダーを破壊する、対レーダーミサイル（AGM-45シュライク）を開発して一定の効果を上げます。

ところがこのミサイルには、記憶装置（メモリ）の類いが一切ありませんでした。そのためレーダー電波を一度見失うと、それ以降どちらに飛べばいいのか判断がつかず、まず命中しなくなります。

この欠点に早くから気が付いた北ベトナム側は、シュライクミサイルを積んだF-105を確認するとレーダーを切ってしまったり、ミサイルの発射を目視したらレーダーを切ってしまうという対策を生み出し、（シュライクミサイルが）命中しない状況をつくり出してしまいました。

このためアメリカ側はさらなる対策として、記憶装置を搭載したさらなる新型ミサイルの開発も行ないますが、それでもSA-2ミサイルの脅威を完全に消し去ることはできませんでした。

ただしレーダーを切ってしまえばSA-2ミサイルもまた命中しませんから、アメリカ側も今度はそれを目的にしていきます。すなわち、必ずしもレーダーを破壊しなくても、敵にそのスイッチを切らせて事実上無効化できればいいという戦術をとっていくのです。

こういった感じで、お互いが次々に対策を打ち出して、敵の戦術の無効化を図っていったのがベトナムの空の戦いでした。このあたり、第二次世界大戦時の対ドイツ戦並みの戦術の応酬が行なわれていたと思っていいでしょう。少なくともECM戦に関しては、ベトナムは決してアジアの田舎の戦争ではなかったのです。

天敵・地対空ミサイルへの対策として「ステルス」が生まれる

ここで注意がいるのは、レーダーがミサイルの誘導に必須の道具となっている点です。このためアメリカ軍は、ミサイル陣地を直接壊滅させなくても、シュライクミサイルでその射撃管制レーダーを潰してしまえば同じことだと判断したわけです。

すなわち、レーダーは敵機を発見するだけではなく、敵機を撃墜するにも必須の装置なのです。レーダーなしでは照準すら付けられないので、近代戦におけるレーダーはむしろこちらの射撃用照準という役割のほうが重大であるとも言えます。

ここで少し発想を変えれば、もしレーダーに映らない機体があれば、決して地上からの対空ミサイルで撃墜されることはないということになります。これがのちに「ステルス技術」という形で、アメリカ空軍にもたらされることになるわけです。

よってステルスの真意は、レーダーに見つからないことではなく、飛行機の天敵である対空ミサイルから攻撃されない、ロックオンすらされないことにあったのです。

実際、世界初の実用ステルス軍用機だったF-117の原型であるハブ・ブルー（Have Blue）の最初のレーダーテストは、（航空機からではなく）MIM-23「ホーク」地対空ミサイルの照準レーダー相手に行なわれました。そしてこのとき同機は、レーダーにまったく捉えられないまま対空ミサイル陣地を飛び越え、アメリカ空軍関係者を狂喜させたのでした。

このあたりのステルス技術については、また下巻で見ていくことになります。

第三章　超音速飛行の科学——なぜ現代戦闘機はデルタ翼ばかりなのか

1　ジェット機の大きな壁となった「衝撃波」とは何か

遷音速時と超音速時の二つの壁

第二次世界大戦後の航空機の一大進化がジェットエンジンによる高速化でした。そしてこの高速化の壁となったのが、大気中の音波の限界速度、つまり音速です。

音速の限界を超えると衝撃波が生じて大きなエネルギーが消費されるため（衝撃波による造波抵抗）、膨大な力が必要となり、従来のエンジンと機体設計ではなかなかこれを突破できなかったのです。これが「音の壁」です。

これを超えるための技術がエリアルールと、アフターバーナーによるエンジン強化でした。

さらに衝撃波の発生は造波抵抗の増大だけではなく、大気を圧縮してしまうという問題を抱えていました。これは主翼に揚力を発生させる気流が圧縮流体になるということですから、非圧縮流体を前提としたベルヌーイの定理が成立しなくなり、主翼にまともな揚力が生じなくなります。

ベルヌーイの定理を別にしても、気流の高圧部や盛大な乱流が主翼上面にも生じてしまうため、いずれにせよ主翼は揚力を稼げなくなり、もはや機体は飛べなくなります。さらに、流れの遮断によって、翼後端にある主翼の補助翼（エルロン）や尾翼の昇降舵（エレベータ）が効かなくなってしまうのです。

なお、造波抵抗とは波を生むことで、エネルギーが奪われて速度に回らなくなり、低速化する現象を指します。ベルヌーイの定理とは、気流が高速化すると低圧部が生じ、主翼を吸い上げる現象を言います。

遷音速時に揚力を失わないための後退翼とデルタ翼

やっかいなことに、主翼上面の気流は加速されて周囲の気流より高速になっているため（高速の気流による低圧で主翼を吸い上げている）、機体が音速を超える前から超音速気流が生まれ、その結果、翼面上衝撃波が発生します。高度や翼型にもよりますが、一般的には時速850キロを超えたあたりから、通常の主翼の機体は操縦不能に陥る可能性が高くなるのです。

これが第二次世界大戦時代から知られていた、急降下（ダイブ）時に高速に達すると操縦が効かなくなる現象でした。当時はその速度に到達する手段がダイブしかなかったので、そこで初めて観測されたわけです。

その対策として生まれたのが、翼面上衝撃波の発生を遅らせる翼の構造で、すなわち後退翼だったりデルタ（三角）翼でした。この点は次節でじっくり見ていきます。

その前にここで注意したいのは、後退翼とデルタ翼は音速を突破するために必要なのではなく、音速に近づいたときに揚力を失わないために必要であるということです。

後退翼やデルタ翼でも、普通に音速気流の中に置けば揚力を失います。なので主翼を、機首部や空気取入れ口で生じた衝撃波の壁の背後に収まるように、つまりその背後の音速以下の気流の中に入るように、急な角度を付けて機体に取り付けるわけです。

そういった意味では、後退翼は音速飛行向けの主翼ではあるものの、あくまでその構造自体は音速一歩手前の遷音速飛行のためのものです。

そして、音速を超えるための技術は【6　超音速の壁を超える技術②――エリアルール】（170ページ）で解説する「エリアルール」や、【5　超音速の壁を超える技術①――アフターバーナーと空気取入れ口】（156ページ）のアフターバーナーとなります。このあたりは戦後の航空機の発展に関する主要な部分ですから、これから少し詳しく見ていきたいと思います。

それにはまず、超音速気流と、それに伴って生じる衝撃波についてて知る必要があります。

無数の高密度の音波が一塊になるのが衝撃波

音は音波、すなわち波です。

［図3-1］音速以下の速度でしか飛行しないジェット旅客機が後退翼であることからも分かるように、後退翼という翼型は音速一歩手前の速度域で安全に飛ぶための技術となる。写真はボーイング777旅客機

波は空気や水に力が加わって高密度にされた部分の伝播であり、その前後には密度の薄い部分が存在し、圧力差を生じます。すなわち、圧力の弱い部分と強い部分ができるのです。単純な例として手を叩いたりして生じる音波を大雑把な図にすると、［図3-2］のようになります。

「く」の字形の部分が、力が加わったことで密度と圧力が高くなった部分で、空白部分が密度が低い部分です。この差によって音の強弱が、幅によって周波数（音）の高低が付くと思ってください。

そして音波の伝播速度には限界があります。それが音速で、これを超えて音波が拡散することはありません。音速は大気密度や温度などで変わりますが、高度0メートル（海面高度）・気温15度で秒速340．3メートル（時速約1224キロ）となります。相当な高速なので通常はその限界を気にすることはありませんが、時速1000キロを超えようとする航空機にはこれが大きな壁になってきます。

ちなみに、これは〝波が伝播する速度〟の限界であり、気流の速度とは別物であることに注意してください。川の流れの中に石を投げ込むと波紋が広がりますが、その広がっている間にも川の流れに乗って移動しています。波の広がりの速度と流れの速度は独立して存在しているわけです。

よって音波が高速な気流に乗って広がるのを外部から観測すると、両者の速度の合成により、音速を超えて伝播しているように見えることもあります。しかし、それは音の伝播速度が音速を超えたわけではありません。流れの中ではきちんと音速の限界の中で広がっています。

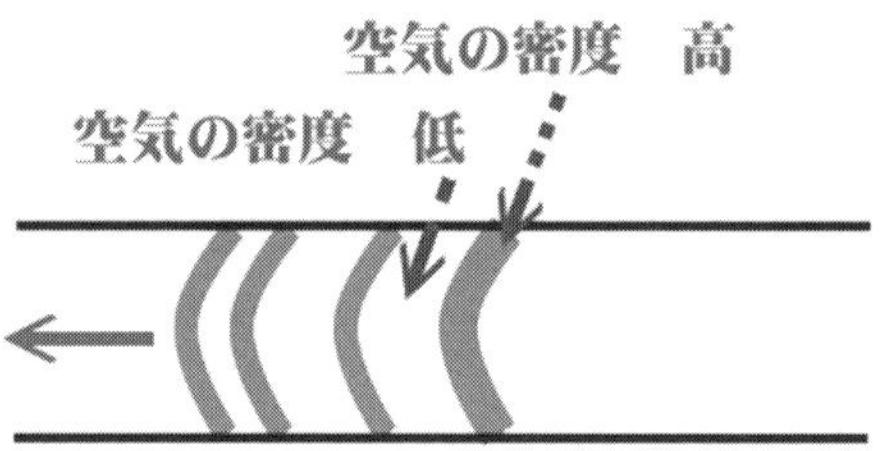

ここで、一瞬ですさまじい大音響が発生する場合を考えましょう。火山や火薬の爆発などで複数の強烈な音が同時に発生した場合、音速の限界によって、それらは一つに重なった強力な波となり、強烈な空気の密度の塊となって伝播します。

空気の密度　高
空気の密度　低

［図3-2］音波のイメージ（「く」の字部分が高密度・圧縮になったところ）

これが衝撃波であり、図にすると［図3-3］のように無数の音波が一塊になって伝わることになります（衝撃波は音速を超えるため、先行する音波に追いついて吸収してしまう）。打ち上げ花火を近場で見ると、体全体にドンと来る音を感じますが、あれも一種の衝撃波です（無数の粒である火薬のパウダーが同時に爆発した結果の衝撃波)。

すなわち衝撃波とは、音速の壁によってすべての音波が重なり、強力な波となって伝播するものです。どの程度の力をもつモノから衝撃波となるかの明確な基準はないのですが、耳が痛くなるような音や、体に空気の振動が感じられるような音はほぼ衝撃波と思って間違いないです。

衝撃波では正面にごく薄い波面があり、その直後に無数の波が重なってできた超高密度部分が生じています。そのため、密度の高い水などの場合、衝撃波はまさに壁のようになって金属板すらも破断させてしまう力をもちます。水中で爆発する機雷や魚雷がすさまじい破壊力をもつ理由がこれです。

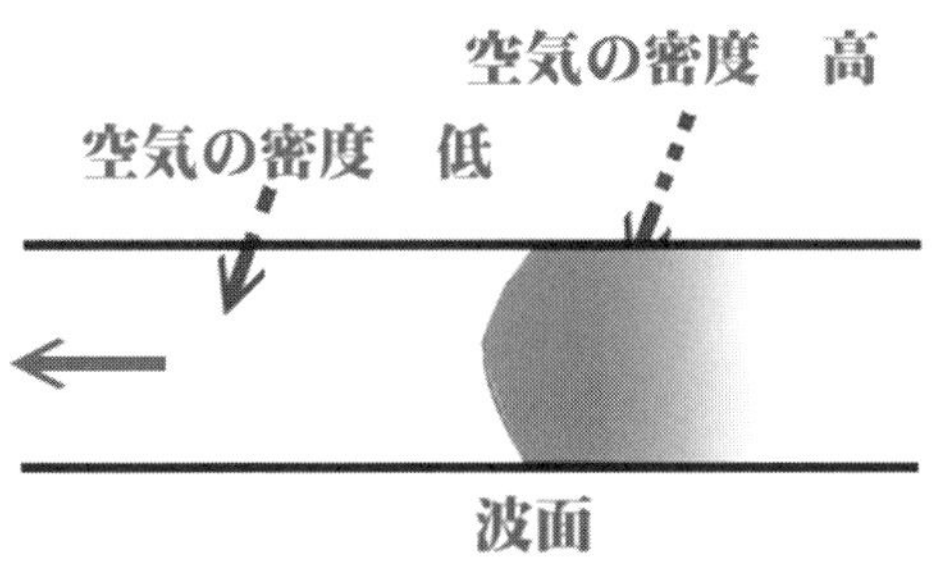

空気の密度　高
空気の密度　低
波面

[図3-3] 衝撃波のイメージ

大気の衝撃波も、巨大になると人間くらいは軽く吹き飛ばしますし、ガラス窓や木造建築程度なら簡単に破壊してしまいます。これはいわゆる原子爆弾など核兵器の破壊力の主要因でもあります。核兵器の強烈な高熱による破壊は爆心の一部に限られ、広い範囲に破壊を及ぼすのはその爆発によって生じる衝撃波なのです。

ちなみにレシプロエンジンの排気は基本的に衝撃波を伴います。シリンダー内の爆発が衝撃波を生むからで、このため自動車やバイクでマフラー(消音機能もある)を外すと、凄まじい爆音となります。当然、航空エンジンでも同じで、戦闘用のレシプロエンジンにマフラーなんてありませんから凄まじい爆音を生じるのです。

衝撃波の背後は高温・高圧に

また、衝撃波の特徴として、その背後熱があります。多くの波が一気に集合した高密度部分は高圧と同時に極めて高温になるため、これが数百度近い温度に達することがあります。自転車のタイヤのチューブを取り出し一気に空気を入れてから触ると、熱をもつのが確認できると思います。流体は押し込められて高密度になると、熱をもつのです。

その究極系がピストンによるレシプロエンジン、特にディーゼルエンジンです。あれはピストンによる圧縮で空気を高熱にし、その温度で燃料を発火させています。ガソリンエンジンの場合はスパークプラグの力を借りていますが、これも原理はほぼ同じです。

衝撃波は音速の壁に波が押し込められて高温・高圧になったものですから、気筒の中でピストンが空気を圧縮するのに似た現象が生じ、数百度以上の高温を伴うことがあります。後で見るような音速飛行に伴う衝撃波でもこれが数百度の高温になるため、それに接する航空機の機体に影響を及ぼします。高温に弱いジュラルミンでは耐えられないので、ステンレスやチタンがその素材に使われることになるのです。

ちなみに大気圏突入する宇宙船が高温にさらされるのも、この衝撃波の背後の断熱圧縮（圧縮のみにより高温となること）によるものです。よく誤解されているのですが、大気との摩擦熱ではありません。摩擦熱なら機体全体が高熱化しますが、実際は機体前部のみが高熱にさらされるだけです。これは衝撃波背後熱で説明しないと理解できません。［図3-4］

主翼上面だけに衝撃波が発生し、操縦不能となる

爆発のような現象ではなく、単に音速を超えた結果として生じるのが航空機の衝撃波です。その発生のメカニズムは飛行速度が音速前の「翼面上衝撃波」と、音速突破後の機体正面で発生する「衝撃波」の二つに分かれます。

［図3-4］ドラッグシュートを開いて着陸するスペースシャトル。大気圏突入時に、とくに高熱にさらされる部分には黒い特殊素材が使われているが、それらは機首や主翼前縁、尾翼前縁など正面から大気にぶつかる部分で、すなわち衝撃波が生じる部分にのみこれが付けられているのが分かる

まずは音速直前から発生し始める翼面上衝撃波を見ていきます。主翼を真横から見ると、凸型の上面が盛り上がった断面形になっています。こういった形状では、上面のほうが直線的な下面より空気の流速が速くなります。そして気流の速度が速くなるとベルヌーイの定理によって低圧部が生じ、これによって翼を吸い上げて機体を浮かす揚力としているわけです。

なぜカーブした面の方の流れが高速になるかという説明はかなり複雑になりますし、絶対的な正解は実は誰もまだ知らないのではないかという部分すらあるので本書では端折ります。ここではとにかく事実としてそうなると考えてください。実際、この原理で飛行機は今日も空を飛んでいるわけですから……。

このように主翼上面の気流が加速されるため、機体自体の速度が音速以下でも、気流速度が音速を超えてしまうという事態が発生します。これが（音速直前の速度域で生じる）翼面上衝撃波を発生させる原因です。

大気密度（つまり飛行高度）や気温によっても異なりますが、一般的に時速８５０キロ前後から、この現象は発生し始めます。第二次世界大戦中の機体が急降下（ダイブ）中にこの現象に悩まされたのは、そのときが唯一時速８５０キロを超える飛び方だったからです。

主翼上面の流速はすべて同じではなく、通常は前半部分のほうが後半部分よりも高速となります。その結果、時速８００～１０００キロだと、気流がすでに音速を超えている前半部と、音速未満の後半部に分かれます。この速度差が主翼上面に翼面上衝撃波を生み出す原因になるのです。

翼面上衝撃波が生じると、その背後には高圧部が発生し、主翼を押し下げる力となってしまいます。さらに翼面上衝撃波は垂直衝撃波（翼面に対してほぼ90度の角度をもつ）であるため、高密度の空気の壁となって気流の速度を激減させ、気流を剥離させてしまいます。

さらに乱流の発生源にもなり、莫大な抵抗を生みます。気流を遮断して揚力を奪い、加えて巨大な空気抵抗源ともなります。

よって主翼上面に翼面上衝撃波が生じると、飛行機はもう主翼の揚力ではまともに飛べなくなります。さらに主翼・尾翼の後端部にある補助翼や昇降舵も衝撃波の背後に入ってまともに気流が当たらなくなるため、効かなくなって操縦不能になってしまうのです。

このように機体がマッハ０.７（時速約８６０キロ）前後の速度に達して翼面上衝撃波が生じると、まともに飛行することができなくなってしまいます。これが航空機を高速化するにあたって最初に突き当たった壁でした。

翼の上面に垂直の壁が形成される

ここでその翼面上衝撃波の発生過程を見ておきます。

まず主翼の真ん中あたりにある音波の発生源、すなわち音源について考えます（この場合、人間の可聴範囲の音とは限らな

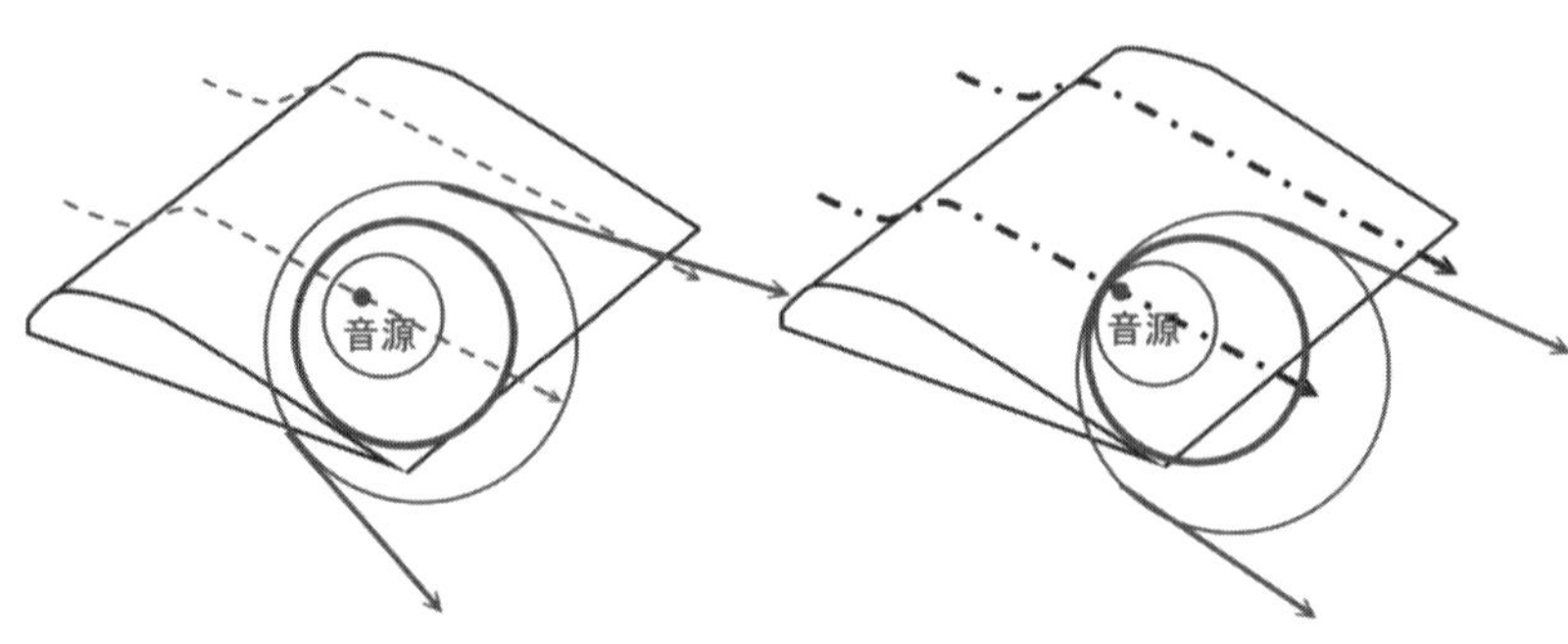

［図3-5］音速未満（左）と音速直前（右）で飛行中のときの音源の広がり。飛行機の進行方向は左上で、点線ラインは気流の流れを示す

い。あらゆる空気の振動波を含む）。ほんの小さな凸凹が音源となるため、外板の繋ぎ目など航空機の主翼には無数の音源が存在し、かつ高速時にはすさまじい音量を生んでいます。［図3-5］では左が音速よりずっと遅い速度で飛行中、右が音速直前で飛行中の状態で、点線ラインは気流の流れを示しています。

気流が主翼表面にある細かい凸凹にぶつかったりすることで、翼の表面には常に大気の振動波が大量に発生しています。このとき、気流が音速に達しない限り、音波の伝播は気流より高速ですから、横や後ろだけでなく前方向にも広がることができます。［図3-5］の左がその状態です。

ところが気流の速度が音速に達すると、波の伝播速度と気流の速度がまったく同じになるため前方に展開できず、この方向の音波はひたすら正面部に集積されます。つまり、音源の正面で波が圧縮され始めます。これが［図3-5］の右の状態となります。

翼面上衝撃波は、この音速の気流と音速以下の気流の速度境界線上にある、前に進めなくなった音波が圧縮される位置にある音源に沿って生じることになります。

［図3-6］は、音速と音速以下の気流の境目に並ぶ音源を図にしたものです。音源直前の位置まで、気流はマッハ1の速さがあるとします。そしてこの音源の位置からマッハ0.9999……と音速以下になるとします。

こうなると［図3-5］の右で見たように、音源から生じる音波は前方向（機体の進行方向）にはまったく拡散できないまま、音源上に留まることになります（仮に気流が音速を超えていれば、丸ごと後ろに流れていく。音源上から音速以下の流速になる、ということが重要）。

そして音波は常に発生し続けますから、次々に音源の正面に波が集積されていくので、ここに圧縮された波の壁、つまり翼面上衝撃波が形成されてしまうことになります。そしてこの境界線上には無数の音源が左右にありますから、音速境界線上に沿って衝撃波が発生し、その背後に高圧部が形成されることになるわけです。

これは垂直衝撃波（翼面に対してほぼ90度の角度をもつ）となるので、［図3-6］のように、まさに翼面上に高密度の空気の壁ができたような状態になります。爆発の衝撃波と違い、これはその位置から動かず、壁のような衝撃波になることに注意してください。

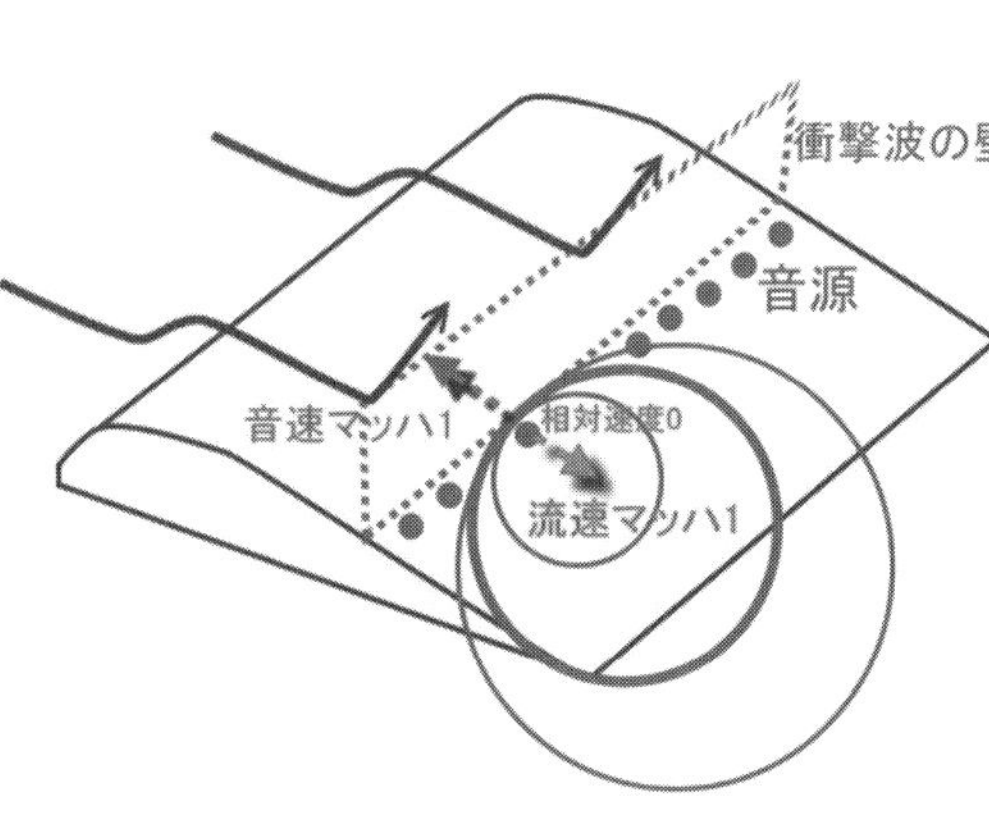

［図3-6］音速と音速以下の気流の境目に並ぶ音源のイメージ

壁が気流を乱し、まともに飛べなくなる

こうなると、主翼上面を流れる気流の流れはこの壁に阻まれて低速の流れになります。これは揚力の発生を阻害する事態です。

さらに悪いことに、衝撃波の背面では高圧部が生じて気圧が上昇するので、本来、圧力を下げて主翼を吸い上げなければいけないのに、むしろ逆に高圧で下に押し下げる力が働くことになります。

この結果、ここから後ろで主翼の失速と、押し下げ現象が起きてしまいます。これが衝撃波失速（shock stall）と呼ばれる現象で、これは機体が音速以下でも、マッハ０．７前後（時速８００～８５０キロ）から主翼で発生するやっかいな現象となります（マッハ数は大気密度、気温によって変化するので注意）。

実際は翼断面の形や速度ごとにもう少し複雑な現象となるのですが、大筋でこのような感じと考えてもらえば間違いありません。ちなみにこの程度の流速の衝撃波であれば、背面の高温部はそれほどの温度にはなりませんので、熱対策は基本的に考えなくて大丈夫です。

さらに衝撃波面は物理的な壁のようなものですから、そんなものが主翼の上にできてしまったら、当然、空気抵抗となるうえ、気流の流れを遮断し揚力の発生を妨げます。さらに極めて複雑な気流を生み出し、それは渦を生じて乱流となり、これも抵抗を生み出す原因となります。つまり、主翼上面の気流の流れに、音速と音速以下の部分ができてしまうと、失速したり抵抗が増えたりして、まともに飛べなくなります。

ただし、これは主翼上面に音速以下の部分と音速以上の部分が混在しているときの現象であることに注意してください。機体速度が音速を超えて、主翼周辺の気流が全部音速を超えたら、この現象は起きません。もっともそのときもそれはそれで主翼正面と後端に盛大な衝撃波が発生しますので、いずれにせよ乱流と造波抵抗によってまともに飛行することはできなくなります。

このあたりを解決するには超音速翼と呼ばれる特殊な翼でないとダメなのですが、これは通常速度では揚力を生じないため非常にやっかいで、普通は空対空ミサイルなどでしか使いません。そのため通常は、機首部の衝撃波の壁で主翼に当たる気流を音速以下に減速させることになります。このあたりはのちの【音速飛行の映像で、衝撃音が2回聞こえる理由】（157ページ）のところで詳しく見ていきます。

ちなみに、音速直前あたりから、主翼下面でも同じような現象が発生します。しかし下面の場合は、空気の流れの遮断と圧力増加はむしろ揚力上昇に繋がるので、失速は起きません。ただし、揚力の発生ポイントが本来の設計位置からずれてしまうため、主翼を軸に機首あるいは尾部が撥ね上がるという現象が発生し、操縦困難な状態に陥ることになります。これはこれで、パイロットにとっては非常にやっかいな事態でしょう。

さらに、この翼面上衝撃波の問題は主翼だけではなく、尾翼でも起きます。尾翼の場合は操縦不能になったり、お尻が押し下げられるといった現象になって現れます。

加えて、航空機のプロペラも主翼のような翼断面をもちますから、当然、マッハ0．7ぐらいから翼面上衝撃波の問題が出てきます。そうなれば揚力が出なくなり、推力が発生しなくなりますので、プロペラの回転速度は常に音速以下にする必要があります。

軍用プロペラ機の多くがエンジンの回転軸をプロペラへ直結せず、減速機を噛ませてその回転速度を落としている理由の一つがこれです（プロペラも機体の進行速度の影響を受けるが、それ以上に自分の回転速度のほうがはるかに問題となる）。

こういった理由により、常に翼周辺の気流は音速以下にしておかないと飛行機はまともに飛べないのです。

しかし、「高速で飛ぶのは諦めよう……」とは考えなかったのが、ドイツ人でした。彼らは後退翼（&前進翼）という優れた着想によって、この問題に一定の解決方法を与えてしまうのです。

さらに本来は別の目的でつくられていたデルタ翼も、この問題の解決に大きく貢献することになります。このあたりは音速の元祖マッハを生んだドイツ語圏の物理学者の独壇場だったと考えていいでしょう。

次節では、この飛行機を飛べなくしてしまうやっかいな翼面上衝撃波対策の初歩として、後退翼について見ていきます。

2　遷音速飛行の壁と後退翼の登場

のちに革命を起こしたブーゼマンの後退翼研究

翼面上衝撃波の問題に最初に解答を与えたのは、ドイツの航空理論屋アドルフ・ブーゼマン（Adolph Busemann）博士でした。１９３５年の学会で、初めて高速飛行における後退（前進）翼の有効性を指摘しています。「主翼を斜めに取り付けることで、気流の相対速度が落ちて翼面上衝撃波が起きにくくなる」というのが彼の主張の主旨です（気流に対して斜めになっていればいいので、前進翼でも後退翼と同じ効果がある）。［図3-7］

しかし、当時はまだドイツのＭｅ１０９がようやく初飛行した時期であり、スピットファイアも零戦もムスタングもまだ初飛行すらしていない段階でした。よってそんな時代に音速に近い高速飛行時の考察をしても、イマイチ注目を浴びませんでした。

さらに彼が示した後退翼（&前進翼）のコンセプトがあまりに単純明快だったため、逆に誰も注目せず、多くの航空機設計者は音速分野の研究で彼の研究内容を忘却してしまうのです。アメリカもイギリスも、この点については終戦後までまったく

［図3-7］第二次世界大戦開始前から後退翼の有効性に気付いていたアドルフ・ブーゼマン（1901〜86年）。上下の翼から生じる衝撃波が互いに波を打ち消しあってソニックブームの発生を抑える「ブーゼンマン式複葉機（Busemann's Biplane）」の原理を発見したことでも知られる

理解できておらず、ドイツの独壇場だったと言っていいでしょう（日本に関しては言わずもがなです）。

１９３５年の発表後の無視にあってもブーゼマン本人はまったくめげず、第二次世界大戦開始前後から後退翼の風洞実験を開始して膨大なデータを集め、その有効性を確信します。やがてこれがドイツ空軍に注目され、その研究は戦争中を通じて進化しました。

さらには同じ効果を狙ったデルタ翼の風洞実験に入ったところで終戦となりますが、彼はその貴重なデータとセットでアメリカに連れ去られ、戦後、アメリカのジェット機に後退翼革命を起こすことになるのです。

ちなみにブーゼマンはその後も帰国せずにアメリカで亡くなっているのですが、後で出てくるエリアルールの再発見にも、どうも一枚噛んでいたという話があります。ただし、この点については確認が取れないので断言はできません。また、よく言われているように、ドイツのＭｅ２６２ジェットエンジンの後退翼は偶然の産物で、ブーゼマンの研究は直接には関係していません（関係者が知っていた可能性はあるが）。［図３-８］

また、音速近くの飛行で有効とされた後退翼ですが、後退翼という設計自体はそれ以前からありました。機体の前後バランスの設計に失敗したときや、主翼の揚力発生ポイントを前後にずらす目的で、主翼を後ろに傾けて取り付けることは古くから行なわれていた設計だったのです。もちろん、これらは翼面上衝撃波とは何の関係もありません。

［図3-8］メッサーシュミットが開発し、1944年6月に世界で初めて実戦配備されたジェット戦闘機Me262シュヴァルベ（燕）。主翼が18.5度の後退角をもっているが、これはエンジンと機体重心のバランスをとるためのもので、衝撃波対策ではなかった。写真はアメリカ軍に鹵獲されテストされているA-1a型

主翼を傾けることで翼面上の気流の加速を抑える

では、なぜ主翼の取り付けを傾けると有効なのか、を考えます。

繰り返しになりますが、今回の説明は機体速度はまだ音速以下で、主翼上面にだけ音速以上&未満の気流が混在しているときの話であることに注意してください。ちなみに以下の説明はブーゼマンの論文とは異なる方法で、実際の主翼に即した形で説明しています。

重要な箇所なので、翼面上衝撃波の発生原因をもう一度確認します。翼面上で気流が加速され、その中に音速を超えた部分と音速以下の部分が別々に生じることで翼面上衝撃波が発生します。この主翼上の気流の加速を生み出しているのは主翼の断面形で、主翼の上面が凸型に盛り上がっているために起きる現象です。

ここで重要なのは、主翼の断面形（主翼を真横から見た形状）に沿って気流が流れた結果、気流の加速が起きるということです。当時、通常の主翼は直線翼で胴体に取り付けられていましたから、気流は真正面からその断面形に沿って流れ、その結果、普通に翼面上で加速されます。

では、胴体に対して斜めに取り付けられた主翼だとどうなるのでしょうか。ここでは後退翼で考えてみます。［図3-9］は同じ前後幅（翼弦長）の主翼を「胴体に直角に付けた直線翼の場合」（左）と「斜めに角度をもって取り付けた後退翼の場合」（右）を示しています。

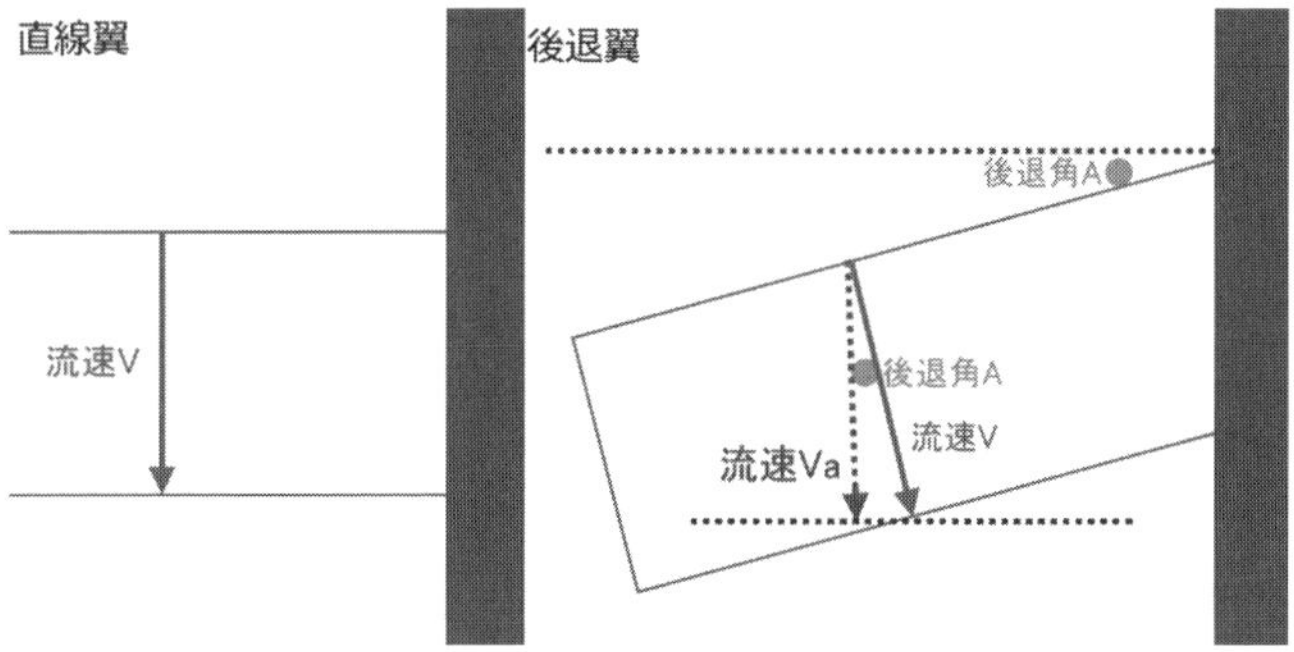

［図3-9］直線翼（左）と後退翼（右）での、気流が翼面上を移動する距離（真上から見た図）

実線が同じ速度の気流を示し、両方とも同じ長さをもちます。すなわち同速度のベクトルです（長さで速度の量を、矢印の向きで方向を示す）。

では、進行方向に対して斜めに取り付けられた後退翼で考えるとどうなるか。［図3-9］の右図を見てほしいのですが、実線のベクトルVに対し、（主翼上を）斜めに同速度で進むベクトルVaは余計な距離を移動するため、主翼後端まで届いていません。

これを真横から見ると、すなわち横から見た翼断面上を流れる気流の速度を考えると、［図3-10］のようになります。［図3-9］と同じく、左が直線翼で、右が後退翼です。

左の直線翼では、10の距離を10の時間で通過していますから、距離10÷時間10＝1で、速度は1です。

一方、右の後退翼では、斜めに進む分だけ距離が長くなるので、同じ時間でも気流は9割あたりまでしか届いておらず、翼断面型から見た速度は、距離9÷時間10＝0．9となります。すなわち直線翼に比べて、0．1（10％）ほど、翼断面上の移動では速度が遅くなってしまうことになります。

これは「翼を斜めにすると、翼面上に対する流速が低下するのと同じ効果がある」ことを意味します。そして、機体の速度が上がっても、翼面上衝撃波の発生しにくい状況を生み出すことになります。当然、後退角を大きく取れば取るほど、翼断面から見た気流の移動距離は伸びますから、減速効果はより大きくなるわけです。

なんだかトンチで騙されているような気がしますが、実際、これでマッハ0．8〜0．9の飛行時における主翼衝撃波の発生を抑えてしまっているのですから、有効な対策となっているのです。

ただし、翼断面に対して流速が落ちるわけですから、当然、

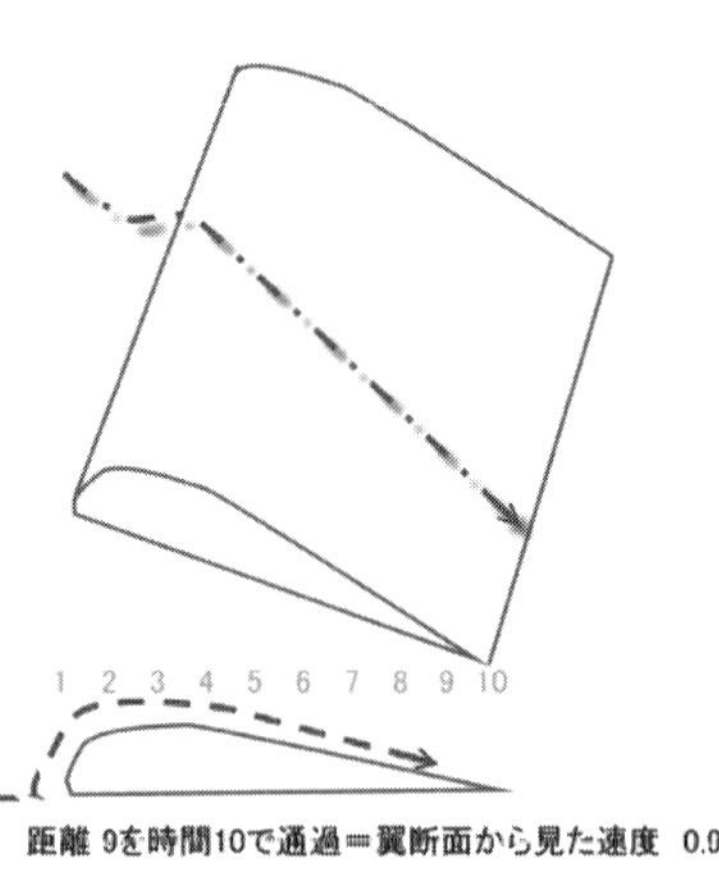

［図3-10］直線翼（左）と後退翼（右）での、気流が翼面上を移動する距離（真横から見た図）

通常の直線翼に比べて発生する揚力は劣ります。そのため同じ重さの機体を飛ばす場合、より高速で飛んで揚力を稼ぐか、もしくは翼を大きくして面積を広げる必要があります。つまり、普通に飛ぶには極めて不利です。しかし、それでも最も現実的な翼面上衝撃波対策であり、21世紀に至るまで多くの機体がこの原理で飛んでいるのです。

ちなみに、原理的に通常の主翼をそのまま斜めにしていることが重要であり、翼断面を構成する主桁ごと斜めになっていないと、翼面上衝撃波対策として意味がありませんから要注意です。翼断面が普通に正面を向いてしまっていては、後退翼の意味がありません。［図3-11］

後退翼の角度によってどれほど気流を減速できるか

次は主翼の後退角度によって、どの程度まで気流の減速効果があるのかを考えてみます。

ただ、やや複雑な話になりますので、数式が苦手な方はこの項目は飛ばしてもらっても構いません。結論として「後退角の角度が強くなるほど、翼面上の気流の速度は遅くなり、翼面上衝撃波の発生を抑えることができる」ということを覚えておいてください。

説明を続けます。次の［図3-12］では左が通常の直線翼で、気流は真っすぐ翼断面上を通過していきます。［図3-9］同様、通常の直線翼を通過する流速をVとし、これをベクトルで示しておきます。

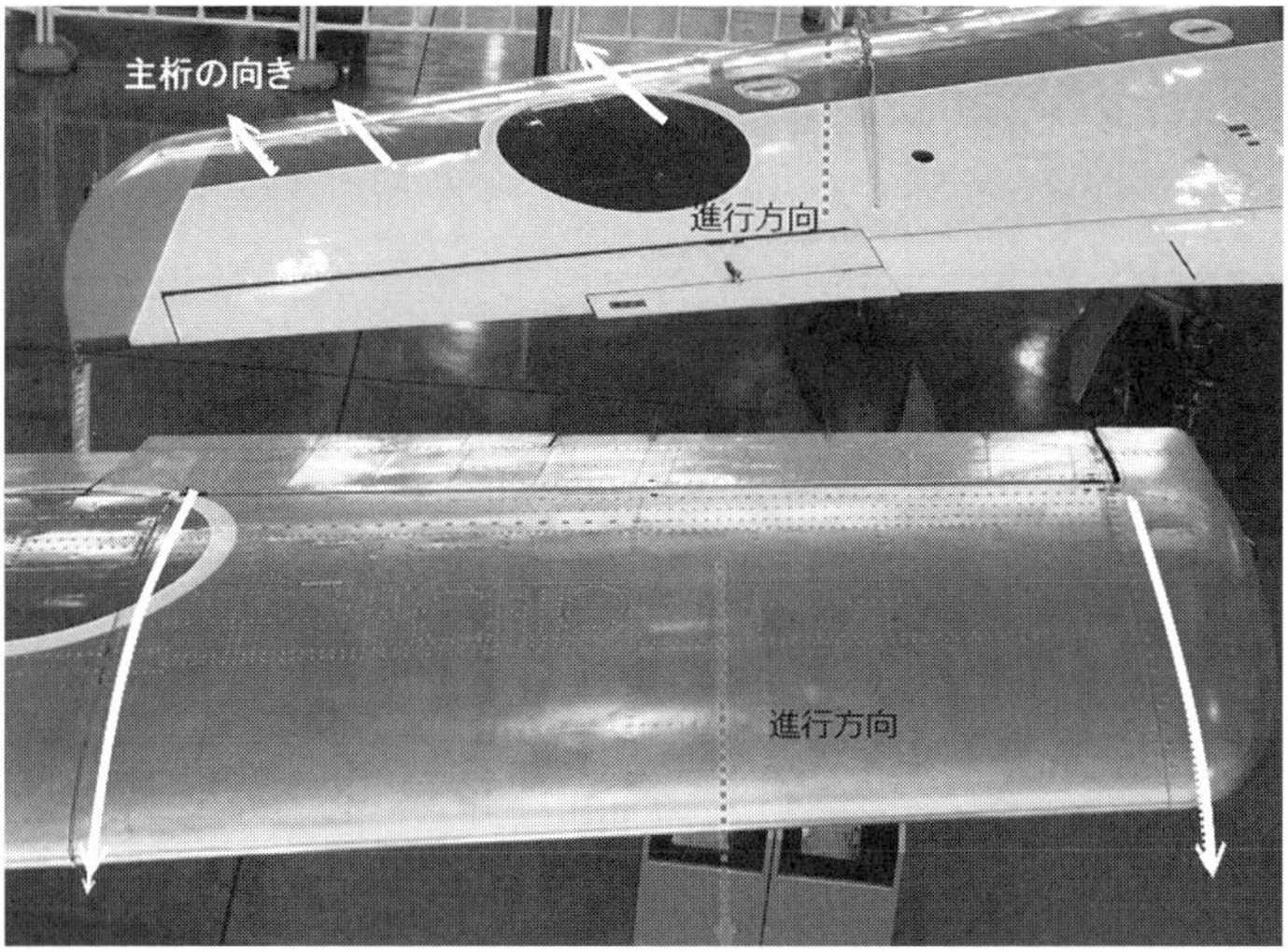

［図3-11］写真では分かりにくいが、手前の直線翼・T-28レシプロ練習機の主翼は、翼断面を構成する桁（けた）が普通に進行方向正面を向いているのが、外板の継ぎ目やリベットの揃い方、補助翼（エルロン）の向きなどから分かる。それに対し、音速手前で飛ぶ奥の後退翼・T-1ジェット練習機の主翼は、桁の向きが進行方向と異なり斜めを向いている

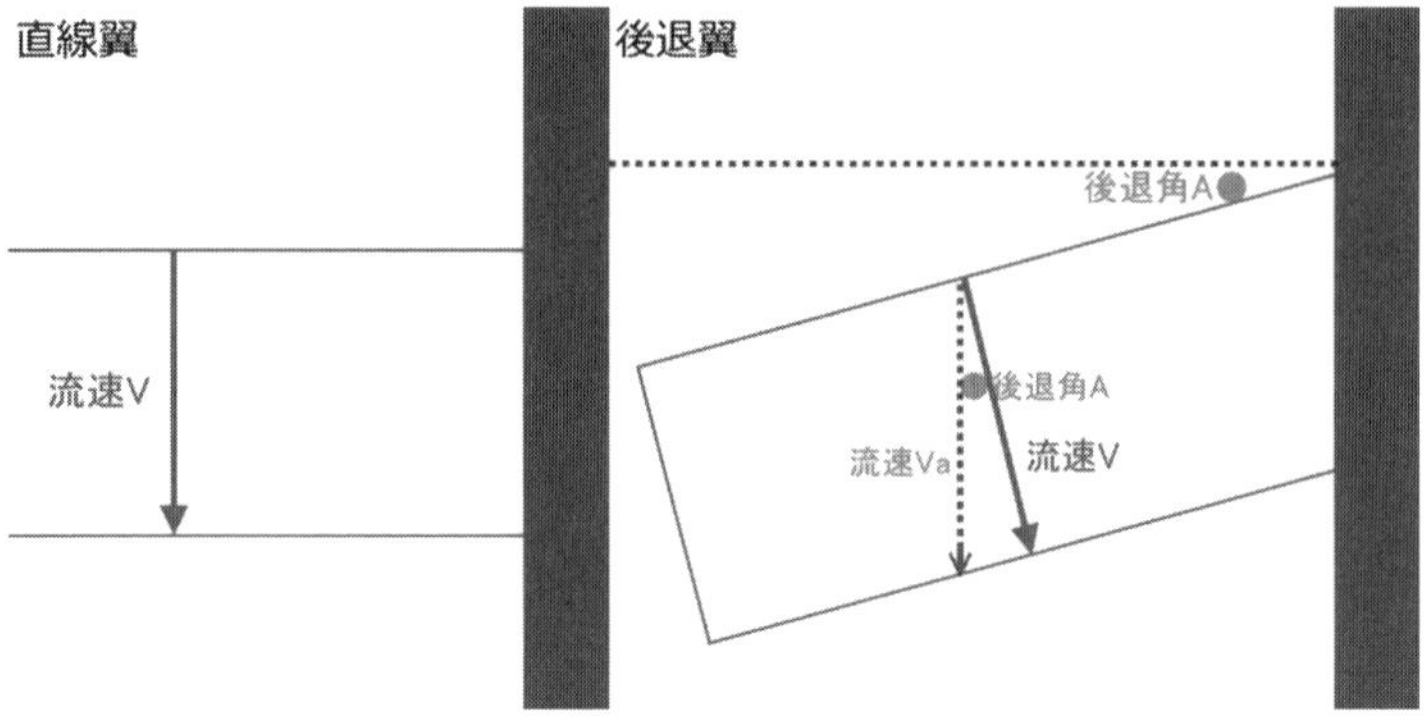

［図3-12］直線翼（左）と後退翼（右）での、気流が翼面上を移動する距離

では、［図3-12］の右のように後退角度を付けるとどうなるのでしょうか。主翼の後退角は、胴体横に書かれた●部分の角Aです。当然、図のように角Aの分だけ、進行方向に対して流速Vは傾きます。

ここで後退翼を流れる気流の流速ベクトル、つまり横から見たときの翼断面に対する気流の速度ベクトルをVaとします。翼断面を斜めに置くことで、流速VをVaにまで減速してしまうのが後退翼の効果でした。

となると、ベクトルVaとVの比率がその減速比率を示すことになります。流速Vのベクトルは翼に対して直角に接していますから、これは直角三角形を成し、両者の比は後退角Aを挟んで余弦定理ｃｏｓ［コサイン］を成します。よって、

Va÷V［両ベクトルの比を取る］＝ｃｏｓ（後退角A）

となると、これは以下の数式と同じです。

Va＝ｃｏｓ（後退角A）×V

ここで簡素化のため、Vの流速が1のときを考えると、

Va＝ｃｏｓ（後退角A）

となってしまい、「後退翼による減速効果は後退角のコサイン（cos）に等しい」と分かります。cosは同じ角度なら常に同じ数字になりますから、三角関数表を見ればすぐに各後退角による気流の減速率を知ることができます。

そして結論として、例えば後退角が20度なら流速は0．939倍（94％）、40度なら0．743倍（74％）、60度なら0．5倍（50％）になり、翼面上衝撃波の発生を抑えることができることが分かります。

ただし実際は胴体周辺では気流の干渉があるうえ、後退翼上の気流は翼端（主翼の外側）に向けて流れる特徴があるため、単純にこの数値どおりの減速が期待できるわけではありません。実際の減速効果はcosによる予測値の半分以下というデータもあるそうです。このあたりは風洞実験で確かめるしかないでしょう。

もっとも、主翼を胴体下につける場合（低翼）ではなく、胴体上側に付ける場合（高翼）は、胴体からの干渉はある程度減らせるとのことですが、残念ながら詳細は知りませぬ。

ここまでの話が理解できたなら、主翼を前に傾ける前進翼機でも同じ効果があることが分かるでしょう。

ただし重心の関係で主翼を後ろ（つまりエンジンの側）に置く必要があったり、構造上の問題から後退翼より構造が複雑になり重くなってしまうといった欠点があります。

さらに音速機だと、機首部の衝撃波の傘の背後に入りにくいという欠点も出てきます。このため、NASAのX-29などの実験機を別にすると、ごくわずかな採用例しかありません。［図3-13］

［図3-13］NASAとDARPA（国防高等研究計画局）が、前進翼実験機としてグラマンに製造させた実験機X-29。フライ・バイ・ワイヤで秒間最大40回も姿勢制御を行なう。優れた機動性を発揮し、約40度もの高迎え角でも良好な操作性があった。1984年から研究終了の92年までに437回のフライトを行ない、1985年には水平飛行でマッハ1を超えた世界初の前進翼機となっている

後退翼のあれこれ

少しだけ補足ですが、水平尾翼も翼面上衝撃波を生みますから、その機体が必要とする気流の減速を生む角度まで、主翼と同じ角度で後退角にする必要があります。[図3-14]

また、強い後退角をもつ機体の翼面上には、[図3-15]の矢印が指すような整流版を設けているケースがよく見られます。

後退翼では迎え角を強く取ると、主翼上面の気流が主翼の外側(翼端方向)に流れる現象が発生します。そのとき気流が翼断面に対して横向きに流れるため、揚力が発生しなくなって翼端失速が発生してしまいます(後退翼でなくてもその傾向はあるのだが、特に強くなる)。

強い迎え角を取っているときは空戦の旋回中か、離着陸時がほとんどですから、これは極めて危険でした。いきなり片側の主翼が失速すると、そちら側に機体がガクンと傾き、さらに反対側の翼は生きているのでその力で機体は回転しようとします。そのため、ほぼ制御不能状態となって、離着陸時なら確実に堕ちます。

それを防ぐための整流版が、当時の軍用機にはよく見られるこの板なのです。翼端部に向かう翼面上の気流の流れを遮断し、後方へ流すことで先述のような現象を防ぎます。

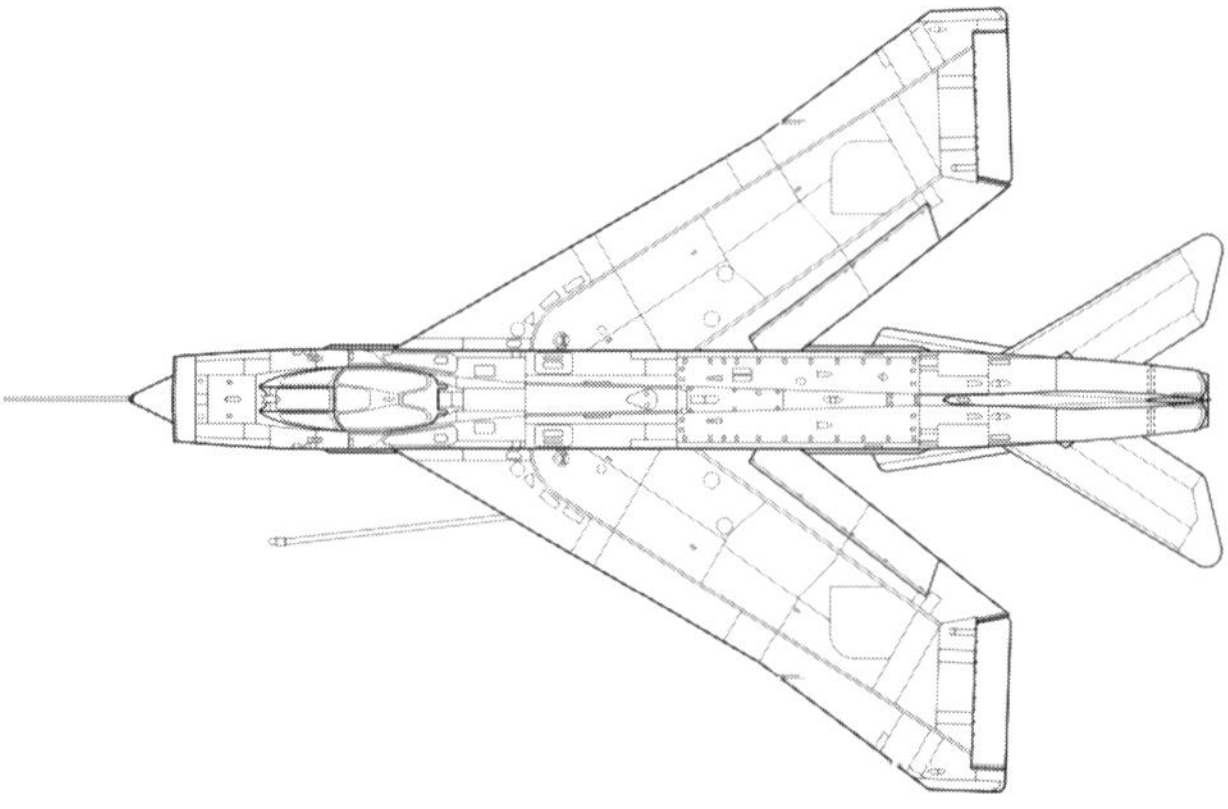

[図3-14] 1950年代にイングリッシュ・エレクトリックが開発した超音速戦闘機ライトニング(BACライトニング)の上面図。2基を前後にずらして縦列に並べたエンジン配置と共に急角度の後退翼が特徴的だが、水平尾翼も同じ後退角をもっているのが分かる。基本的に主翼が後退翼の場合、尾翼も同じ角度で取り付けられている(Illustration:Elborgo)

同じ効果を狙ったものに、犬歯翼(Dogtooth Wing)と呼ばれるものもあります。

[図3-16]のような切り欠きを主翼前縁部に付けると、機体が迎え角を取ったとき、ここに気流が当たって渦が生じます。

そしてその渦が後方に流れ、主翼上面の横向きの気流の流れを遮断する（渦で吸い込みながら後方に流れて、横向きの流れを止める）というものです。古くからある技術ですが、先の境界板より進化した工夫と言っていいでしょう。

［図3-14］で見たライトニングにも、よく見ると主翼前縁の一部に切り込みがありますが、これも犬歯翼と同じ効果を狙っ

［図3-15］MiG-15の主翼上面に二つ備えられている境界板（矢印先の部分）。ソ連機の主翼にはこれが目立ち、ソ連の後退翼の特徴の一つになっている（Photo：Eric Salard）

［図3-16］1981年から開発が始まり1988年から運用されている航空自衛隊のT-4中等練習機も犬歯翼（矢印先の部分）。気流が翼端に向かうのを遮断する役割を果たしている（Photo：航空自衛隊ホームページ［https://www.mod.go.jp/asdf/equipment/all_equipment/T-4/images/photo03.jpg］からトリミング）

たものです。

3　なぜ現代戦闘機のほとんどがデルタ翼なのか

後退翼の欠点を補うために登場したデルタ翼

音速直前の速度域（亜音速）近辺で発生する翼面上衝撃波の問題を解決する方法の一つが、後退翼（または前進翼）でしたが、これにはいくつかの欠点もありました。

一つは、主翼を斜めに取り付けるため、強度的に通常の直線翼より補強が必要となり、構造が複雑で重量も重くなってしまいます。これにより胴体内スペースの一部を強化構造に取られるため、燃料タンクや武装のためのスペースがより小さくなってしまいます。

もう一つは、後退翼は離着陸時や旋回時に翼端失速を発生させやすくなることです。これを防ぐため、主翼上面に境界板を付けたりしましたが、完全に防ぐことは困難でした。

そこで、後退翼の欠点を補い、より優れた翼面上衝撃波対策として登場してきたのが、デルタ翼（三角翼）でした。ちなみにこれもドイツ発祥でして、「すげえな！　ドイツの超飛行科学！」という感じです。［図3-17／-18］

［図3-17］アメリカ空軍最初の無尾翼デルタ機であるF-102デルタダガー。ヨーロッパの機体は今でも無尾翼デルタが多いが、アメリカやソ連（ロシア）などは水平尾翼をもつ尾翼付きデルタが多くなった

デルタ翼については、後退翼でおなじみのブーゼマンが終戦

直前に翼面上衝撃波対策の一環として先行研究を行なっていたことはすでに書きました。イギリスもアメリカも"高速翼としてのデルタ翼"についてはほとんど理解していませんでしたから、これもドイツの秘密技術の一つだったわけです。

ただし、ドイツのデルタ翼そのものはリピッシュ（Alexander Lippisch）の考案で、そもそもは無尾翼機のため

［図3-18］アメリカやソ連機で主流の尾翼付きデルタ翼を採用しているF-16（写真はC型ブロック52）。ほとんど揚力を生まない翼端を切り落としたクロップド・デルタ翼（Cropped delta）となっているが、翼面上衝撃波対策としてはデルタ翼と同じ理屈なので、デルタ翼に分類される

［図3-19］第一次世界大戦後から無尾翼機やデルタ翼の設計に情熱を燃やし、発展に重要な役割を果たしたアレクサンダー・リピッシュ（左。1894〜1976年）。第二次世界大戦中に世界初のロケット推進による戦闘機Me163を設計したことで知られる（Photo：Bundesarchiv）

の発明でした。主翼をお尻まで引き延ばして、水平尾翼なしで飛べるグライダーの主翼として研究が始まったもので、後退翼のように最初から翼面上衝撃波対策として考えられた翼ではなかったのです。［図3-19］

ちなみにドイツの〝デルタ翼の元祖〟リピッシュもジェット&ロケット推力の音速デルタ翼機を計画していますが、これは翼面上衝撃波対策機ではなかったように見えます。少なくとも彼のデザインを見る限り、その分厚い主翼に翼面上衝撃波対策の意図を感じることは困難です。

おそらく音速を超えた後、機首部の衝撃波壁の背後に主翼を収めるのにデルタ翼は優れている点を考慮して、同翼を採用したのではないかと思われます。つまり超音速突破後の対策としてのデルタ翼で、音速飛行前の翼面上衝撃波対策ではないと思われます。実際、彼のデルタ翼機はほとんど翼面上衝撃波の対策になっていないと言ってよいです。

ロケット戦闘機Me163を開発したため、リピッシュは高速機の専門家のような印象がありますが、この機体の後退翼は主桁が正面を向いている後退翼で、すなわち何ら翼面上衝撃波対策になっていないものでした（ちなみに主翼は木製）。この点からしても、リピッシュは翼面上衝撃波に関しては、あまり理解していなかったように思われます（ドイツといえ、実際の後退翼の研究はほぼ理論段階に留まっていた）。［図3-20］

［図3-20］ドイツ航空省がリピッシュらをメッサーシュミットに派遣して開発させた、航空史上唯一の実用ロケット推進戦闘機Me163コメート（彗星）。エルロンが進行方向に平行に取り付けられていることからも分かるように、翼面上衝撃波対策としての後退翼ではなかった

なのでデルタ翼が翼面上の衝撃波対策のために使えることを見出したのは、これまたおそらくブーゼマンなのでしょう。ちなみに二人とも大戦後はアメリカに連れて行かれ、デルタ翼の開発に関わっているのですが、どちらがどこまで関与したのかは不明です。とりあえずブーゼマンがNACA（NASA

の前身でアメリカの航空技術の元締め）、リピッシュが空軍の研究施設で仕事をしていましたから、よく誤解されているようにB-58やF-102のデルタ翼軍団を生み出したコンベアで仕事をしていたのではありません。

コンベアの技術者はまずブーゼマンの研究データを入手し、その後、ライト・パターソン基地の研究施設にリピッシュを訪問。そのデルタ翼理論に衝撃を受けて「高速機にはデルタ翼」と決定しただけで、彼らを直接にその設計に参加させたわけではないのです。［図3-21］

［図3-21］コンベアが開発した、デルタ翼の戦略爆撃機B-58ハスラー。アメリカ空軍初の超音速爆撃機であり、最高速度マッハ2の快足を活かして高高度から侵入し、核攻撃することを想定していた。しかし小型で爆弾倉をもたず、汎用性も低かったので、1960年の運用開始からわずか10年で退役となった

主翼を縦に引き伸ばして、不要な部分をカット

翼面上衝撃波対策としてのデルタ翼の原理は極めて単純です。前節の［図3-10］をもう一度見てください。

後退翼は、翼断面に対して斜めに気流を通過させることで移動距離を伸ばし、相対的に流速を低下させることで、翼面上衝撃波対策としたのでした。

これは、通常より長い翼断面の距離を気流が通ることで生じる効果です。だったら単純に翼断面そのものを縦に引き延ばしても、同じような減速効果があるんじゃないの？　ということになります。極めて大雑把に言ってしまうと、次のような考え方となります。

理屈の上では縦長の巨大な主翼でもいいのですが、それでは重くなりすぎて胴体への取り付け部分からポッキリ折れてしまう可能性が高くなります。同時に揚力もかなり落ちるので、利点より欠点が目立つ構造になってしまいます。

なので、翼面上衝撃波が強力になる胴体付近を最も長く、そこから離れるにつれ、普通の翼断面型に近づく三角翼（デルタ

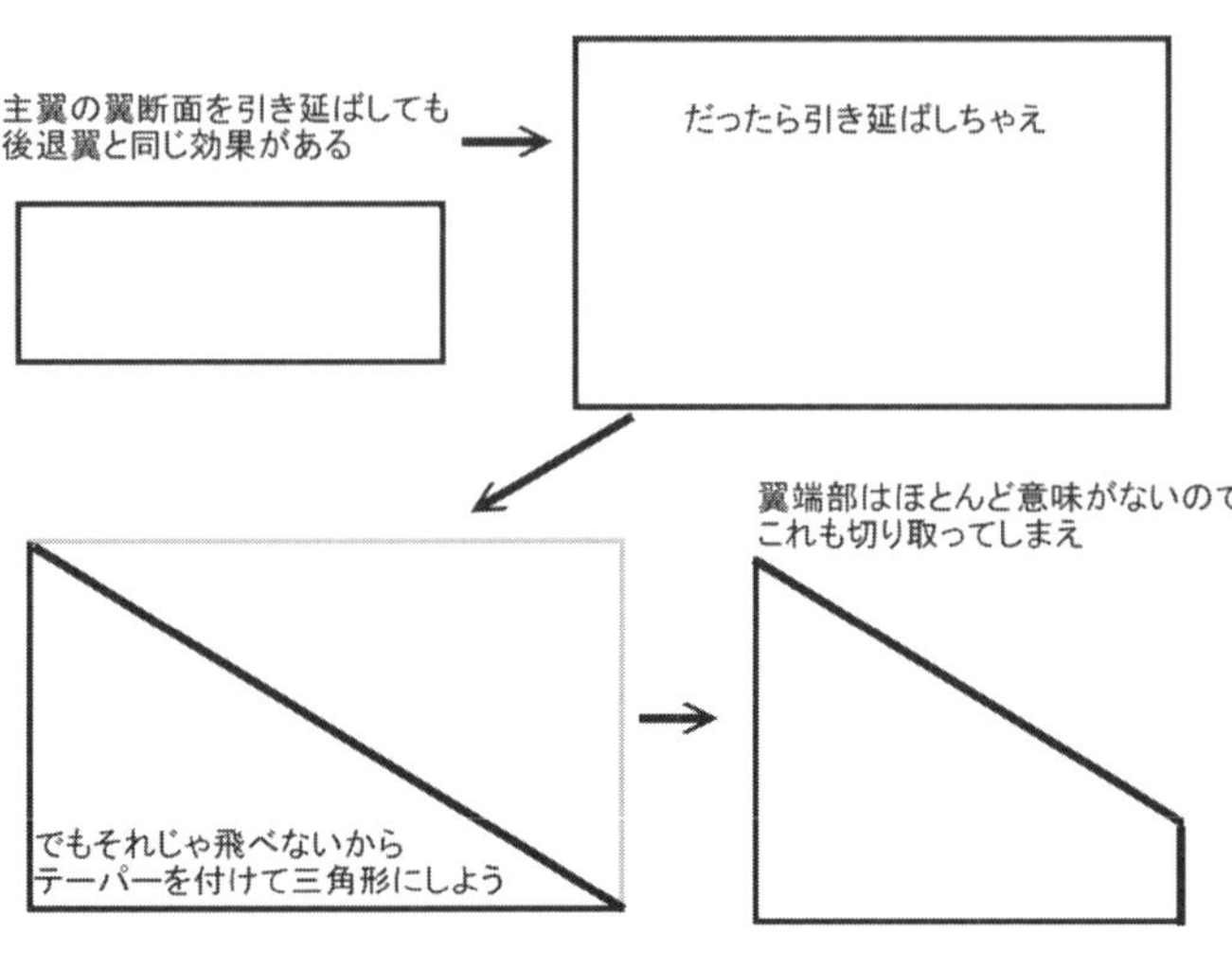

［図3-22］デルタ翼に至るまでの考え方

翼）が望ましいということになります。

さらに翼端部は面積が小さくなりすぎてほとんど揚力を生

まず、あまり意味がないので、ここも切断してしまいましょう。こうして現在の戦闘機の主流となっている切断デルタ翼、つまりクロップド・デルタ翼（Cropped delta）に行き着くわけです。［図3-22］

ちなみに理屈が分かれば理解できると思いますが、主桁と翼の断面形は通常の直線翼のようにきちんと進行方向を向いています。この点は後退翼とは大きく異なる部分です。

現代戦闘機でデルタ翼が選ばれる理由

現代の（超）音速戦闘機では後退翼系の機体はほぼ消えてしまい、デルタ翼系ばかりになってしまいましたが、これにはいくつかの理由があります。

まず一つ目の理由は、後退翼に比べてデルタ翼は胴体への取り付け部分が大きく、十分な強度の確保が容易というメリットがあります。

主翼に強い後退角度を付けると強烈な負荷がかかり、その補強が必要となって重量的には不利でした。一般に30％の後退角を与えると、直線翼よりおよそ1～2割も機体が重くなるとされています。この点、取り付け部分が広く、直線翼と同じ進行方向を向いた翼断面をもつデルタ翼なら、容易に強度が確保できたのです。

その結果、より軽く主翼を強化でき、後退翼よりも多くの兵装を主翼にぶら下げることができるので、この点でも有利です。

二つ目に、角度の強いデルタ翼の前縁部は強い迎え角を取ると渦を生じ、これが主翼上面を流れて低圧部を生じさせ、揚力となるメリットがあります。ＬＥＲＸのような効果です（ＬＥＲＸについては下巻参照）。大きな迎え角を取ったとき、つまり空戦の旋回中や離着陸時に、揚力が強化されるのは角度の強いデルタ翼の大きな強みです。揚力が小さくて離着陸が難しかった後退翼に比べると、これもまたメリットとなります。

ただし渦を発生させての揚力強化なので、抵抗値の増大も強烈です。このためデルタ翼、特にＬＥＲＸを付けた機体などでは、離陸時にアフターバーナーが必須となるほどのパワーが必要になりました。

例えば超音速旅客機コンコルドは、民間機なのにアフターバーナーを積んでいました（ロールス・ロイスエンジンだから正確にはリヒート［reheater：再燃焼装置］だが）。これは超音速機だからというより、離陸時に巨大なダブルデルタ翼でグワッと機体をもち上げるために凄まじいパワーが必要だったからです。離陸時の映像を見れば、軍用機のようにアフターバーナー（リヒート）を焚いて離陸しているのが分かります。これは高速で離陸するためではなく、そうしないとそもそも離陸できないのです。

３つ目に、衝撃波の背後に主翼を収めやすいというメリットがありました。音速飛行では機体正面に発生する衝撃波の背後に主翼を収める必要がありますが（音速以下の気流の中に主翼を置くため）、マッハ数が上がるほど、その角度も急になります。

これを後退翼でやると極めて強烈な後退角となり、先に見た強度の問題で、かなり厳しい設計となります。

その点、そもそも縦長に引き延ばしているデルタ翼では、機体の後方に強い角度で主翼を収めることも、強度確保も、特に苦労はありません。だから超音速機にはデルタ翼が向くのです。

加えて、翼端失速に関してもメリットがありました。戦後にアメリカへ連れてこられたリピッシュによれば、「アスペクト比（翼面積÷［翼幅×翼幅］）が２．５以下である縦長のデルタ翼ならば、翼端失速はしない」とのことです。この点も後退翼に対して有利です（ただし、［図３-17］で見たデルタ翼機Ｆ-１０２などは後退翼機並みの境界板を主翼に取り付けているので、翼端部に向かう気流は後退翼並みに発生していたはず。

よほど横幅のない主翼にしないと、翼端失速を防ぐ効果は出なかったようにも見える）。

［図3-14］で見たイングリッシュ・エレクトリック ライトニングは最高速度がマッハ2でしたが、そのためかなりの角度の後退翼を搭載していました。マッハ2となると、機首正面の衝撃波壁は極めて鋭角となるので、これの傘の中に収めるために、かなり無理な角度の後退翼を搭載し、いろいろと無理がある設計となってしまっていました。

例を挙げると、この強い角度の主翼の後ろにエルロン（補助翼）を付けても効果が薄いので、翼端に後ろ向きに付けるという前代未聞の構造になってしまっています（フラップは主翼後部にある）。さらに主翼に着陸装置を入れたら、増加燃料タンク（増槽）を付けるスペースがなくなってしまい、主翼〝上面〟にそれらを搭載する羽目になりました（ミサイルは胴体横に積む）。［図3-23］

こうして見ると、このまま三角形のデルタ翼にしてしまったらよかったのに……という苦労が感じられるでしょう。世界中の軍用機屋さんも同じことを考えた結果、現在のデルタ翼天国となっているわけです。

［図3-23］急角度の後退角が印象的なイングリッシュ・エレクトリック ライトニング。主翼の翼端を機体側に延長して、デルタ翼にしてしまえばよかったのかもしれない

なぜ旅客機は後退翼なのか

ただしデルタ翼の利点は、超音速飛行のために強烈な後退角度が必要になる機体や、主翼に多くの武装を積みたい軍用機に対してだけです。それ以外だと、さほどメリットはありません。ですので、音速以上で飛ばない機体や主翼に武装を積まな

［図3-24］イギリスのアヴロが開発し、1956年から84年まで運用されたアブロ ヴァルカン戦略爆撃機。長い航続距離を求めてデルタ翼を採用したとされる。冷戦期には核兵器を積んで任務についたが、1982年のフォークランド紛争では通常爆撃も行なった。写真は主翼を拡大したB.2型で、アクロバットチーム「レッドアローズ」と展示飛行を行なったときのもの（Photo：Cpl Steve Buckley RAF）

い民間機には、デルタ翼はほとんど見られません。

例外として、かつてのイギリスのアブロ ヴァルカン爆撃機のように、ジェット旅客機と同じような音速直前の速度で飛ぶ機体なのにデルタ翼にしてしまった例もありますが、あれは燃料と爆弾搭載のために大きな主翼が欲しかったんではないかと思います。［図3-24］

デルタ翼は見た目的には翼面積が広いので、翼面荷重（機体重量あたりの揚力）の面では有利そうにも見えますが、揚力的には実は貧弱です。直線翼と違い、翼面積だけではそう簡単には判断できないのです（この点は後退翼も同じ）。一般に見た目よりも翼面荷重は重いと考えておくべきで、かつ単純な翼面積と翼面荷重の比較はほぼ意味がないと考えてよいでしょう。

ですので、旅客機などは揚力と翼面上衝撃波対策のバランスを考え、揚力の確保を優先してデルタ翼よりも後退翼を選んでいるわけです。

4　その他の翼面上衝撃波の対策

その①　主翼前縁を丸める［コニカルキャンバー］

ここで、もう一つの翼面上衝撃波対策であるコニカルキャンバー（Conical Camber）についても説明しておきます。ざっくり言うと、主翼の断面形、つまり翼型そのものを衝撃波が出にくい形に変えてしまおうという工夫です。

これはデルタ翼の前縁部にあるもので、その名の通り、円錐形（Conical）に沿って曲げられた湾曲部です。これによってデルタ翼の揚抗比を改善させる工夫なのですが、意外に知られていませんし、そもそも日常生活でデルタ翼をまじまじと見る機会はあまりないと思うので、まずは写真で確認しておきましょう。

［図3-25］や［図3-26］を見ると、デルタ翼機のF-106やB-58の主翼の前縁部が、機体の付け根から外部に向けて段々と強い下向きにネジられているのが分かるかと思います。零戦の「ねじり下げ」だと思った人もいるかもしれませんが、これは円錐曲げ（コニカルキャンバー）によるものです。

［図3-27］のように、横から見れば翼全体が曲がっているねじり下げと違い、主翼の前縁部だけがグイッと曲げられている

［図3-25］コニカルキャンバーを採用しているデルタ翼戦闘機F-106を斜め後ろから見た写真。主翼の全体ではなく、前縁部だけがグイッと強烈に曲げられているのが分かる

［図3-26］コンベアの超音速爆撃機B-58の主翼前縁部。機体の付け根から端部にいくにつれて、段々と強く下向きにネジられているのが分かる

のが分かります。その名の通り、翼端部から胴体に向けて円錐型に曲げられているため、胴体に近づくにしたがって曲げは小さくなります。

［図3-27］ねじり下げが採用されている零式艦上戦闘機を側面から見た写真。機体の水平ラインと比べて、主翼中央部の横ラインがずれている。つまり、主翼が少し下におじぎしているのが分かる

このコニカルキャンバーは、NACAの知られざる天才、ジョーンズ（Robert T. Jones）が1947年に発表したNACA技術報告書（「NACA Technical Note 1350 / Estimated Lift-Drag Ratios at Supersonic Speeds［音速時における揚抗比の見積もり方］」）で初めてその可能性を指摘したものでした。ジョーンズはのちの「エリアルール2号」（【6　超音速の壁を超える技術②――エリアルール】170ページ）のところでも登場します。［図3-28］

（この項目はやや難解なので、「デルタ翼の前縁部を円錐形に沿って曲げることで、揚抗比を改善させる工夫がある」ことを知ってもらって、次項【その②　速度によって翼型を変化させる［可変翼］】（149ページ）へ進んでもらっても大丈夫です）

主翼が機体を浮き上がらせる力（揚力）を発生させるとき、必ず機体を後方に引っ張る力（抗力）が共に生じます。これは原理的に避けられないもので、両者の量を決める係数である、揚力係数（C_L）と抗力係数（D_L）の比を取ることで（割り算することで）、揚抗比という数字によりその効率が示されます（揚抗比＝$C_L \div D_L$）。

なぜ抗力が生じるのかという原理を解説しようとするととても長く＆複雑になってしまうので、本書では省略します。ここではとにかく「揚力と抗力は必ずセットで生み出される。ただし主翼の形状などにより、その比は変わる。すなわち改善できる」ことだけを覚えておいていただきたいです。

当然、抗力より揚力がずっと大きいほうが、すなわち揚抗比が大きいほうが有利です。より少ない抵抗で大きな揚力が稼げますから、同じ出力でならより高速に飛ぶことができ、同じ速度でなら、よりよい燃費で飛べることになります。

最大で20くらいまで揚抗比は上げられるのですが、このあたりは機体の迎え角などにより変動します（迎え角がマイナスになると通常は揚抗比もマイナスになる）。とりあえずマイナスの迎え角（機首を下に下げる）を取らない限り、普通は揚抗比

［図3-28］NASAをして〝20世紀航空工学の第一人者の一人〟と評されるロバート・ジョーンズ（1910～99年）。デルタ翼の理論を発展させたり、エリアルール2号を発見した（Photo：NASA）

が3以下（揚力が抗力の3倍）になることはほぼないと思っておいてください。実用的な主翼なら、普通は5倍以上の差が付きます。

ジョーンズが1947年の技術報告書で発表したのは、「強い後退角がある主翼では、その先端部を少し丸めると揚抗比が改善される」ということでした。つまりデルタ翼のような形状の主翼なら、前縁部に丸めるだけで抵抗が減るということです。

ちなみに彼の理論ではデルタ翼に限らず、通常の後退翼でもこれは効果があるとされているのですが（というか後退翼を例に計算している）、現在まで後退翼では採用例がないはずです。

実はこのあたりに関しても、前節で登場したドイツのブーゼマンが音速を超える飛行に関する研究を戦前の1935年に発表していました（「Aerodynamic Lift at Supersonic Speeds, Luftfahrtforschung, Ed.12, Nr.6［音速における航空力学的な揚力］」）。一部で有名な音速複葉機、ブーゼマン複葉機（Busemann Biplane）が登場するのもこの報告書です。

そこで示された理論は、「機首部に生じるマッハコーンの後ろに収まるような強い後退角の主翼があれば、（音速突破後でも）揚力を発生させて飛べる」というものでした。

これはのちほどまた解説しますが、「機首部の衝撃波の壁で超音速気流の速度を落とし、主翼に当たる気流の速度を十分に減速させる」ということです。ただし、実際の機首部の衝撃波は必ずしもマッハコーンに沿って生じないというか、ほぼ違う場所に出るのですが、このあたりはマッハコーンでも十分代用できるという何か理由があったのか、もしくは単に1935年の段階ではまだそこまで知られていなかったのかはよく分かりません（後者の可能性が7割と個人的に見ていますが）。

ジョーンズは1947年の技術報告書でこの理論をさらに進化させ、その場合の揚抗比の計算方法を求めたのです。そこで純粋に計算結果から「主翼前縁部に丸みを付け、逆に後縁部は薄く鋭角に仕上げると、揚抗比を大きくできる。すなわち、抵抗の少ない主翼にすることができる」と発見したのでした。

理論計算でこんな構造を発見するのは珍しく（風洞実験や実機を飛ばしている最中に偶然発見されることが多い）、ジョーンズ、スゴイな！　という部分でもあります。

なので、デルタ翼のコニカルキャンバーは揚抗比の上昇、つまり主翼に生じる抵抗力の低下を狙ったものです。主翼の失速を防ぐ前縁スラットのような高揚力装置ではないことに注意してください。むしろ揚力だけを見るなら、通常の平面翼よりわずかに低下するケースが多いです。この点はよく誤解されていますので要注意。

デルタ翼のコニカルキャンパーと抗力の実験

この部分はややこしいので読み飛ばしても大丈夫ですが、のちの1953年に、同じNACAのホール（Charles F. Hall）がこのあたりを風洞実験で確かめた研究覚書「NACA Research Memorandum / Lift, Drag, and Pitching Moment of Low Aspect Ratio Wings at Subsonic and Supersonic Speeds（低アスペクト比の主翼による超音速時の揚力、抵抗、そしてピッチング・モーメント）」を発表しています。

その中で前縁を曲げた（Cambered and twisted）デルタ翼を使って、この理論を確認し、その有効性を立証していますので、軽く触れておきます。ただし、この段階では円錐型の曲げではなく、単純な均一の曲がりで実験したようです。［図3-29］

ちなみに2種類の曲げと2種類の主翼の厚さで実験しているのですが、ここでは一番有効だった実験のグラフを上げておきます。

下がマッハナンバー（速度）で、左が抗力係数です。主翼が生じる抗力の大きさはこの係数で決まるので、これが抗力（抵抗の力の大きさ）だと思ってください。なお、ホールはこの理論が音速以下、マッハ0.2（高度や温度によって変わるが、時速240～280キロ）あたりから有効であることも実証しています。

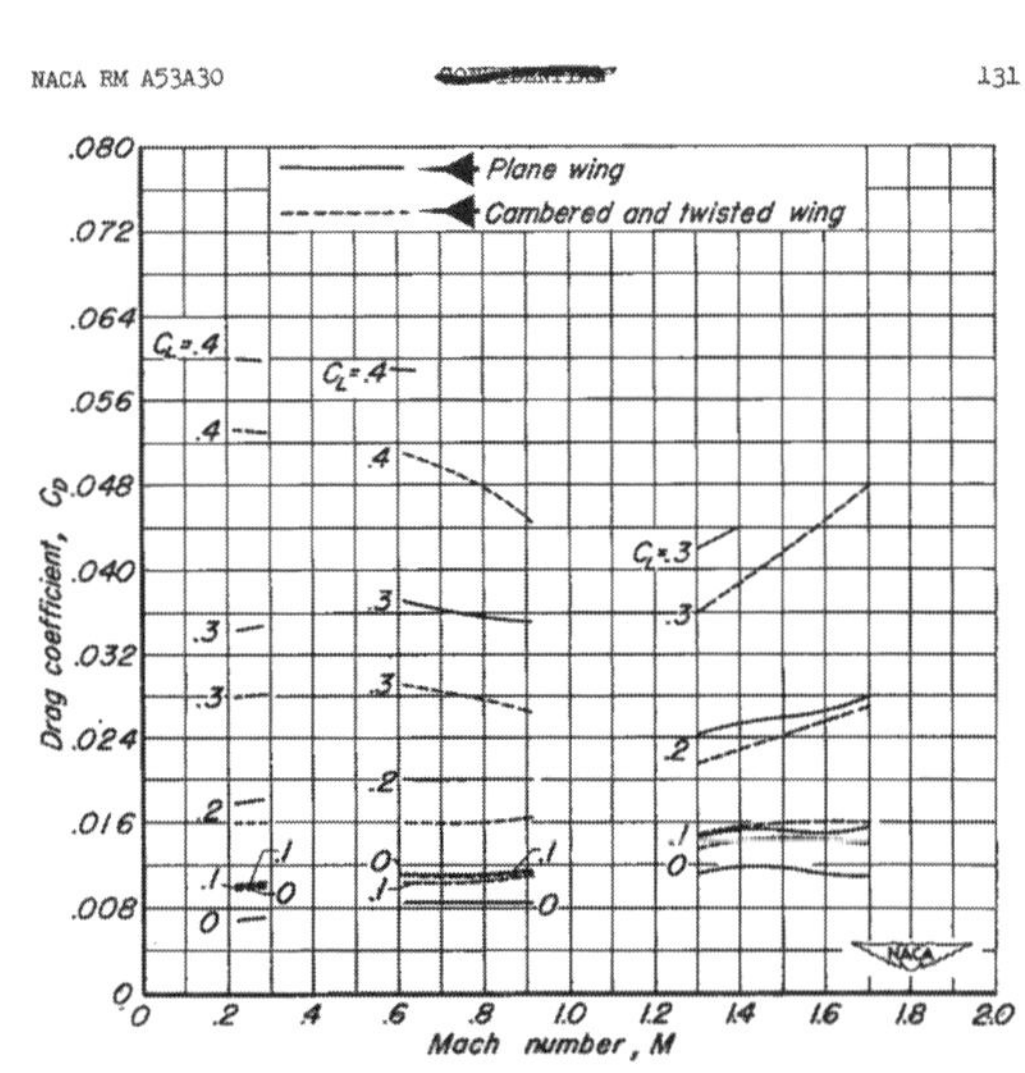

［図3-29］コニカルキャンパーと抗力の実験

グラフは実線が普通の平面翼、点線が曲げ（キャンバー）ありの翼で、揚力係数0.1～0.4までのデータが出ています。同じ主翼なら揚力係数の増大は迎え角の増大とほぼ一致しますので、これは上にいくほど強い迎え角を取っています。

これを見ると分かるように、弱い迎え角のときは、ほとんど差がなく、迎え角が大きくなるにつれて、その効果も上がっています（ただし、下の但し書きに書いてあるようにアスペクト比2という強烈な後退角をもつ［横幅が狭い］デルタ翼であり、ちょっと特殊なので、それぞれがどの程度の迎え角なのかは判別ができません）。

前述のように、高迎え角時や離着陸時などに膨大な抵抗を生んでしまうデルタ翼ですから、この特性はかなりありがたいものとなります。

とりあえずマッハ0．6〜0．8（時速でおおよそ700〜950キロ）で最大の効果を発揮しており、これはジョーンズが指摘した超音速飛行以降より効果が大きくなっていますから意外な発見だったと思われます。最も大きな差が付くマッハ0．7、揚力係数0．3あたりだと30％近い抵抗値の減少が起きていますし、着陸速度に近いマッハ0．2あたりでも25％近い抵抗差がありますから、これは大きいでしょう。

ちなみに繰り返しになりますが、機体が音速を超えた後の主翼は、機首部の衝撃波の壁の背後に入り、音速以下の気流に当たっていることに注意してください。超音速飛行中でも音速気流の中で揚力を生じているわけではありません。

ただし流速は音速以下でも、衝撃波を通過した流れは密度・温度・圧力が上昇するので、音速以下で飛んでいたときとまったく同じ条件にはなりません。この点は次節のなかの【音速気流の中でも揚力を得るにはどうすればよいか】（163ページ）で解説していきます。

その②　速度によって翼型を変化させる［可変翼］

ここで翼面上衝撃波対策のちょっと変わり種として、可変翼機を見ておきます。

可変翼とは後退翼の変種で、主翼の付け根をピン止めし、そこを中心に前後に回転するようにして低速飛行時には主翼を左右に広げて揚力を稼ぎ、高速飛行時には翼面上衝撃波を防止するために後ろに畳んで後退角を強くできる機体です。1960年代後半に流行し、アメリカのF-111アードバークやF-14トムキャット、ソ連のＭｉＧ-23、ヨーロッパで共同開発されたトーネード、さらにはＢ-1爆撃機などに採用されています。［図3-30］

これなら後退翼の欠点である「揚力が低くて低速では飛べない」、つまり離着陸速度が速くなる点や旋回が苦手な点をカバーして、直線翼と後退翼のいいとこどりができる！……とはなりませんでした。なぜなら後退翼の致命的な欠点である「構造補強のため重量がかさむ」という点を無視していたからです。

ただでさえ補強で重くなる後退翼を稼働式にしてしまったため、その動力部と動く主翼に対するさらなる強度補強によっ

［図3-30］可変翼を広げた状態のF-14。写真はNASAの実験研究時のもの（Photo：NASA）

て可変翼機はベラボーに重くなってしまうのです。

任務が異なるので単純比較はできないものの、それでも同じ2発エンジンで複座の空軍のF-15Eストライクイーグルが乾燥重量（何も積まない状態）で約14．3トンなのに対し、同世代のF-14Dは19．8トンの重さがありました。約1．28倍の重さですからその機動性は大幅に落ちることになります。1キログラムでも軽くしたいのが航空機設計の基本ですから、戦闘機としては致命的で、一気にこの手の機種は廃れてしまいました。

ちなみにF-16ファイティング・ファルコン以降の機体（F／A-18ホーネットは除く）は基本的に、主翼の前後のフラップを曲げ、翼断面の形（翼型）を変形させて飛びますので、翼型可変翼とも言えます。この点はまた下巻で取り上げたいと思います。

その③ 翼断面を改良［遷音速翼型］

翼面上衝撃波対策の最後に、翼型（翼断面の形）によるアプローチを見ておきます。後退翼やデルタ翼は従来の翼型を引き延ばすことで衝撃波対策としたものでした。であれば翼型そのものを改良して、翼面上衝撃波が発生しないようにできないか？　ということを誰もが考えるわけです。

その結果が、1960年代以降から徐々に登場してくる遷音速翼型（Transonic Airfoil）と呼ばれる翼型です。これにより同じ音速手前の速度で飛ぶ場合でも、従来より小さな後退角で設計できたり（構造重量的に有利）、主翼を軽くしたりといったことが可能となり、以後の旅客機などに大きな進化をもたらしました。

なお、翼面上衝撃波が発生する速度を臨界マッハ数（Critical Mach number）と呼びます。マッハ数で示されますが、当然これは音速以下で、通常はマッハ０．７あたりからその限界が始まります。翼面上衝撃波の対策はこの数字を少しでも大きなものにする工夫となるわけです。ちなみに臨界マッハ数は計算でも求められますが、簡単ではないので本書では省略します。

とりあえず、翼面上衝撃波の発生と翼断面（翼型）の関係については、「前縁部の丸みが大きく、全体に厚みがあって反りが大きいと翼面上衝撃波が発生しやすい」ということが第二次世界大戦中にはすでに知られていたようです。［図３-31］

普通に揚力の大きい主翼をつくってしまうとこれらの条件に当てはまり、翼面上衝撃波は強烈になるということに他なりません。よって翼面上衝撃波対策の翼型開発は、揚力の減少と引き換えという大前提がつきます。低速飛行には不利なのですが、もともと高速機用の主翼ですから、そのあたりは目をつぶることになります。

困難を極めた理論的研究

とりあえず、上の条件から対策が考えられていくのですが、大雑把に言って当初は二つの方向性が検討されていました。

［図3-31］ノースアメリカンが開発したレシプロ高等練習機T-6テキサンの主翼。最高速度が時速338キロ（マッハ0.28）ほどなので翼面上衝撃波が発生することはないが、まさに「前縁部の丸みが大きく」「全体に厚みがあって」「反りが大きい」（Photo：nattou）

(1)翼面上衝撃波が出るのは避けられないから、これを弱体化して背後の高圧部を弱くし、気流の流れを遮断させないようにする。同時に、主翼を押し下げる力も小さくする。

(2)気流の加速そのものを調整して、衝撃波の発生を可能な限り遅らせる。

この問題に関しては例によってドイツに先行研究があり、1940年頃には上部がほぼ平らな、のちのスーパークリティカル翼に似た形状が実験されていたとされます。ただし、この研究は戦後の英米の研究には直接影響を与えていないようです。

戦後は、英米を中心に理論的な研究がまず進められていたのですが、音速気流とそこから生じる衝撃波はすでに述べたように圧縮流体になってしまうため、流体力学で簡易に計算できる「非圧縮性流体」の条件から外れます。こうなると計算は地獄のように面倒で、ほぼ非線形の、つまり単純には解が出ない偏微分方程式ばかりとなるため、理論的な研究は速攻で行き詰まってしまうのでした。

のちに電子計算機、つまりコンピュータの登場で多少はマシになるのですが、それでも1940年代後半から50年代のものでは限度があり、このあたりが劇的に進化するのは1960年代後半以降です。

そして、もう一方では風洞実験でさまざまな形を試し、良い結果のモノを探し求めるという昔ながらの手法の研究が進められました。

実験派とでも言うべきこの人たちは、一定の成果を出すのですが、当時の音速風洞はかなり小型で、一瞬だけ衝撃波を生むというものでしたから、やはりその結果は厳しいものでした。良好な実験結果を受けてレイノルズ数を揃えた大型の実機をつくってみたのに、風洞実験で得られたような効果はまったく出なかった、という事態が多発したようです。

ここらあたりは戦中から戦後にかけての層流翼の迷走にも似ています。高速流体を相手にするのは大変なのです。

衝撃波を前方で発生させる［ピーキー翼］

そんな中で、最初に成果を上げたのがイギリスの国立物理学研究所（NPL）のパーシー（H.H.Pearcey）で、1962年に「The Aerodynamic Design of Section Shapes for Swept Wings（後退翼における断面形状の空力設計）」という論文で、いくつかのルールに従って翼断面型を設計すれば、翼面上衝撃波による抵抗は低下させられる、と発表しました。ここで示されたのがいわゆるピーキー翼（Peaky wing）という翼型です。

［図3-32］

あれ？　先は丸いし、厚みもあるじゃん。これでは翼面衝撃波を防げないのでは？　と思われたかもしれません。

実はこの主翼は翼断面の最大翼厚を主翼前方にもってきて、むしろ早期に、翼の先端部で翼面上衝撃波を発生させてしまうことを狙っていました。その結果、生じる翼面上衝撃波は弱くなり、気流の減速とそれに伴う気流の剥離が起こりません。

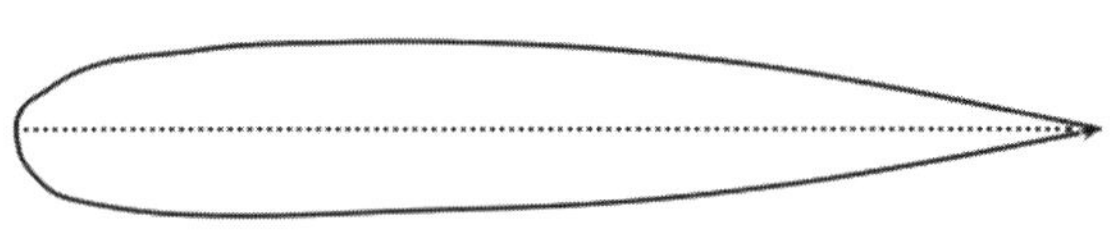

［図3-32］パーシーが発明したピーキー翼（Peaky wing）（左が主翼前縁となる）

また、それにより背後の高圧部も弱くなるので、主翼を押し下げる力もほぼ発生しません（ゼロではない）。よって、揚力を稼ぐことは可能になるのです。

つまり、翼面上衝撃波の発生は避けられない以上、これを弱体化してしまえ！　という発想の翼型になります。なので完全に衝撃波の発生を防ぐわけではなく、これを開発したパーシーは「〝実質的な〟無衝撃波気流(Essential shock free flow）を生じる」と妙な呼び方をしていました。

問題は、なぜ主翼前部で早期に衝撃波を発生させるとこれが弱体化するのかということですが、上記の論文を入手できなかったので、詳細は分かりません。なので、大筋の説明だけをしておきます。

すでに音速気流中の衝撃波の説明はしましたが、実はもう一つ、膨張波という背後に低圧・低温を伴う波が存在します。爆発などの場合、衝撃波によって圧力を奪われた別方向に向けて、この低圧・低温の膨張波が生じます。しかし翼面上衝撃波と同時に発生する接触型の膨張波の場合は、衝撃波の逆で、凸部ではなく凹部、つまりストンと下に落ちている（流れから遠ざかる）部分に生じます。機体などでは表面の穴、あるいは急速に細く絞り込まれる胴体の上面などで生じるのです。

でもって、このピーキー翼では、翼前部の衝撃波を使ってこの膨張波を生み出し、両者を上手く打ち消してしまう、ということのようです。

ヴィッカースＶＣ-10などのイギリス系の機体や、アメリカのＤＣ-8、ＤＣ-9（ただしＤＣ-8は理論に沿った部分的な改修だけだったらしい）などでこの理論は採用され、成果を上げたとされますので、効果はあったのでしょう。

ただし、その後、さまざまな遷音速翼型が登場したため、今ではほとんど見られなくなってしまいました。やはり扱いにくかったのではないかという気がします。

［図3-33］高速飛行の発展に多大な貢献をした航空技術者リチャード・ウィットコム（1921～2009年）。スーパークリティカル翼やエリアルール1号、ウィングレットなどの理論を発見し、スミソニアン博物館の航空史家トム・クラウチに「彼の知的な指紋は今日の民間機すべてに付いている」と評された（Photo：NASA）

衝撃波を後部で発生させる［スーパークリティカル翼］

その後に登場した遷音速翼型はＮＡＣＡ改めＮＡＳＡの研究者のウィットコム（Richard T. Whitcomb）が開発したスーパークリティカル翼（Supercritical airfoil）でした。［図3-33］

ちなみにウィットコムは後で登場するエリアルール1号の発見者でもあります。もっとも、1号はほとんど実用性がなく、その実用性を高めたのがコニカルキャンバーの発見者であるジョーンズによるエリアルール2号となります。エリアルールは後で解説していきますが、とりあえずジョーンズとウィットコム、この二人は高速飛行には多大な貢献をしているということです。

［図3-34］ウィットコムが発明したスーパークリティカル翼（Supercritical airfoil）（左が主翼前縁となる）

話を戻すと、ウィットコムのスーパークリティカル翼は１９６０年代後半から開発が始まり、当時からすでに存在は知られていました（日本航空宇宙学会誌　１９７０年10号にすでに簡単な紹介がある）。正式な発表はいつなのかはよく分からず、私が確認できる範囲では１９７４年8月にイスラエルで開催された第9回 航空科学会議（Aeronautical Sciences Congress）で発表された「Review of NASA Supercritical Airfoils（スーパークリティカル翼の概説）」がどうも最初の公式な記録と思われます。以後もウィットコムは学会発表ばかりで論文などは書いていない可能性が高いです。とりあえず１９７０年代半ばの技術と思っていいでしょうか。

なお、スーパークリティカルは「チョー厳しい」ではなく、超臨界流の意味です。

そのスーパークリティカル翼の翼型は上が真っ平らで、後ろが曲げられており、そして下面が膨らんでいる、といった形状

で、従来の翼型から見ると、かなり変わったものとなっています。［図3-34］

ウィットコムによると、従来の翼型のNACAの6シリーズなどに比べて臨界マッハ数が0．1上がったとのことですから、時速でだいたい100～120キロはより高速に飛べることになります。

彼が発表したグラフによれば、従来の翼型だとマッハ0．68あたりから衝撃波による急激な抵抗の上昇が起きるのに、スーパークリティカル翼の場合だと0．78近くまで起きず、しかもその臨界マッハ数の直前ではわずかながら抵抗値の現象が認められる、とされています。大したものだと言っていいでしょう。

真っ平らな上面から分かるように、翼面上での加速をなるべく後部にもっていき、衝撃波の発生をそこ（後部）で行なわせるという原理でした。上のピーキー翼とは逆の発想で、翼面の後尾で衝撃波を発生させ、その影響を無視できるものにしてしまえ、という構造です。

さらに、臨界マッハ数を突破した後は、このお腹が膨らんだ主翼下面の形状が揚力を生むため、衝撃波背後の圧力を押し返す形になり、その影響を小さくしてしまうらしいです。

ただし、まだ比較的新しい技術でもあるので採用例はそれほど多くなく、軍用機ではC-17グローブマスターⅢ輸送機あたりが代表例となるようです。

といったあたりが代表的な遷音速翼型なのですが、近年のスーパーコンピュータの進化などから理論的な研究はさらに進んでおり、世の中にはいろいろな遷音速翼型が出回りつつあります。例えば航空自衛隊のジェット練習機T-4も遷音速翼型なのですが、独自に開発したものとされています。［図3-35］

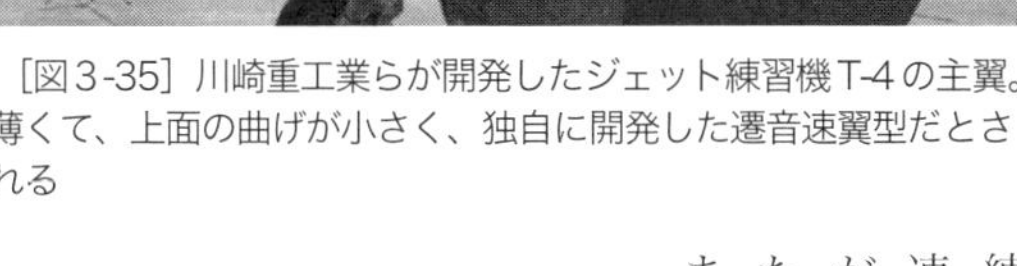

［図3-35］川崎重工業らが開発したジェット練習機T-4の主翼。薄くて、上面の曲げが小さく、独自に開発した遷音速翼型だとされる

5　超音速の壁を超える技術①――アフターバーナーと空気取入れ口

超音速＝音速以上の速度、ではない

では、いよいよ機体が音速を超える場合を考えていきます。ここからは主翼上の翼面衝撃波ではなく、機体の正面部が音速気流と衝突して生み出す接触型の衝撃波が問題になってきます。

ただしこのあたりは私も完全に解説できる自信がないので、次の参考図書も読んでいただければより確実かと思われます。音速飛行機の開発と展開については久世伸二氏の『形とスピードで見る旅客機の開発史』（日本航空技術協会）という、とても良い本があり、音速時の衝撃波については永田雅人氏の『高速流体力学』（森北出版）という本がありますので、それぞれ一読をお勧めします。

最初に音速の定義を最初にしておきましょう。

亜音速（Subsonic flow）――時速４８０前後～９００キロ前後

この領域の開始速度は諸説ありますが、空気の圧縮性が無視できなる速度、つまり流体力学的に取り扱いがやっかいになるマッハ０．４（時速約４８０キロ）前後あたりから始まると思っておけば大丈夫です。

ただし第二次世界大戦期の機体でも、時速６００キロ級のものまでは、ほとんどが非圧縮性流体の単純な理論で設計され、実際に飛んでいました。なので、もう少し上の数字まで取っても実用上は問題ないようです。

遷音速（Transonic flow）――時速５００前後～１３００キロ前後。マッハ０．８～１．２前後

超音速（Supersonic flow）――マッハ１．２１～４前後

この二つはまとめて説明します。超音速（Supersonic）は音速以上の速度のことと思われることが多いですが、厳密には「マッハ１．２あたりから上の、非圧縮流体が安定してきて線形の方程式である程度まできちんと解析できる、流体力学の理論にかなり厳密に適応するようになった後の速度」を指します。

そして、それ以前の、最も分からない非線形な関係が連発され、予測も対策も困難なカオス一歩手前な領域の速度、すなわち音速手前から音速突破後しばらくの、マッハ０．８～１．２あたりまでは遷音速に分類されます。つまり、音速を超えているからといって、すべてが〝超音速〟機ではないのです。

航空機としての設計難易度も、遷音速と音速では結構変わっ

てきます。まあ、日常会話などでそこまでこだわる必要はないですが、航空機においては区別する必要がある部分ですから、ご注意あれ。

ちなみにこれらを超えるマッハ４．５以上あたりからの極超音速（hypersonic flow）という領域もあるのですが、大気圏突入する宇宙船でも設計しない限り、航空機ではほぼ関係してこないので、忘れてしまって大丈夫です。

音速飛行の映像で、衝撃音が2回聞こえる理由

さて、航空機が音速を超えて飛行する場合、最も問題になるのが音速流に接する機体正面の衝撃波によって生じる造波抵抗です。なぜなら、これは波（衝撃波）を生み出し、その抵抗によって飛行機がもつ運動（エンジンの）エネルギー&位置（高度による）エネルギーを消費させてしまい、機体を加速させる力に使えるエネルギーが激減するからです。

ちなみに粘性も密度も高い水の上を進む船舶などでは、ちょっとでも速度を上げると造波抵抗が強烈に効いてきます。しかし大気は粘性も密度も低いので、その中を飛ぶ航空機は通常それらを無視できます。

ところが、機体が音速を超えると衝撃波が発生して膨大なエネルギーを奪われてしまうので、造波抵抗が無視できなくなります（厳密に言えば、翼面上衝撃波も造波抵抗となるので、音速前のマッハ０．７あたりから問題になってくる）。

最初に、造波抵抗の元となる音速飛行において、衝撃波が発生する原理を確認しておきます。まずは「音速以下で気流が機体にぶつかる場合」を考えます。

機体に気流がぶつかると、その衝突によって音波が発生します。波は音速で伝播しますから、低速な気流の流れをさかのぼることができ、そこで拡散してしまいます。［図３-36］

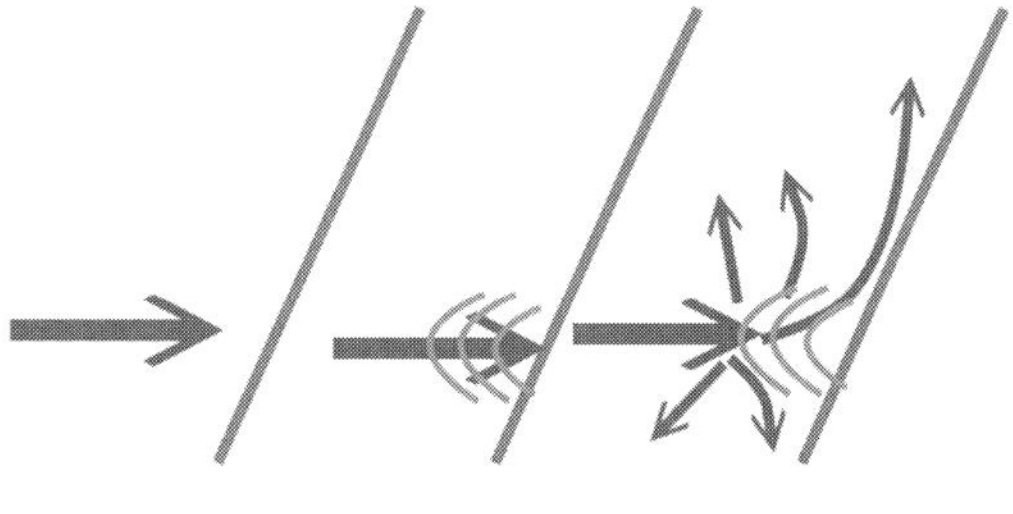

では、「この流れが音速気流だった場合」はどうなるでしょうか。生じる音波は気流をさかのぼって拡散することができません。同時に機体の外壁に抑えられて後方にも拡散できませんから、狭い空間にぎゅっと圧縮されることになります。その結果、ここに音波を固

［図3-36］音速以下で気流が機体にぶつかる場合（矢印線が気流で、くの字部分が音波）

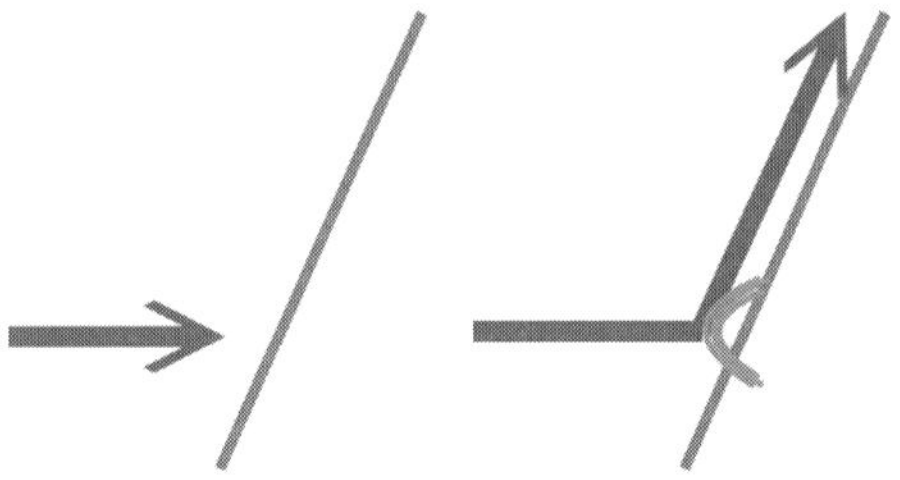

［図3-37］音速で気流が機体にぶつかる場合
（矢印線が気流で、くの字部分が音波）

めた衝撃波が発生します。

そしてこちらは翼面上衝撃波とは異なり、垂直ではなく斜めに傾いて発生する、斜め衝撃波となります。斜め衝撃波は垂直衝撃波に比べると気流の速度損失が少ないという特徴があります（すなわち衝撃波としては〝弱い〟）。

なお、のちに見る気流の減速問題が起きてきますが、この件はまた後で説明します【あえて空気取入れ口でも衝撃波を起こす】166ページ）。

ちなみに衝撃波は音速を超えて伝播することが可能なので、機首部の衝撃波は気流をさかのぼって機体から少し離れた位置に発生します。厳密には、斜め衝撃波を通過する気流は直進せずに屈折する、すなわち背後の壁面の影響を受けて斜めに屈折して進むのですが、この点はとりあえず「機体に沿って気流は流れる」と考えておいてもらえば大筋で問題ありません。［図3-37］

この原理が分かれば理解できると思いますが、音速以上の気流では、その流れの中に物体があるだけで、そこに衝撃波が発生し、造波抵抗のやっかいな源になります。

こういった音速流の衝突と衝撃波の発生が機首部で起き、速度が超音速あたりまで上がるとコクピットの風防部や空気取入れ口、主翼の付け根、垂直尾翼の正面などでも次々と発生して巨大な造波抵抗となります（遷音速段階までなら、機首部の衝撃波の壁で音速気流は音速以下まで減速されることが多いので、その後ろでは衝撃波はほぼ出ない）。この抵抗力をねじ伏せないと音速の壁は超えられないのです。

さらに音速飛行においては、機体前部で衝撃波が発生し、その後に機体後部で気流が音速以下に再度減速するため（機体周囲の気流は停止しているか、少なくとも音速以下だから）、翼面上衝撃波と同じような原理によってここでも衝撃波が発生します。すなわち音速飛行では、機首部と尾部で2回の衝撃波が発生することになるのです。

機体周囲は乱流だらけになりますから、造波抵抗に加えてこれらを引きずって飛ぶには滅茶苦茶なエンジンパワーが必要となります。

ちなみに機体前後で生じる衝撃波は、小型機では間隔が短すぎて1回だけのように聞こえますが、B-1爆撃機やスペースシャトルなど、ある程度以上の長さのある機体ならちゃんと「ドン、ドン」と2回聞こえます。興味のある人はスペースシャトルが上空を通過する動画などを検索してみてください。

衝撃波や乱流を引きずって飛ぶことを可能にしたアフターバーナー

このように衝撃波による造波抵抗で機体のもつエネルギーを大幅に奪われ、さらに衝撃波の壁によって乱流も生まれるので、音速を突破するには莫大な出力のエンジンが必要となります。それに対する解答の一つが多くの軍用ジェット機に積まれているアフターバーナーで、音速突破の鍵の一つとなりました。F-22などは高出力エンジンと空力設計の工夫でこれなしでも音速を突破したまま巡航できますが、あれは特殊な例外と思ってください（笑）。

アフターバーナーは高熱高速のジェット噴流に直接燃料を噴霧して、爆発的な加速を与える装置です。ジェットエンジンの出力は噴流の速度と密度（質量）によって決まるので、排気時にこれを高速化すると出力は上がることになります。［図3-39］

ただし膨大な燃料の消費を伴うので、パイロットによれば「消防用のホースでまき散らしているような勢いで燃料が減っていく」とのこと。なので使用時間に制限があり、いつでも使えるものではありません。すなわち超音速巡航が可能なF-22などを別にすると、あらゆる音速機はその音速超え飛行に時間制限があるのです。

ちなみに通常のジェットエンジンは、奥にあるエネルギー回収用のタービンによって燃焼室が塞がれており、その炎が外部に漏れることはありません。お尻から火を噴いて飛んでいる

［図3-38］アフターバーナー付きジェットエンジンを排気口側から見た写真。奥の中心に見えるのがジェットエンジンのエネルギー回収用タービンで、その先の細長い筒状の部分がアフターバーナー

機体は、すべてアフターバーナーを焚いていると思ってください。

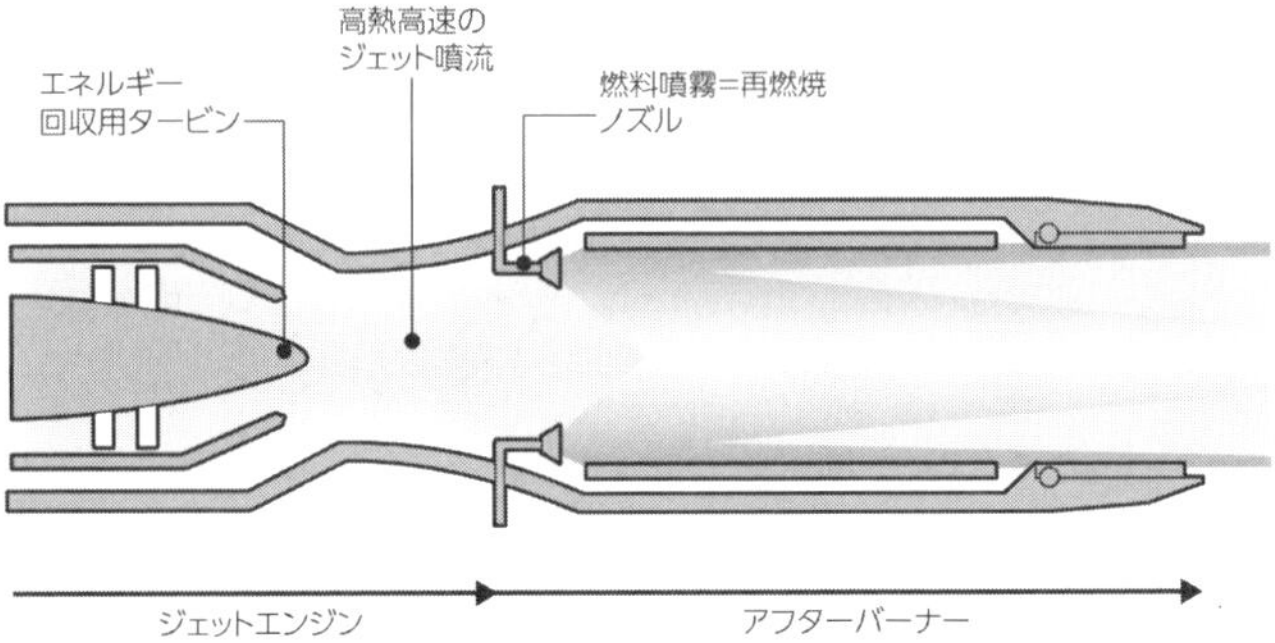

［図3-39］アフターバーナーの断面図。左側がジェットエンジンで、アフターバーナーはその先の筒状の部分と燃料を噴射するノズル部分を指す。エンジンの排気（ジェット噴流）に対し、ノズルからもう一度燃料を吹きかけることで燃焼させ、爆発的な高出力を得る（Illustration：宮坂デザイン事務所）

機首部で発生する衝撃波の正体

マッハコーンとは何か

ここで、マッハコーンや機首部で生じる斜め衝撃波の基礎についてもちょっと抑えておきたいと思います。音速超えの飛行を力学的に扱うときに基本となるものです。

音速飛行では、自ら発する音波より速く飛んでしまうため、音波は音源の後ろで扇型の広がりを見せます。話を簡単にするため、音源の点が音速で飛ぶ場合を考えてみます。図にすると［図3-40］のようになります。点が音源、周囲に広がる輪が音波を示します。

音速を超えて飛行する場合、物体は自らが発した音波が広がる前に先に進んでしまうため、その後ろに音の広がる円が次々に残ります。ここで音源から各円に対して接線を引くと、［図3-40］の真ん中の図のような扇形になります（実際は立体なので円錐形になる）。

この音源からの扇状に広がる線（実際は円錐状の面）を「マッハ波」、そのマッハ波がつくる円錐を「マッハコーン（マッハ円錐）」と呼びます。さらに先端の音源と各円の中心点、マッハコーンの長辺を結んだ直角三角形の頂点を「マッハ角」と

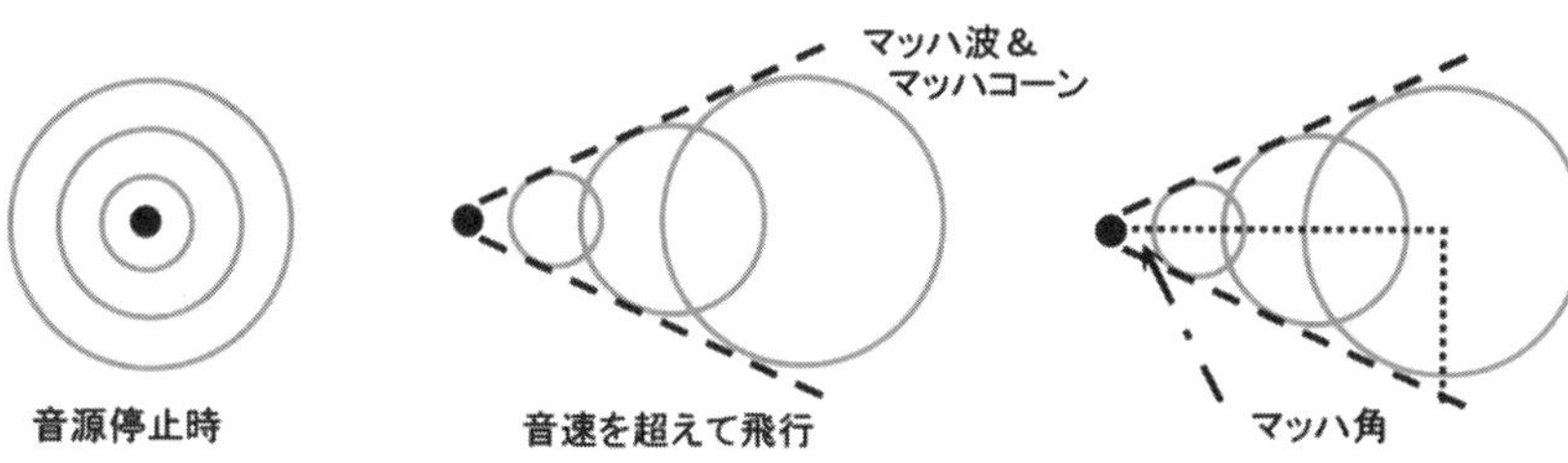

［図3-40］マッハコーンの概念図

呼びます。

　これらは音速以上の流体力学では基本的な要素の一つで、後ろのエリアルール2号のところでもマッハ角が必須の計算要素になっています。

　ただし、マッハコーンの表面に生じるマッハ波は衝撃波の一種ではありますが、極めて微弱で、ほとんど無視していいものです。造波抵抗の源となったり、「ドン」と腹に来る衝撃や、地上の窓ガラスなどを割ってしまう衝撃波はこのマッハ波ではありません。これらの強烈な衝撃波は後で説明しますが、機首部周辺などで生じる別の衝撃波であり、まったく別物です。

　単なる先端部の音の広がりにすぎないマッハコーンのマッハ波にそんな力はありません。両者を混同している説明は専門書でもよく見かけますから注意してください。マッハコーンのマッハ波は音速超えの流体力学の基本要素ですが、ほとんど力のない特殊な衝撃波なのです。

　ついでに物体が流体に与える音波の影響は、マッハコーンの内部だけに伝わる、ということは覚えておいてください。音速でしか進めない音波は音速以上の気流の中では速攻で後方に吹き飛ばされてしまうため、その影響が及ぶのはこのマッハコーンの内側だけなのです。

　ちなみに、音源（機体）がより高速に進めば、コーン（円錐）は長細くなり、マッハ角はより急角度になっていきます。音速は一定で、円の直径は常に同じ速度で大きくなります。これは何らかの法則性がありそうだ、というのは分かると思います。

　実際その通りでして、本書では細かい計算は省略しますが、1÷マッハ数（M）＝ｓｉｎ（マッハ角）という三角関数の正弦定理（サイン）を使った簡単な式で、マッハ角を求めることができます。円の中心点とマッハ波が直角三角形をつくりますから、三角関数で扱えるわけです。

　よってマッハ数さえ分かれば、三角関数表からマッハ角の角度が分かることになります。ちなみに特殊例として、マッハ1

ちょうどの速度の場合は、ｓｉｎ＝１となりマッハ角は90度ですから、機体正面に平面な板状のマッハ波を形成してしまってコーン（円錐）にはなりません。

機首部で生じる2種類の斜め衝撃波

とりあえず、音速気流の衝突により機首部で生じる斜め衝撃波は大きく2種類あり、「離脱衝撃波」と「接触（付着）衝撃波」に分かれます。この二つの衝撃波の発生条件は複雑でややこしいのですが、実用的な機体の速度限界であるマッハ２．５以下に限ってまとめると、以下のようになります。

まず［図３-41］の左が、最も普通に見られる離脱衝撃波です。（飛翔する機体・物体の）先端部が丸みを帯びた形状のときや、45度を超える緩やかな角のときに発生します。もしくは機首部が40度以下の鋭角に絞り込まれていても、気流がマッハ１．８以下だと、ほぼこれが生じます。

つまり、超音速戦闘機のように40度以下の鋭角な機首部でもマッハ１．８以下の速度なら、つまりほとんどの音速飛行ではこの離脱衝撃波が生じます。

離脱型衝撃波の場合、先端部の正面はほとんど垂直衝撃波に近いものになるので、その気流の減速効果は大きいです。なのでこれ（機首部でこの離脱型衝撃波を起こす）だけである程度の気流の減速が可能ですが、当然その造波抵抗も大きくなります。

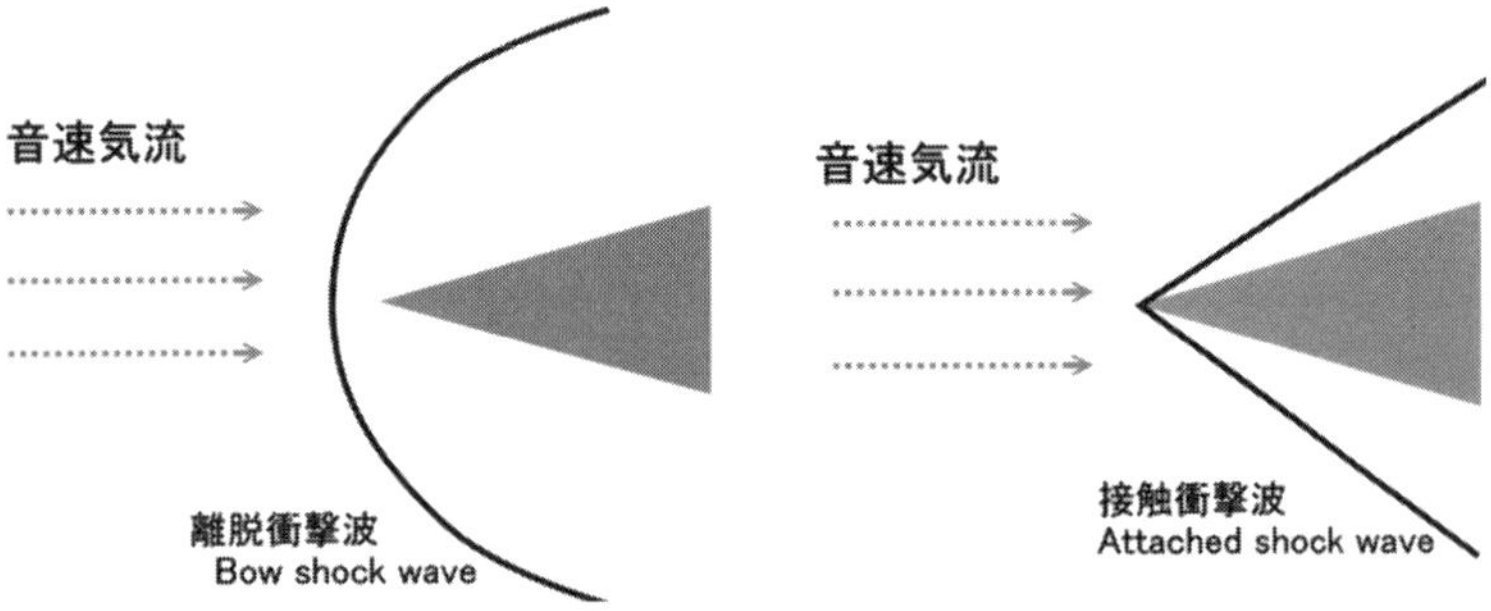

［図3-41］２種類の衝撃波（離脱衝撃波と接触衝撃波）

ただし周辺部（先端部以外）にいくと、気流の減速効果は少し小さくなるので、飛行速度が上がるとこれだけでは減速は間に合わなくなります。

次は［図３-41］右図の接触衝撃波ですが、これは航空機では実現が困難なほど強い鋭角をもった先端部（20度以下）をもつ機首部や、もしくはマッハ２．４以上の高速飛行時に発生しやすくなります。世の中のほとんどの音速機の最高速度はマッハ２．４以下で、かつ機首部の頂角は20度以上の構造で飛んでいますから、この衝撃波が発生するのはかなり特殊な条件と思っていいでしょう。

接触衝撃波が発生すると、弱い斜め衝撃波となるため、気流の減速効果はかなり小さくなりますが、同時に造波抵抗も小さくなっていきます。

ちなみに両者の中間速度のマッハ1．9～2．3あたりに関しては、機首部の頂角の角度でどっちが出るかが決まります。通常の戦闘機の機首部は先端が35度前後の頂角をもつ円錐型であることが多いため、マッハ2前後を境にそれ以上の速度なら接触型、それ以下なら離脱型になっていると思われます。ただしこのあたりは理論値通りになるとは保証できない世界なので、あくまで目安と考えてください。

また余談ですが、マッハ20以上という狂ったスピードで大気圏内に突入してくるスペースシャトルの軌道船が世の中をナメているような丸っこい先端部なのは、あれは高速で飛ぶのが目的ではなく、逆に減速するのが目的だからです。あの形状だとより強い離脱衝撃波が出る、すなわちより大きなエネルギーを消費するので、減速が速くなります。つまりエネルギーをわざと造波抵抗で消費させ(同時に衝撃波背後熱に変換される)、減速に活かしているのです。

音速気流の中でも揚力を得るにはどうすればよいか

(1)衝撃波の背後の傘の中に主翼を押し込む

ここでは、「音速を超える気流の中だと通常の主翼では飛べない」という、すでに見た問題の解決策を考えていきます。

音速の気流にぶつかると、

- ・主翼周辺に衝撃波がバンバン生じ、ベルヌーイの定理が成立しなくなる
- ・気圧の高圧部分が主翼周辺に生じ、まともに揚力が稼げなくなる
- ・乱流の嵐となり、抵抗が激増する

ために普通に飛べなくなるのです。

では、現実の音速機はどうやって飛んでいるのか。対策としては先に見たように、

①機首部で生じる衝撃波の背後に主翼を収める(衝撃波の傘の中で減速された、音速以下の気流の中に主翼を収める)

②それでも足りなければ、もう一回、主翼の前で衝撃波を発生させる

といった内容になります。超音速機が後退角の強い主翼や幅の狭い主翼を必要とするのは、この衝撃波の背後の傘の中に主翼を押し込むためです。

ちなみに衝撃波背後の円錐型の気流の中に主翼を入れなければならないのであれば、以前に見た前進翼は形状的に向いていないことも分かりますね。

(2) 浅い迎え角で翼面下に高圧部をつくる

他には、音速以上の気流の中で揚力を得る方法も一応あります。

衝撃波の背後に生じる高圧部分を主翼下面に導き、さらに反対面で生じる膨張波の減圧部を利用して機体をもち上げるのです。十分に薄い翼なら、若干の迎え角をつけることで、この原理による揚力を得ることができます。[図3-42]

音速気流の中に、浅い迎え角で薄い板を置き、横から観察します。すると板の下面に音速気流が衝突、ここで衝撃波が発生します。こうなると翼面下に高圧部が発生し、これが翼をもち上げる力になります。

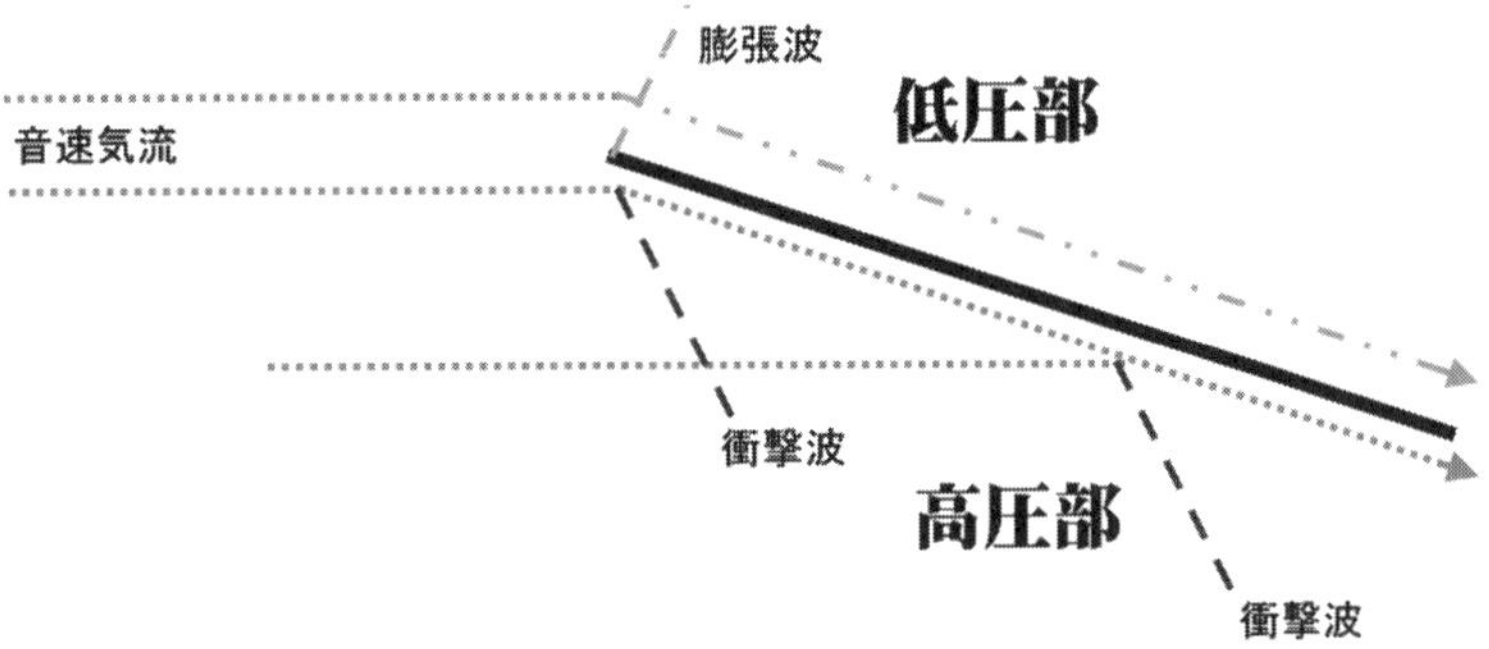

[図3-42] 若干の迎え角をつけて、音速以上の気流の中でも揚力を得る方法

さらに、音速を超える気流、とくに超音速気流は接触したものに沿って流れる性質があるので、衝突の起こらない上面でも気流は板に沿って流れます。この衝突なしで気流が曲がった場所では、衝撃波の反対の性質をもち、背面に圧力低下を伴う波（膨張波）が発生します。

この結果、膨張波も主翼をもち上げる揚力を担うことになります。膨張波の説明はかなり複雑なので、本書ではそういうものがあるとだけ覚えておいてください。

この原理に特化した、長細い菱形のダイヤモ

ンド翼型（Diamond aerofoil）という超音速向けの翼型もあるのですが、衝撃波の発生を伴う以上、造波抵抗が大きく、あまり効率のいい方法ではありません。さらに音速以下ではほとんど揚力を生まないので実用性も低く、最初から高速で飛んでゆく対空ミサイルの安定翼などの特殊例を除くと、ほとんど採用されていません。

(3)機首部と空気取入れ口の二段階で衝撃波を起こす

通常は［図3-43］のように機首部で衝撃波を発生させ、それによって気流を減速させます。

衝撃波を通過すると気流の流速は落ちるので（圧力と温度は上がる）、これによって気流を減速させて、音速以下の気流の中に主翼を置くようにしているわけです。そうすれば気流は再び非圧縮性を回復しますから、ベルヌーイの定理が復活し、主翼の揚力が発生することになります。

それだけでは減速が不十分なときは、空気取入れ口などで再び衝撃波を発生させ、音速気流が主翼に到達する前に二度以上、斜め衝撃波を通過するようにします。［図3-43］のT-33でもこれをやっているわけです。垂直衝撃波に比べると斜め衝撃波の気流減速は弱いので（例外もあるが）、より高速飛行時には必須になります。

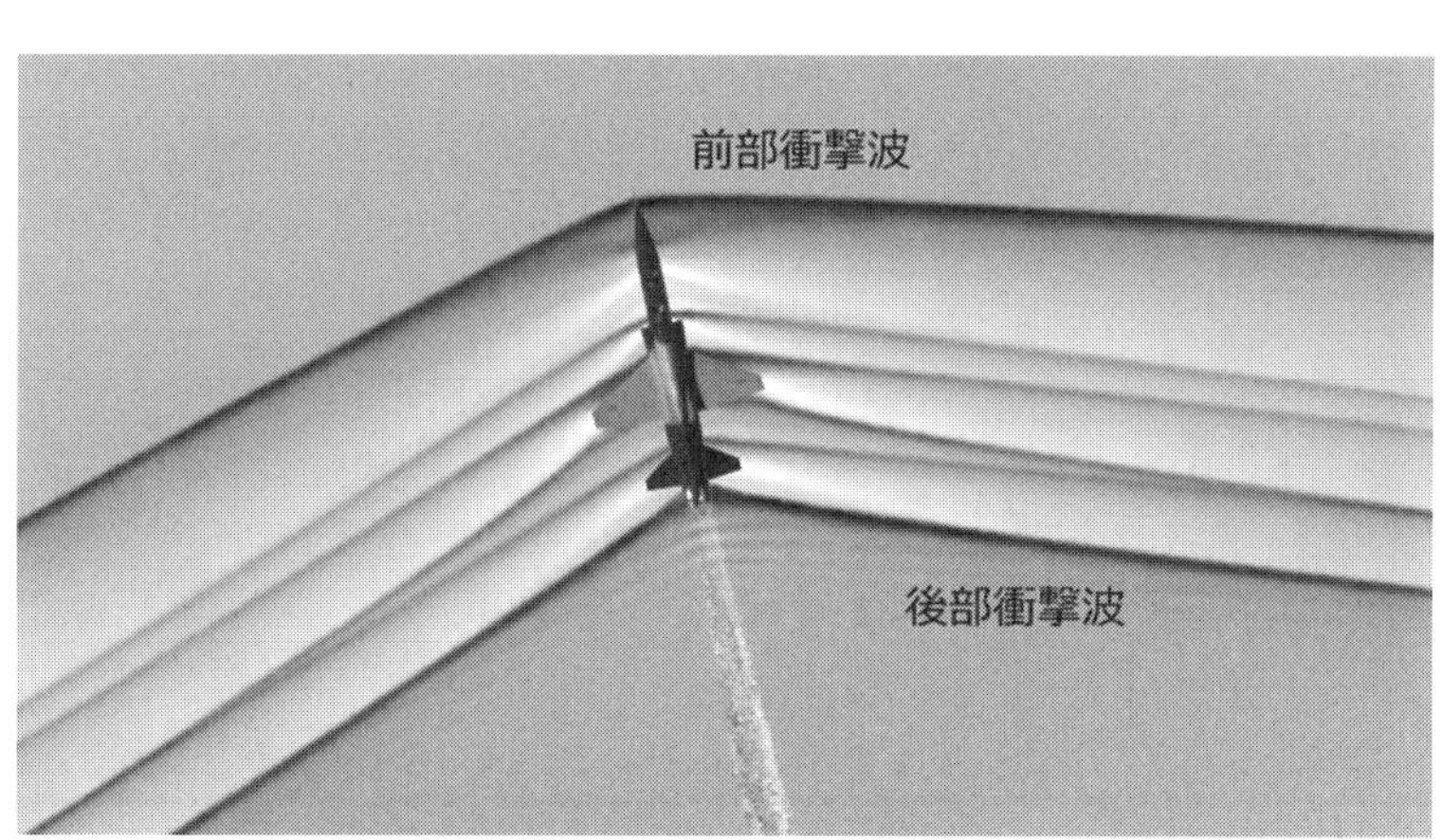

［図3-43］空気密度の変化を撮影できる装置で、超音速飛行したときの衝撃波を撮った写真。黒い部分が高圧部で、白い部分が低圧部。機首部で衝撃波を発生させ、（気流の減速が十分でないので）空気取入れ口で再度、衝撃波を発生させているのが分かる（Photo：NASA）

また［図3-43］では、強力な衝撃波が生じている機首部の衝撃波背後に、高圧部（黒くなっている部分）が生じているのが見て取れます。さらに、その高圧部の後ろに低圧部（白い部分）が生じているのも分かります。

さらに、先に書いたように【音速飛行の映像で、衝撃音が2回聞こえる理由】157ページ）、機体の前後で2回大きな衝撃波が発生しているのも確認できますね（機首とお尻部分から出ている黒い線の部分）。後部衝撃波の発生原因は複雑なのですが、十分に減速されなかった機体周囲の音速気流が機体後部で音速以下の流速に戻るため（周辺の大気と同速になるため）、翼面上衝撃波と似たような要因で発生するものと考えておいてもらえば大筋で問題ないと思います。

あえて空気取入れ口でも衝撃波を起こす

機首部で発生する衝撃波で減速し切れなかった気流をどうするか、という点をもう少し詳しく見ていきます。［図3-44］を見てください。実線が音速気流を、点線がおおよその斜め衝撃波の角度を示します。

気流が物体にぶつかるだけで衝撃波が発生するのが音速流の世界なので、機首部の衝撃波で音速以下とならなかった気流は、その後、途中にある機体の凸部にぶつかると次の衝撃波を生み出します。

［図3-44］超音速飛行時に、気流が二段階に分けられて減速される流れ

この2回目の衝撃波を利用して、再度気流を減速させるのが二段階減速の基本的な考え方でした。とりあえず機首部の衝撃波によって、一般的な戦闘機の最高速度であるマッハ2.4クラスの気流はマッハ1.7前後まで減速されます。そうなれば、そこから音速以下に落とすのはそれほど難しくありません。

減速されたマッハ1.7前後の気流が、先端が鋭角になっていない空気取入れ口周辺の構造に音速流がぶつかると、強力な衝撃波を生むことになって減速効果は高くなり、その代わり造波抵抗も大きいが）、これによって十分な減速を行なうわけです。当然、これは空気取入れ口でなくてもよく、小さなカナード翼を付けたり、主翼前縁を前に引き伸ばすなど、やり方はいろいろあります。

ちなみに、空気取入れ口の前で衝撃波を発生させると、その背後に生じる高熱高圧の空気をそのまま空気取入れ口からエンジンに取り込めるので、これは極めてお得な設計になります。通常のジェットエンジンでは多段タービンを使って高熱高圧空気をつくるのですが、この方法だと高熱高圧空気が最初からエンジンに入ってきてくれることになり、より強力な出力を生むことができるのです。

これは衝撃波による天然過給機とも言え、これによって音速飛行に必要なエンジンパワーを稼いでいる機体も多いです。なので、二段階目の衝撃波発生は空気取入れ口前で行なう機体が多くなっています。

なお、速度がマッハ2．5より上になると、衝撃波によるもう一つの現象である、背面高圧部の高温化が無視できなくなります。

衝撃波の背面高圧部では断熱圧縮に似た現象が起こり、温度も高くなる、ということはすでに説明しました（【衝撃波の背後は高温・高圧に】121ページ）。通常の航空機が使用するアルミの合金やジュラルミンを安全に長期間使用できる温度はせいぜい100度前後と言われており、これはマッハ2前後で到達してしまう機体温度です。

通常の戦闘機なら、マッハ2クラスの速度を出すのはアフターバーナー全開でせいぜい数分という世界なので問題ないと思いますが、常にマッハ2以上で巡航する場合は大きな問題になってきます。このため、マッハ2以上の速度を出す高速機では、機体前部など高温にさらされる部分をチタンやステンレスなど、高温に耐えうる素材にしなければならなくなります。

気流を減速しつつ、高温・高圧のまま取り入れるための工夫

音速を超えた気流が機体の外部にぶつかって生じる衝撃波は、周囲に拡散してしまいます。そして地上の牛さんや豚さん、人間さんを驚かしたり、地上の建物のガラスを割ってしまうことがあるのですが、機体自身には影響はありませんでした。

しかし、機体内部に繋がる空気取入れ口で衝撃波を発生させた場合は話が少し違ってきます。ここで衝撃波が生まれたら機体内部を破壊してしまうのです。よって空気取入れ口から

先では気流の音速以下の原則が絶対必要条件となってきます。

また、ジェットエンジンの正面には空気を圧縮するためのタービンブレードや小型のプロペラが多数付いていますが、これらも翼断面型をもつため、翼面上衝撃波の問題が出てきます。取り込む気流を十分に減速しておかないと、その出力が落ちてしまうのです。

このあたりに関しては、初期の音速機はせいぜい遷音速だったので、機首部の衝撃波による減速で十分でした。しかし、より高速になってくると、それだけでは減速が追いつかなくなります。さて、ではどうすればよいのかですが、この問題の解決は意外と簡単でした。

一番単純なのが、MiG-21やイギリスのライトニングが採用した、空気取入れ口の真ん中にコーン（円錐）を入れる方法です。これによって空気取入れ口よりも前で最初の衝撃波を発生させ、さらに空気取入れ口で第二段衝撃波を発生させ、気流を減速させるものです。この世代の機体以降では似たようなタイプが多く採用されています。［図3-45］

円錐部を真ん中から二つに割れば、F-104やミラージュⅢのような空気取入れ口となります。ちなみにこの構造だと、先にも書いた衝撃波背後の圧縮空気がそのままエンジン内部に入ってゆく利点があり、以後、これによるエンジン出力の向上は音速飛行の利点として活用されることになります。［図3-46］

ただし、円錐部を入れる方法は意外に効率が悪かったため、以後、機首部に空気取入れ口を置く場合は、F-8クルセイダーのように上側に機首が飛び出したものが主流になります。F-16などはその発展形です。［図3-47］

同様に、空気取入れ口が機体横にあるF-15イーグルなどは、空気取入れ口を斜めにして、その先端部が衝撃波を生むように設計してあります。このように空気取入れ口は音速機のエンジンパワーにとってもかなり重要な部分であり、この活用が大きなポイントになるのです。［図3-48］

［図3-45］1959年に運用が開始されたMiG-21の空気取入れ口

［図3-46］フランスのダッソーが開発し、1961年に運用開始されたミラージュIIIの空気取入れ口。デルタ翼が盛り込まれた完成度の高いマッハ２級戦闘機で、欧州や中南米で広く採用された（Photo：Paul Hermans）

［図3-47］ジェネラル・ダイナミクスが開発し、1978年に運用開始されたF-16ファイティング・ファルコンの空気取入れ口。機首部分が空気取入れ口に覆いかぶさる位置関係になっており、音速飛行時の高温・高圧空気の取り入れにも優れる

［図3-48］マクダネル・ダグラスが開発し、1976年に運用開始されたF-15イーグルの空気取入れ口。取入れ口の上部が前に突き出ていて、衝撃波を生むように設計されている（Photo：Alan Wilson）

6 超音速の壁を超える技術②――エリアルール

エンジン出力を上げるという考え方に対して、機体の空力設計に工夫を加え、従来より小さい力で音速飛行を行なおうというアイデアも登場しました。

それが「エリアルール（Area Rule：断面積の法則）」と呼ばれる設計手法で、大きく1号と2号に分けられます。これは音速の時代への革新的な突破口となったものなので、ちょっと詳しく見ておきます。

革新的な技術として登場した「エリアルール1号」

エリアルールは機体設計に一工夫を与えることで、音速飛行における空気抵抗を小さくするというものです。これにより、従来より少ないエンジンパワーでも音速突破が可能になりました。このためエンジンパワーが不足がちだった時代のジェット機にとっては重要な技術となってきます。

まず最初は、マッハ1前後まで、すなわち音速を超えるだけならとりあえず有効だった遷音速領域向けのエリアルール1号を見ていきます。これはスーパークリティカル翼のところで登場した、NACAの研究者リチャード・ウィットコムが1

952年に発見したものでした。［図3-33］

のちに1956年になってから、こちらも同じくNACAの研究者でコニカルキャンパーの発見者であるロバート・ジョーンズによって、超音速領域向けのエリアルール2号が改めて発見され、より高速な機体でも造波抵抗を減らすことができるようになります。現在のジェット機に使われているのはほとんどがこの2号のほうになります。［図3-28］

エリアルール1号は、1952年8月にNACA技術報告書「NACA Report 1273 / Study of the Zero-Lift Drag-Rise Characteristics of Wing-Body Combinations Near the Speed of Sound（音速に近い胴体と主翼の抵抗値軽減向上に関する研究）」にまとめられ、革新的な技術としてアメリカ航空業界に吸収されました。

ただし気の毒なことに、当時すでに設計が終わって試作機までつくっちゃっていたF-102などは改めて胴体の設計をやり直す必要が出てきて、その開発コストを撥ね上げる一因となりました（もっとも、エリアルール1号なしではF-102は音速突破は不可能でしたから、間違いなく救世主ではあったが……）。［図3-51］

エリアルール1号の考え方は、大きく2段階のステップに分かれます。ただし1952年に最初のレポートが出されたときには、ここまで論理的に解説されておらず（単に実験結果からなる報告書だった）、きちんと理論的な解析が行なわれたのはジョーンズがエリアルール2号を発表した1956年の「Report 1284」からとなっています。しかし、ここでは分かりやすさを優先して、最初から理論的に説明をしていきたいと思います。

エリアルール1号の「ステップ1」と「ステップ2」

《ステップ1》シアーズ・ハック体の究極形

高速飛行において最も造波抵抗の少ない形状は、シアーズ（アメリカ人）とハック（ドイツ人）がそれぞれ別々に発見した立体、シアーズ・ハック体（Sears–Haack body）です。

シアーズ・ハック体は数学的に厳密に定義できるのですが、本書ではもうちょっと簡単に説明します。これは両端が尖った円筒型であり、葉巻というかラグビーボールを引き伸ばしたようなものです。前後対称であり、中心位置において断面積＆円周が最大になるようになっています。［図3-49］

ただし、この形状では主翼もエンジンも尾翼も夢も希望も何も取り付けられないので、航空機にとっては無意味です。そこで次のステップが登場します。

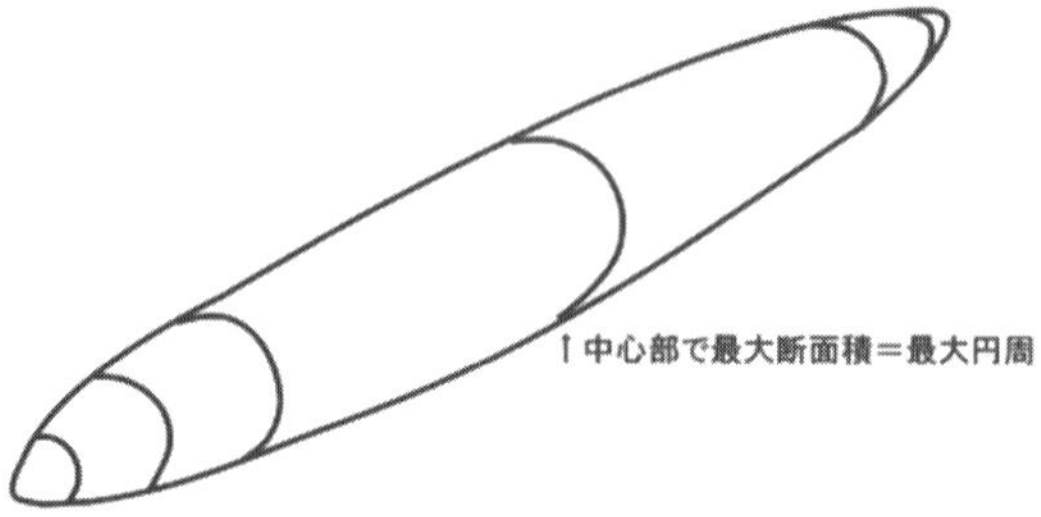

↑中心部で最大断面積＝最大円周

［図3-49］最も造波抵抗の少ない形状とされるシアーズ・ハック体

《ステップ2》シアーズ・ハック体の抜け道

シアーズ・ハック体の有効性は「その外形ではなく、進行方向から見た断面積に依存する」ということです。何を言っているのかよく分かりませんね。これは図で説明したほうが分かりやすいでしょう（ちなみにこれを発見したのはエリアルール2号のジョーンズで、1号のウィットコムはまったく気が付かなかった）。

［図3-50］の上図が普通のシアーズ・ハック体ですが、これに主翼を付けてしまったら、当然、断面積の連続性が崩れてしまいますから、音速時の造波抵抗は増加します。ところが、ここに抜け道があることが発見されるのです。この抜け道こそがエリアルールの命となっています。

下図では、主翼横の胴体を絞り込んでいる点に注目してください。これは主翼を取り付けることで増加した断面積に近い量だけを、胴体を削って調整したものです。この結果、形は全然違うですが、正面から見た断面積だと、上図のシアーズ・ハック体のときに近い面積となります。

断面積10

断面積10

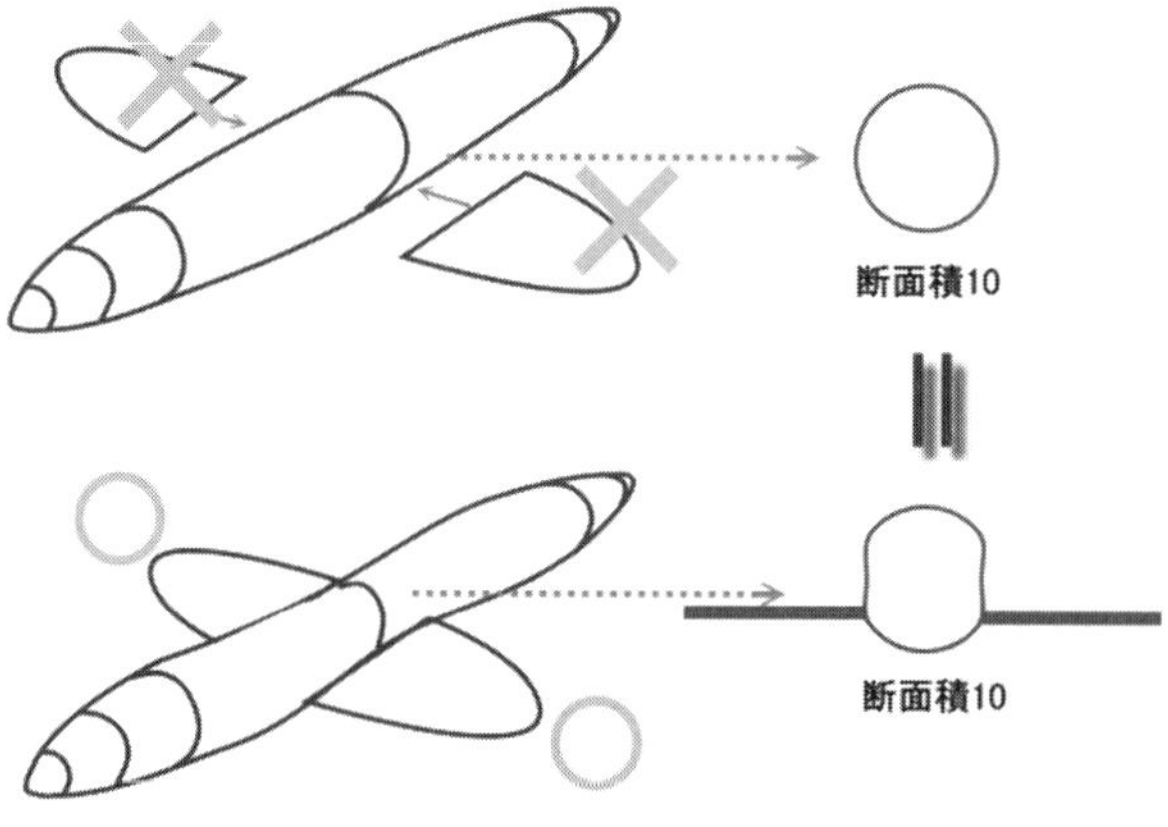

［図3-50］飛ぶために必要な主翼を削ることはできない。しかし主翼が付いている機体部分を絞り込めば（絞り込むことで主翼分の断面積を減らせば）、シアーズ・ハック体に近い効果が見込める

この状態でも、通常のシアーズ・ハック体がもつ造波抵抗の低減効果は同じように発揮される、ということが発見されたの

でした。これがエリアルール1号です。

すなわち、「機体正面から見たときの断面積が大きく増大する主翼部の胴体を絞り込めば、その造波抵抗はシアーズ・ハック体のような最も低い状態に近づく」という大発見でした（ただしこの単純な胴体絞り込みはマッハ1のときのみ有効で、遷音速を超えて超音速に入るとむしろ有害だったりする）。

ドイツでは大戦中すでに発見されていた!?

先述のように、1952年に「Report 1273」が発表された段階では、シアーズ・ハック体が理想の断面型であるとはウィットコムはまだ気が付いていませんでした。そのときは単に「断面積の辻褄を合わせて、全体が滑らかに増減すればよい」というだけで報告書は終わっています。

それでも当時の遷音速機には一定の効果があったので、このときから主翼部の胴体を絞り込んだ、いわゆるコークボトル型の機種が一時的に増えています。［図3-51／-52］

遷音速を超えた領域では効果がなかったエリアルール1号

ところがこの形は、あっという間に廃れてしまいます。それはなぜかというと、より効果的なエリアルール2号が登場して

［図3-51］右がエリアルール1号を採用する前で、左が採用後のコンベアF-102。1953年10月に初飛行を行なったが音速突破できず悩んでいた状況だったため、エリアルール1号を取り入れることにした。主翼分だけ胴体中央部の面積を絞っており、この〝くびれ〟からコークボトル（コーラ瓶）型と呼ばれる。エリアルール2号は採用していないが、最大速度がマッハ1.2前後なのでエリアルール1号でギリギリ問題なかった

［図3-52］1956年2月に初飛行を行なったコンベアのB-58超音速爆撃機の模型。コークボトル型の胴体から分かるように、エリアルール1号に則って設計されている（ただし、マッハ2まで出る機体でこの形状は意味がないか、あるいはむしろ抵抗が増えて有害だった可能性もある）（Photo：Clemens Vasters）

きたからでした。エリアルール2号をアメリカで〝再発見〟したのが、先述のようにコニカルキャンパーの発見者でもあるNACAのロバート・ジョーンズでした。

再発見というのは、実は第二次世界大戦時のドイツですでに発見されていたからで、ユンカースにいたオットー・フレンツェ（Otto Frenzl）が1943年に同じような法則を発見し、1944年の段階でドイツの特許まで取っていたのです。ただし、ジョーンズはこれを知らず、独自に同じ結論に至っているので再発見とされています。

ちなみに、この〝再発見〟に当時すでにアメリカに渡っていて、後退翼の節（【2　遷音速飛行の壁と後退翼の登場】127ページ）で出てきたドイツのブーゼマンが絡んでいるという話もあるのですが、確認は取れませんでした。

すでに見たように、エリアルール1号は1952年に航空機各メーカーに通達されたウィットコムの「Report 1273」が元になっていますが、このレポートではマッハ1．12までしか実験データがありませんでした。おそらく当時の実験風洞の限界がそこらあたりだったのだと思います。

ところが、のちにマッハ1．2あたりから、すなわち超音速領域に近づくとエリアルール1号の効果が消えてしまったり、むしろ逆に抵抗が増えてしまうケースが発見され始めます。どうもエリアルール1号では遷音速領域までしか役に立たないことが判明してきたのです。

エリアルール1号のレポート

ここでウィットコムによるエリアルール1号の発見を報告する「Report 1273」を紹介しておきます。［図3-53］を見てください。

左がデルタ翼、右が後退翼で、グラフの上からエリアルールなし、エリアルールあり、そもそも主翼なし、になります。グラフの縦軸が抵抗係数（抵抗の大きさ）で、下が速度のマッハ数となっています（Mの右下にインフィニティ［無限を示す記号］が付いているのは、風洞実験における一様流［全体が等速の気流］であるということ）。

当然、主翼なしの機体が抵抗が最も少ないのですが（笑）、それでは飛べないので、主翼ありで比べます。

マッハ０．９２以上では、常に主翼横の胴体を絞り込んだもの、すなわち断面積を調整したエリアルール1号を適応したほうが抵抗値が低くなっています。後退翼もデルタ翼も、共に最大で25％前後の低下になっていますね。抵抗が少ないということは、より小さなエンジン出力でも（抵抗が大きい機体と）同じ速度が出せることを意味しますから、これは大きいと思います。

ただし、ご覧のようにデータは最大でもマッハ１．１２まで、すなわち遷音速までだけです。

先述にように、エリアルール1号による単純な胴体の絞り込みだと、この先の速度（超音速）になるとこの効果は消えてしまい、それどころか抵抗値が逆転してしまう事例も出てきます。デルタ翼のデータを見ると、なんとなく、この先で逆転が起きそう、というのが見て取れると思います。

話が少し逸れますが、マッハ０．９２以上では、デルタ翼のほうが後退翼よりも常に抵抗値が大きいことが分かります。この理由は私には分かりませんが、音速を超えていく場合、抵抗の大きさではデルタ翼のほうが不利なのです。それでも多くの軍用機がデルタ翼を採用しているのは、先に見たように強度面や重量面、武装搭載量などで有利だからだと思われます。

超音速領域用としてのエリアルール2号の登場

エリアルール1号が遷音速を超えた超音速領域で効果がなくなる欠点が判明した後、これを補正したのがエリアルール2号でした。ウィットコムの1号報告から約4年、１９５６年になってからジョーンズによる「NACA Report 1284 / Theory of Wing-Body Drag at Supersonic Speeds（超音速時におけ

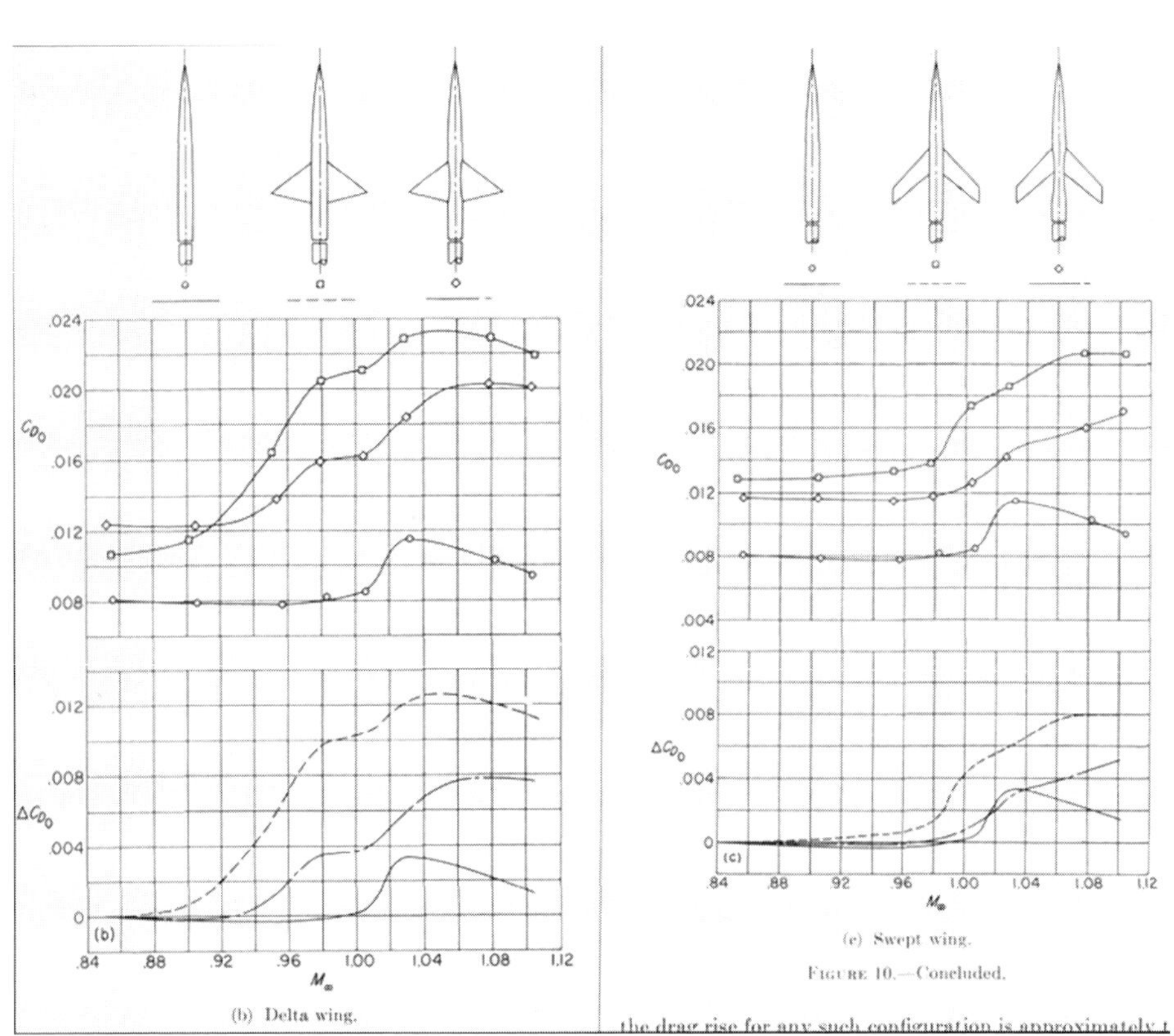

［図3-53］ウィットコムによる、エリアルール1号の発見を報告する「Report 1273」。グラフ上部左側に描かれた「主翼無し機体の形状」がシアーズ・ハック体になっていないことからも、ウィットコムの理論はまだまだ中途半端だったことが分かる

る胴体と主翼の抵抗理論)」が発表され、エリアルール2号が世に出ます。

厳密に数式で解析した結果、「(エリアルールには)速度ごとに最適な形がある」ということがジョーンズによって発見されたのです。このため以後、エリアルール1号に従っただけの単純なコークボトル型の機体は姿を消すことになります。

余談ながら高速飛行の実現に多くの貢献をしたこの二人ですが、ウィットコムは風洞実験からさまざまな事実を発見する人であり、対してジョーンズは理論的に数式化しての解析・発見を得意としていました。対照的な二人とも言えるでしょう(ただし、ジョーンズも理論の確認のための風洞実験は普通に行なっている)。

断面積の平均値を求め、シアーズ・ハック体と揃える

このエリアルール2号もシアーズ・ハック体を理想とするのは同じなのですが、それに合わせて揃える機体の断面積がやや複雑になっているのが特徴です。

エリアルール1号で問題になったのは、胴体と主翼の関係だけでした。ところがエリアルール2号では、「機体全体に最適な断面積が存在する」となっています。

エリアルール2号では、まずは目的とする速度のマッハ角を

[図3-54] 進行方向に対して垂直な面の断面積。エリアルール1号ではこれでよしと考えられたが、マッハ1.2あたり以上になると効果がない

求める必要があります。[図3-54]のルデュク0.10(Leduc 0.10)は自称マッハ2戦闘機ですから、マッハ2のときのマッハ角を計算すると、計算式は先(【機首部で発生する衝撃波の正体】160ページ)で書いたように次になります。

1÷2［マッハ数］
＝0.5
＝sin(マッハ角)

つまり、マッハ角は30度になります。

次に、進行方向を軸にして、導き出したマッハ角(ここでは30度)で機体をカットして断面積を求めます。[図3-55]

しかし、実はそれだけで

［図3-55］進行方向の機体の中心軸に沿って、マッハ2のマッハ角（30度）で機体をカットしたイメージ図。この断面積を求めることになる

は終わりません。垂直面と違って、30度の断面というのは複数存在するからです。［図3-55］とは反対側に傾けた［図3-56］も30度ですし、さらに90度回転させた状態や、もっと細かい角度で動かした状態もすべて30度の断面ということになります。

つまり、「中心軸に対して30度の断面を回転させながら、機首部から尾部まですべての断面の平均値を求めなければならない」ということになります。その数字をシアーズ・ハック体の断面積と可能な限り等しく揃えればよいのは1号ルールと変わりませんが、凄まじい手間となりますね。［図3-57］

数式を見る限り、平均値をとるというよりも、速度ごとのマッハ角の円錐の形に沿って機体を切断し、そのときに露出する部分の総面積を求めよ、という感じですが、いずれにせよ面倒ではあるようです。

しかし大変な計算にはなりますが、この発見のおかげで、従来より少ないエンジンパワーでも超音速まで突破できるようになりました。エリアルール2号は今でも有効で、空気取入れ口や尾翼の位置などで多くの機体がこの調整を行なっています。

［図3-56］［図3-55］と同じ30度でのカットだが、180度反対に傾けてカットした場合のイメージ図

ちなみに、先に見たように、マッハ1のマッハ角は90度ですから、進行方向に対して垂直な断面になります。つまり、「エリアルール1号のように、主翼と胴体の単純な垂直断面積を使えるのはマッハ1のときだけ」ということもエリアルール2号によって証明された

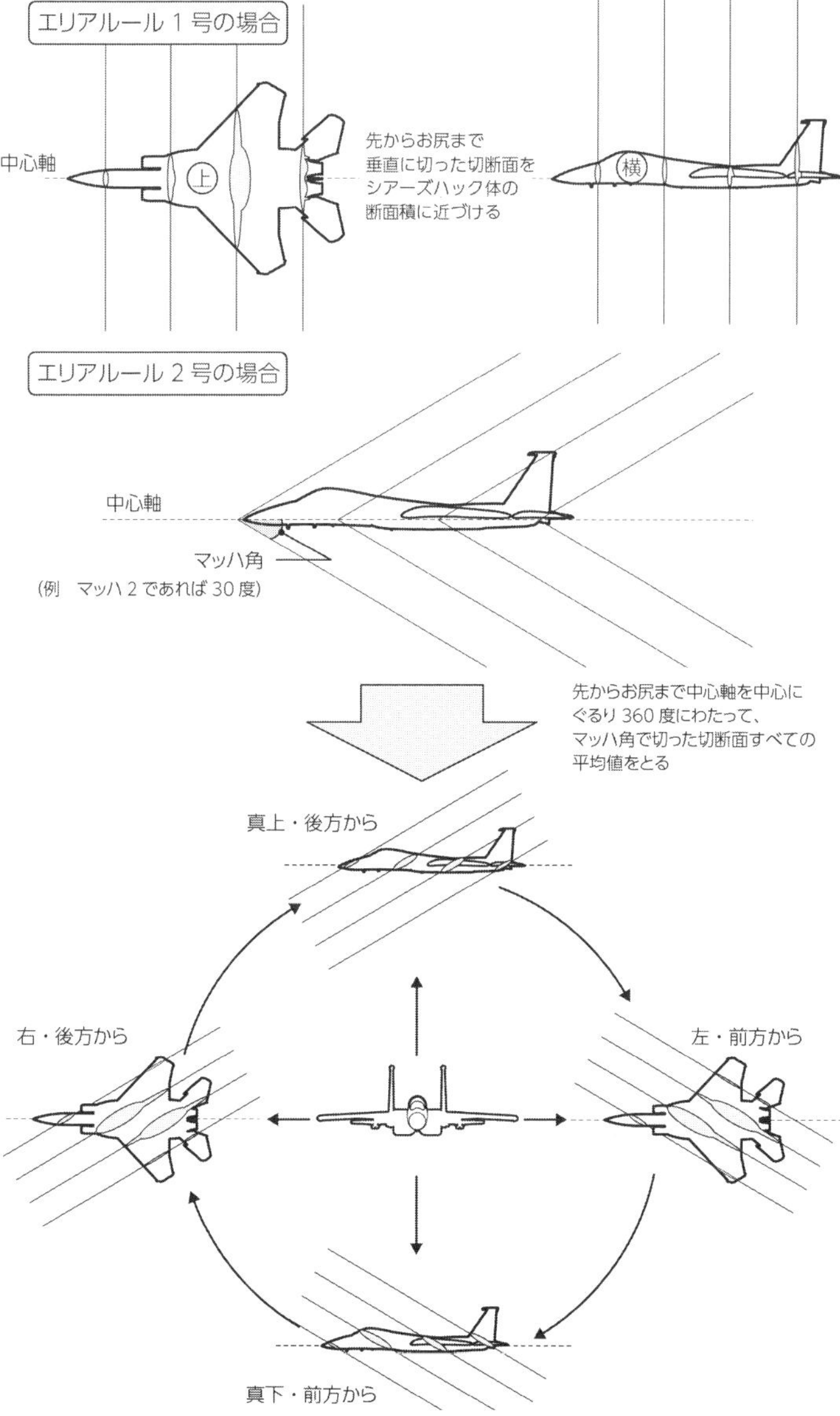

［図3-57］エリアルール1号と2号の断面積を求める作業の違い。エリアルール1号では機体を垂直方向（90度）に切って、その部分部分ごとに断面積の計算を行ない胴体を絞ればよかった（これでも先端からお尻まで無限にあるので大変だが）。しかしエリアルール2号は機体の中心軸に対してマッハ角の断面をぐるり360度回転させながら、先端からお尻までの断面を調整する必要があり、無限とも思える計算を要する（Illustration：宮坂デザイン事務所）

ことになります。

もっとも、エリアルール2号の計算は面倒なので、音速で飛ぶ機体でも遷音速の範囲内（マッハ1．2くらい）までならエリアルール1号で代用することもできるようです。なので、この2号ルールが適用されるのは、マッハ1．2から上の速度(超音速）を狙った機体ということになります。

エリアルール2号のレポート

ジョーンズによる「Report 1284」も紹介しておきます。

[図3-58]を見てください。エリアルールなし胴体と、彼の理論に沿って設計されたマッハ1．0用、マッハ1．2用のエリアルール適用機体の各抵抗値データです。上グラフが風洞実験によるもの、下が計算による予測値になります。

どちらも左端の位置で一番上が無加工（Unmodified）で、真ん中がマッハ1．2用（Modified for M = 1.2）、一番下がマッハ1．0用（Modified for M = 1.0）となっています。グラフは例によって縦軸が抵抗値、横軸がマッハ数による速度です。当然、下にあるほうが抵抗値が少なくて有利となります。

こうして見ると、実は微妙に計算による予測値と実験値が一致していないのですが（笑）、

・マッハ1の段階では、エリアルールなし機体が一番抵抗が大きいこと

・マッハ1．0用はマッハ1を超えた後はどんどん抵抗値が上がっていき、マッハ1．3を超えるとエリアルールなしよりもむしろ抵抗値が大きくなってしまうこと

・マッハ1．2用はマッハ1．2〜1．3あたりまで低い抵抗値を示した後、エリアルールなしとほぼ同じ数字になってしまうこと

が読み取れます。厳密に理論通りの結果ではないのですが、それでもそれぞれのマッハ数に適した胴体形状が存在し、さらにその速度を超えてしまうと、あっさりその効果が消えてしまうことが見て取れるでしょう。

ちなみにエリアルールなし機体は音速を超える段階で抵抗値がバンと跳ね上がるのですが、実はそれ以降は抵抗値は低下していくことにも注目してください。これが音速の壁の奇妙な特徴の一つで、音速を超えるときのほうが、超音速に近い速度より抵抗が大きいのです。

エリアルール1号世代と2号世代の見分け方

エリアルール1号世代と2号世代の見分け方は簡単です。

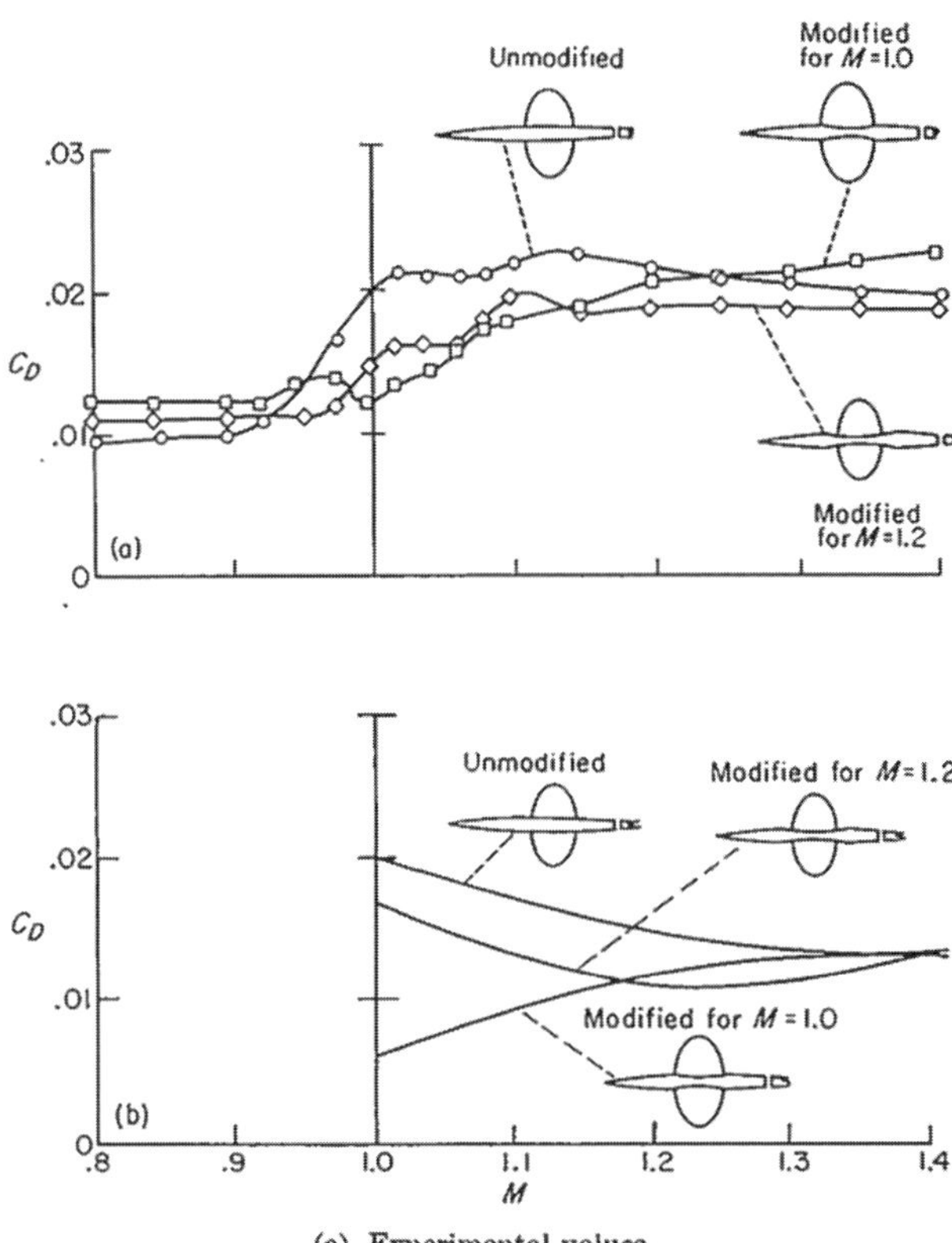

(a) Experimental values.
(b) Calculated values.
FIGURE 10.—Drag of bodies with elliptic wings.

［図3-58］エリアルール2号が発表された「Report 1284」の一部

1号では主翼横の胴体を絞っているだけなので、それ以外の部分は直線構造になっており、さらに尾翼なども機体後部に単純

［図3-59］エリアルール1号世代のYF-5（F-5の試験機段階）の機体上面。主翼横以外の胴体はほぼ単純に真っすぐなのが分かる

にまとめて設置されています。［図3-59］

対して2号世代の機体は、機首部からジェットノズルまで滑らかに断面積が増減し、主翼部でこれが最大になるようになっています。ちなみにエリアルール2号を適用する場合、デルタ翼のほうがその調整は簡単なはずで、これもデルタ翼の利点の

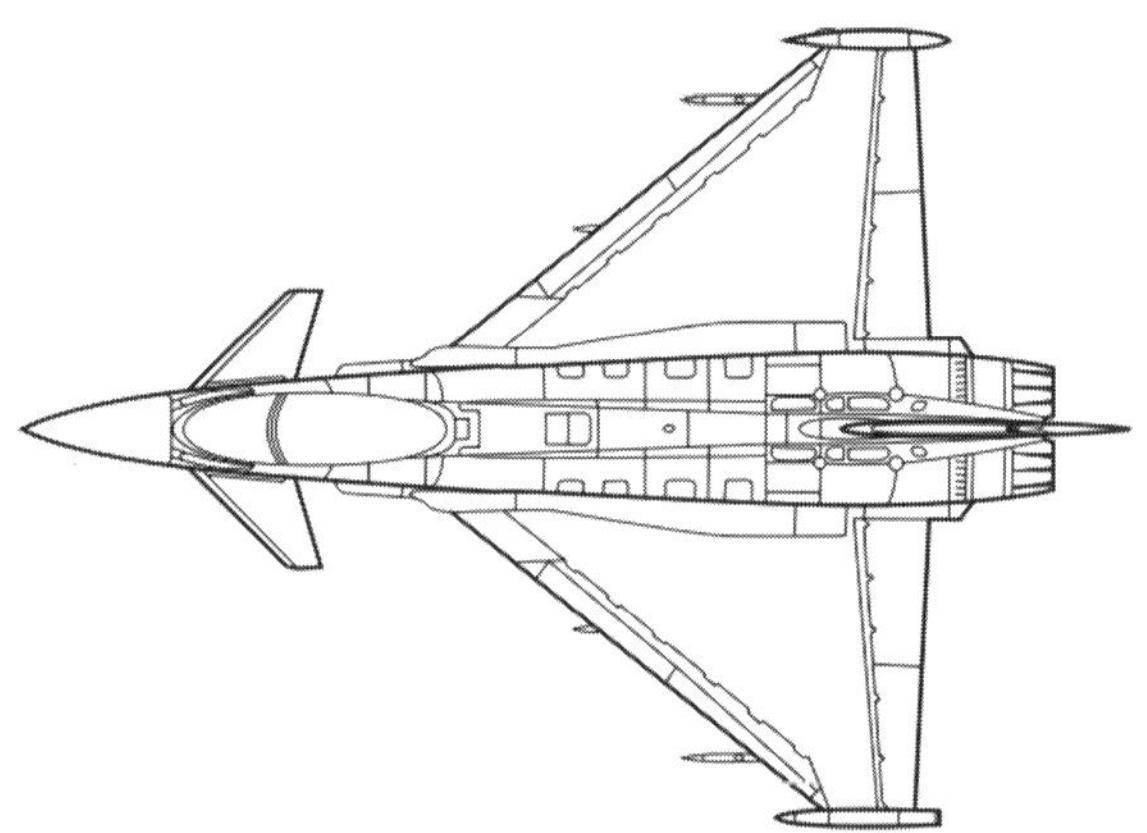
［図3-60］2003年から運用されているユーロファイタータイフーンの上面図。エリアルール2号世代機であり、機首部から後部にかけて滑らかに断面積が増えるような設計になっているのが分かる。尾翼のない無尾翼デルタだと、そのあたりの設計はさらに楽だと推測される

［図3-61］エリアルール２号世代のF-16。断面積は滑らかに増減し、主翼部分で最大となっている

［図3-62］F-16の模型。胴体下の安定板が、水平尾翼や垂直尾翼の位置から微妙にずらされて設置されているのが分かる

一つだと思われます。［図3-60／-61］

2号世代のもう一つの特徴が尾部で、垂直尾翼と水平尾翼をずらし、機体後部の末端で断面積が増大しないようにされています。［図3-62］のF-16だと、胴体下の安定板などが微妙にずらした場所に設置されているのが見て取れるかと思います。

このように、音速を超えて飛ぶための秘密技術「エリアルール」は今でも音速機の設計に活かされているのでした。ちなみに私が確認できた範囲においては、1号と2号のどちらのレポートも最初から機密指定がされていないようですが、誰もその重要性に気が付かなかったからなのか、それとも意味もなく気前がいいからなのかはよく分かりませぬ。

第四章　戦闘機氷河期の始まり

1　空戦を意識していたジェット機の黎明期

「空軍の仕事は爆撃機がやるもんだ」の時代

第二次世界大戦後のアメリカ空軍は、戦略爆撃機と核兵器によって直接敵国家の破壊を目論む戦略空軍化を推し進めました。この点はすでに説明した通りです。

その結果、第二次世界大戦後は戦闘機や対地攻撃機といった機体はどんどん存在価値が薄くなっていきます。戦争が始まったら敵の軍隊なんか無視して相手国家の心臓部を直接叩いちゃうわけですから、通常兵器なんて使っている暇がないのです。よって空軍にとって、戦略爆撃や核兵器による攻撃に関係ない兵器はほぼ存在意義がなくなってしまったのでした。

戦闘機は乗るには面白いな。でも、空軍の仕事は爆撃機がやるもんだ

というのは戦略航空司令部（SAC）のボスであり、のちに空軍参謀総長にまで出世するカーチス・ルメイの言葉でしたが、アメリカ空軍はまさにそういった状況になっていきます。

その結果、通常兵器の開発を事実上放棄してしまい、ベトナム戦争では主力戦闘機どころか主力攻撃機まで海軍の機体を使うという屈辱を味わい、それでも貧弱な北ベトナム空軍を完全に圧倒することができませんでした。

なので最初は、1950年代後半から70年代初頭まで、アメリカ空軍が完全に死んでいた時代にどんな戦闘機をつくっていたのかを見ていきます。

ちなみに冷戦の真最中、空軍独立から1982年まで最高責任者である空軍参謀総長の地位に就いた人間は10人いるのですが、このうちは二人は戦前から活動していたボンバーマフィアで、5人がSACの出身です。すなわち10人中7人、7割が戦略爆撃屋だったことになります。

とくにルメイ以後はその傾向が強く、ルメイ本人を含めて6人中5人がSAC出身、約20年間で例外は一人だけ、という異常な数字が残っているのです。［図4-1］

空戦を意識していたジェット黎明期の戦闘機

まずは第二次世界大戦直後からです。アメリカも大戦中から、イギリスやドイツのように戦闘機のジェットエンジン化を進めていました。なので戦後の空軍独立後、一気にその保有する戦闘機がジェット化することになります。

アメリカ空軍の歴代参謀総長

	氏名	在任期間	傾向・出身
初代	カール・スパーツ	1947年9月～1948年4月	"ボンバーマフィア"
2	ホイト・ヴァンデンバーグ	1948年4月～1953年6月	"ボンバーマフィア"
3	ネーサン・トワイニング	1953年6月～1957年6月	
4	トーマス・D・ホワイト	1957年7月～1961年6月	
5	カーチス・ルメイ	1961年6月～1965年1月	SAC、"ボンバーマフィア"
6	ジョン・マコンネル	1965年2月～1969年7月	SAC
7	ジョン・ライアン	1969年8月～1973年7月	SAC
8	ジョージ・ブラウン	1973年8月～1974年6月	SAC
9	デイヴィッド・ジョーンズ	1974年7月～1978年6月	
10	ルー・アレン	1978年7月～1982年6月	SAC
11	チャールズ・ゲイブリエル	1982年7月～1986年6月	
12	ラリー・ウェルチ	1986年7月～1990年6月	

［図4-1］アメリカ空軍の歴代参謀総長（12代まで）を見ると、1970年代までに限れば10人中7人、つまり7割が戦略爆撃屋（〝ボンバーマフィア〟またはSAC出身）に分類される。1980年代以前のアメリカ空軍において、いかに戦略爆撃屋が力をもっていたかが推測できる

大戦中から終戦後数年以内に初飛行と配備が始まった機体、つまりルメイがSAC司令官として強烈な影響力を空軍全体に及ぼすようになる1949年より前に、開発と配備を終えていた機体を仮に第一世代とします。

この時期の戦闘機は、基本的に大戦中の戦訓がそれなりに活かされていますから、純粋に戦闘機であり、航空優勢を確保することを目的につくられています。「戦闘機でも核爆弾を積め！　とにかく爆撃せよ！」といった発想はまだありません。ただしその目標がきちんと達成されていたかは別問題……という機体も多いのでした。

まずはアメリカが最初に開発したジェット戦闘機ベルP-59エアラコメットです。一応、正式採用されているのですが、あまりに問題が多すぎて本格的な生産はキャンセルされてしまった失敗作です。約60機だけ生産されて終わります。［図4-2］

次はロッキードP-80シューティングスターです。空軍独立後は戦闘機ナンバーはFになるのでF-80とも呼ばれます。1944年1月8日に初飛行した〝事実上〟のアメリカ初のジェット戦闘機です。ちなみに初飛行の日付は、日本が紫電改の初飛行に成功したわずか1週間後でした。そりゃあ、日本は戦争に勝てないわけだという感じですね。［図2-31］

［図4-2］手前のベル・エアクラフトのP-59Aエアラコメットはレシプロ機よりも性能が劣っていて、発注の一部がキャンセルされたが、アメリカ初の実用ジェット戦闘機であった。奥は同じくベルによるP-63キングコブラ

このF-80は1950年に起きる朝鮮戦争で実戦デビューすることになるわけですが、その時期には完全に時代遅れとなっており、ミグ戦闘機相手に戦うのは無理と判断されて対地攻撃に投入されています。現地を視察で訪れた設計者の〝ケリー〟・ジョンソンは、爆弾を積んだその姿を見て泣きたくなったとか。

当然、そういった任務にはまったく向いていないため、いろんな意味でイマイチな結果に終わります。登場から6年で時代遅れなのかという感じですが、当時の機体の進化スピードは現在とは比べものにならないため、ある程度は仕方のないところではあります。

ただし、この機体を元につくられたジェット練習機T-33は1948年に初飛行を行ない、その後世界中で使用される傑作ジェット練習機となりました。日本の航空自衛隊では1999年まで飛んでいます。

その次に登場したのが、大戦中にP-47サンダーボルトをつくっていたリパブリックのジェット戦闘機F-84サンダージェットです。ほぼ失敗作です。戦後の1946年2月に初飛行しているのですが、朝鮮戦争では完全に時代遅れになっており、F-80と同じく主に対地攻撃に投入されます。［図4-3］

この機体の場合、配備開始後もトラブル続きで使い物になら

［図4-3］朝鮮戦争にて爆撃部隊として出撃する、リパブリックが開発したF-84Eサンダージェット。P-47同様に頑丈だったが、操縦が難しくパイロットの評判は芳しくなかった。写真の機体は1952年8月29日に高射砲によって撃墜されている

ず、実用化の目処が立ったのが1949年でした。その直後に朝鮮戦争が勃発して投入されるのですが、MiG-15と出会ったら、とてもじゃないがまともな勝負にならないというレベルの性能でした。

いろんな意味で凡庸な機体ですが、その割には異常にバリエーションが多く、最終的にはF型という後退翼にしたタイプも存在します。ただし、この後退翼型は試作段階ではYF-96という新しい型番が付けられているので、本来は別の機体と考えるべき機体でしょう（これはまた後で登場します）。［図4-4］

機体性能ではMiG-15に負けていたF-86

次が、大戦中のアメリカ陸軍の主力戦闘機P-51ムスタングをつくっていたノースアメリカンによるF-86セイバーです。大戦後からベトナム戦争に至るまでの間、アメリカが運用した戦闘機で唯一まともな性能をもっていた機体と言っていいでしょう。［図4-5］

空軍のジェット機開発としては最後発だったのが幸いして、終戦後に敗戦国ドイツからもたらされた高速飛行向けの主翼、つまり後退翼に関する情報を利用することができました。そのおかげで、高速戦闘機としてかなりの成功を収めることになりました。

［図4-4］後退翼をもつF-84F。直線翼をもつA〜EとG型をサンダージェットと呼ぶのに対し、後退翼をもつF型はサンダーストリークと呼ばれる。胴体を太くしたため空気抵抗が増加し、速度はサンダージェットをわずかに上回る程度にしか向上せず、機動性は低下した

［図4-5］ノースアメリカンが開発したジェット戦闘機F-86Fセイバー。後退翼をもち、傑作機として朝鮮戦争ではアメリカ空軍を支えた。涙滴型キャノピーにより３６０度の良好な視界があり、測距レーダーによるジャイロ照準装置を備えていた

朝鮮戦争でも、ＭｉＧ-15（［図2-30］参照）相手に優勢に戦いを進めたと言ってよい戦果を挙げています。同戦争で全期間を通じ、アメリカが航空優勢を失わなかったのは、この機体の存在によるところが大きいでしょう。

ただしこの機体を最後に、アメリカ空軍から〝まともな航空優勢戦闘機〟は消えてしまうことになります。以後は核爆弾が積めるような戦闘爆撃機か、敵の核爆撃機を迎撃する全天候型迎撃戦闘機が主力となってしまい、戦闘機同士の空中戦で勝つという設計思想の機体は消えてしまうのです。

そして約30年近く後にF-15が登場するまで、アメリカ空軍には航空優勢を確保できる機体がまったく存在しないという異常な時代が始まることになります。

ちなみにそのライバル機であったＭｉＧ-15をアメリカ空軍は手に入れており、試験の結果、その飛行性能が予想以上に優秀であることが明らかになっていました。速度はF-86とほぼ互角ながら、運動性や上昇力という空中戦で重要な能力はF-86を上回っていることが明らかになり、アメリカ空軍関係者を驚かせます。

じゃあ、なんで勝てたのだ？　という疑問は当然出てくるわけですが、多くの関係者たちはパイロットの練度や技量、そして兵器システムの優劣で説明しました。この点がソ連はお粗末なんだ、だから今後も大丈夫！　という理屈です（実際、兵装などではF-86はすでに射撃照準用レーダーを搭載し、極めて正確に目標との距離を測ることができたため、ＭｉＧ-15に比べ射撃精度は格段に優れていたのは事実）。

この結果、優秀な兵装、つまり赤外線やレーダーなどによる誘導ミサイルなどがあれば、まず負けることはない！　と考えられるようになっていきます。ところが実際はそれだけでは空戦には勝てないことがベトナムの空で明らかになり、その結果としてアメリカ空軍は極めて高価な代償を払うことになるのです。

ちなみにF-86が優位を取れた理由について、のちに登場するジョン・ボイドは視界の良さを理由の一つに挙げています。

迷走その1——消えていった長距離護衛戦闘機

これまで見てきたジェット戦闘機第一世代の後、１９４０年代末から50年代に入ってから開発が始まった戦闘機からアメリカ空軍の迷走が始まります。

これ以降、アメリカ空軍の戦闘機は大きく二つに分かれます。一つは攻撃的な戦略爆撃機の護衛機、そしてもう一つが自国の上空を守る守備的な迎撃戦闘機、特に夜だろうが視界のない雨の日だろうが飛んでいって爆撃機を攻撃できる全天候型の迎撃戦闘機です。

その後、戦略爆撃の高速化で護衛戦闘機が不要とされます。さらに大陸間弾道ミサイル（ＩＣＢＭ）による核兵器時代になり、ソ連から核を積んだ爆撃機が飛んでくるはずがないとなって、迎撃戦闘機の開発も中止されます（それでも部隊運用は１９８０年代まで続いた）。この結果、以後は戦術核兵器が搭載可能な戦術核戦闘爆撃機が主流になります（それらはすべてベトナムの空で死に絶えるが）。まずは長距離護衛戦闘機の迷走から見ていきます。

１９５０年代に入ってアメリカの戦闘機開発が迷走するなか、第二次世界大戦から引き続き必要とされた長距離護衛戦闘機はやや特殊な位置を占めていました。

戦後の主力となった戦略爆撃機B-36はアメリカ本土から北極を超えてソ連本土まで行く気だったため、小型の戦闘機ではとても航続距離が足りません。空中給油の技術もなかった当時は、その護衛戦闘機開発に四苦八苦した挙句に、最終的にその開発は放棄されてしまうことになります。［図1-12］

しかし、その計画が放棄されるまで、実にいろいろな迷走があったのでした。

［図4-6］マクドネルが開発していた〝寄生戦闘機〟XF-85ゴブリン。胴体が短く、直進安定性がほとんどないため、垂直尾翼が６枚ある（主翼端のものはウィングレットではなく、垂直安定板）。母機から発進し、母機に収容されることを前提としていたため、降着装置がなく、緊急着陸用にソリを備えていた

小型戦闘機を大型機に内蔵してみる

その迷走の極北の一つがマクダネルXF-85ゴブリンです。B-36の爆弾庫に搭載されて離陸する〝寄生戦闘機（Parasite Fighter）〟として開発されました。敵領空に入った後、母機から切り離されて発進し護衛任務に就きます。1948年8月に初飛行しており、アメリカ空軍でF-84の次の戦闘機がF-86なのは間にこれがあったからです。［図4-6］

爆撃機に搭載するため、極めてコンパクトな、というか無茶苦茶な構造になっていますが、初期の機体では主翼が根元から上側に折り畳み可能でした。ここまでくると、敵地までもっていくという手段がいつの間にか目的になってしまっている感じで、戦闘能力はちゃんと考えてあったんだろうかという気もします。ちなみに12.7ミリ機関銃を機首に4門搭載できました。

ついでに爆撃目標付近で発進したら、護衛終了後には再び母機のB-36に戻ります。そのため地上での運用は一切行なわないため、機体には着陸のための脚がありません。［図4-7］

ところが実験を開始してみると、試験母機のB-29の巨大な後部気流に巻き込まれてしまい、激しい振動のために機首のフックを爆弾庫内の回収装置に引っ掛けることができず、緊急胴

［図4-7］爆弾庫内の回収装置に機体を引っ掛けるテストを行なうXF-85。母機周りの気流のせいもあって、回収装置に機体を引っ掛けることは容易ではなかった。初期型（XP-85）では翼を根本から折り畳むことができた

体着陸に追い込まれる事態が多発します。より大きなB-36だとさらに酷いことになるのは目に見えていましたから、当然のごとく、開発は中止となったのでした。まあ、それ以外にも問題山積みだったようですが……。

ちなみに一応、後退翼機でもあり、時速1000キロという音速一歩手前の速度で飛ぶ予定だったとされます(実際は無理じゃないかと思いますが)。

既存戦闘機の改造を試みる

お次はXF-85ゴブリンの失敗を受けて始まったFICON計画用のもので、YRF-84F FICONという、これまたB-36の腹の下に抱えられて敵地まで飛んでゆく機体です。このため鼻づらに空中収容のためのフックが付いています。ちなみにFICONはFighter Conveyor(戦闘機運搬機)のことです。[図4-8]

先のゴブリンの失敗を受け、より安定した既存の戦闘機からの改造となっています。改造元になったのは後退翼型のF-84Fの先行試作機でした。

しかし最終的に計画は迷走し、いつの間にかソ連領空近くまで戦闘偵察機を運んでいって偵察飛行を行なう、という話になってしまいます。長距離護衛戦闘機の話はどうなったの?

[図4-8] 母機GRB-36Dの機体下に設置された空中ブランコ機構から発進する、リパブリックが開発していたYRF-84F FICON。コクピット前の機首部にフックが付いているのが分かる。長大な戦闘行動半径を稼ぐことができるとされたが、1956年にFICON計画自体がキャンセルされた

というと、立ち消えになったという他はよく分かりません。

どうもB-36に次いでジェット爆撃機B-47が導入されたため、高速で振り切って逃げればいいから護衛戦闘機は不要!みたいな話になったらしいのですが、詳細は不明です。

さらにこの他にもマクダネルのXF-88という機体などもありました。これは計画が中止された後、センチュリーシリーズ2番手のF-101として復活して、その後もやはり迷走するという訳の分からない機体となっていきます。

最終的には後で見るように1957年の「スプートニク・ショック」以降は大陸間弾道ミサイルが核戦争の主力となったため、B-36の存在価値がほぼなくなってしまい、自動的に護衛戦闘機の意味もなくなってしまいました。

2　重要性を増してきた全天候型迎撃戦闘機の存在

迷走その2――難航した全天候型迎撃戦闘機の開発

必要とされた偏執的なレーダー網の構築

さて、そんな迷走を重ねた長距離護衛戦闘機ですが、それにもまして迷走する分野の戦闘機がありました。それが全天候型迎撃戦闘機です。ただ本節ではそれらを見る前に、ソ連の核爆撃機の脅威に対するアメリカのパラノイア的な反応とも言える、レーダー網の構築について少し見ておきます。

核戦争時代の防空戦の特徴は、敵を1機でも見逃したらお終いという点でした。1機でも見逃すと、核爆弾によってアメリカのどこかの都市一つが丸ごと地上から消えます。

このためアメリカは、まずは確実に敵の爆撃機を発見することを目指します。ソ連の戦略爆撃機は最短距離となる北極を越えてくるというのは分かっていましたから、そちら方面の監視を固めれば理屈の上では鉄壁となります。

そこで、カナダとの国境線に（一部はカナダ国内に食い込んでいたが）Pinetree Lineと呼ばれるレーダーサイトの防衛線を築き上げます。

このレーダー網の建設中にアメリカ軍関係者が思ったのは「カナダが邪魔」ということでした。できれば吹っ飛ばして海にしてしまったほうが楽だと思ったでしょうが、さすがにそうはいかないのでカナダ政府に対してソ連への共闘を要請し、アメリカの防衛ライン構想に巻き込んでしまうことにしました。そうすればカナダ国内にもレーダー網を設置でき、アメリカ本土からよりはるかに早い段階でソ連機の侵入を探知できます。

普通に考えてカナダの原野に核爆弾を落としてゆくソ連の爆撃機もいないでしょうから、カナダ政府としては別にどうでもよかったはずなのですが、アメリカに政治も経済も依存せざるを得ない宿命の国ゆえ逆らえなかったのでしょう。

この結果、1958年5月にアメリカとカナダ政府の間で協定が結ばれ、2カ国が共同で設立した統合軍という珍しい軍司令部が誕生します。これが北米航空宇宙防衛司令部（North American Aerospace Defense Command）と呼ばれる連合防衛組織で、〝シャイアンマウンテン下の要塞〟ことNORADです。最近ではクリスマスにサンタのストーカーをやっていることでも有名ですね。

しかし先にも書いたように、あくまでカナダとは土地を巻き上げる目的で組んだだけなので、その主導権はアメリカが握りました。具体的にはNORAD司令官を送り込むアメリカ空軍が主導権をもつのです。

ちなみにNORADはアメリカ本土の防空を担う最高組織に位置づけられており、緊急時には陸軍・海軍・空軍（カナダ空軍も）が保有するすべての本土防衛組織を総合的に指揮・管理をする権限をもちました。なので、アメリカ空軍内に設立された三大上級司令部の一つ、防衛航空司令部（1968年から航空宇宙司令部）すなわちADCもその傘下に入りました。

実際の兵器の運用管理はADCが、その戦闘指揮はNORADが、という感じになります。

そんなNORADですが、任務の重責もあってか軽く狂ったような組織となっていました。

［図4-9］NORAD作戦指令部は、このシャイアンマウンテンをくり抜いた地下につくられている。写真右下のトンネルが基地への入り口。地上にめり込んで爆発し、地震を起こして地下施設を圧潰させる核兵器が冷戦期には開発されていたため、核爆弾を弾き飛ばす岩山が選ばれたのだと推測される

その作戦司令部からして異常でして、あらゆる核攻撃に耐えられるように堅固な岩盤をもつ岩山、コロラド州にあるシャイアンマウンテンの内部をくりぬいて、1961年から5年がかりでつくられました。カナダにも同じような作戦司令部がつくられています（カナダの地下司令部施設は冷戦終了後は地上

に移転し、その後、休止状態。シャイアンマウンテン地下の司令部も２００８年頃から主要任務から外され、バックアップセンターや訓練施設になっている)。［図4-9］

ただしシャイアンマウンテンの地下にあるのはあくまで作戦司令部であって、ＮＯＲＡＤ本部ではないので注意が必要です。ＮＯＲＡＤ本部は同じコロラド州のパターソン空軍基地にありました(現在は作戦司令部もパターソン基地に移っているはず)。

インターネット技術の原型となった防空システム

そんなＮＯＲＡＤによって、本土防空のために運用された防空システムがＳＡＧＥでした。これは、全米のレーダーからの情報をリアルタイムで一元管理し、戦闘機の発進指令から、その誘導までを行なう管制システムです。Semi Automatic Ground Environment の略でＳＡＧＥなのですが、ＳＡＧＥには賢者の意味があるので、アメリカ軍特有のダジャレネーミングでしょう。［図4-10］

ＳＡＧＥの特徴は世界で初めての、そして現代に至るまでも最大級のコンピュータネットワークを築いてしまった点でしょう。各レーダーからの情報が、全米22ヵ所（23ヵ所説もあり）に設けられた各指令センターに送られ、情報処理されていました。インターネット技術の祖先と言われる由縁です。

このコンピュータネットワークがＳＡＧＥシステムの肝で、マサチューセッツ工科大学（ＭＩＴ）とＩＢＭが共同でその開発にあたり、１９６３年頃から本格的な稼働を開始していま

［図4-10］初期のものと思われるSAGE戦闘指令所の指揮官用操作盤。通常は電気を落とした暗い室内で、奥の白いスクリーンに、天井にあるプロジェクターから白線で地図が投影され、そこに敵機や友軍機の位置が示されたはず。右手前の人がスクリーンに向けているのは銃型ポインタ

す。まだ真空管の時代ですから、このシステムに使われたコンピュータ（ＩＢＭのＡＮ／ＦＳＱ-７）は２７５トンもありました。さらに安定性確保のため２台一組がお互いに補完する形で運用されたので、その運用コストは考えるだけで胃が痛みます……。

ただ、このＳＡＧＥシステムは１９５０年代の技術であり、対爆撃機専用でした。このため60年代に実用化された大陸間弾道ミサイル（ＩＣＢＭ）の脅威には対応できないといった問題を抱え続けます。

さらに、そもそも理論倒れで役に立たなかったという話もあります。実際、キューバからの亡命のために飛んできた機体を何度か見落としたと言われており、その実用性には疑問符が付いていました。それでも１９８３年までそのネットワークは生きていたというからスゴイ話です。

さて、そんなシステムに支えられたアメリカの防空網ですから、そこで使われる戦闘機も当然のごとくパラノイアとなっていきます。そのあたりを見るにはまず、当時の全天候型迎撃戦闘機に搭載された火器管制装置（Fire Control System：ＦＣＳ）を知る必要があります。

その後の空戦のあり方を一変させたＦＣＳの発明

最初に、アメリカ空軍が本土防空の迎撃機として採用した「全天候型迎撃戦闘機」と呼ばれる機種について説明しておきます。

当時のレシプロ戦闘機でも計器飛行で夜間飛行は可能ですし、多少の雨でも雲の上に出てしまえば問題はありません。だから別に全天候型機だけが全天候で飛べたわけではありません(特別訓練を受けたパイロットに限る。それ以外の人が雲の中に入れば、たいてい空間失調で墜落する)。台風だ竜巻だ、さらに積乱雲が団体さんでやってきたとなると話は別ですが、その場合は現代の飛行機ですら迂闊には飛べませんから同じことです。つまり、全天候型といっても、他の機体と飛行条件はそれほど変わりません。

じゃあ全天候型と普通の戦闘機では何が違うのかというと、夜間や雲の中といった視界が利かない状況下でも、確実に敵機を見つけて撃破できる能力があるというのが全天候型迎撃戦闘機とされます。アメリカ空軍は、この「どんな状況でも常に迎撃任務が行なえる」という条件を全天候（All weather）型としたのです。

よってアメリカ空軍が定義するところの全天候型迎撃戦闘

機という機体は、目視できないような状況でもレーダーで敵を見つけて（自機のレーダーだけでなく地上レーダーからの情報もあり）パイロットを誘導し、さらに兵器の照準まで付けてくれて、後は引き金を引くだけで命中させることができるというシステムです。一種の半自動操縦＆照準戦闘システムとも言えます。

そうは言っても、１９４０年代後半～50年前半の電子技術でそんな夢のような話が可能なのかと思ってしまうところですが、アメリカ空軍は当時の技術でこういった戦闘機は製作可能だと判断していました。

そしてそれに挑戦にしたのが、変人＆飛行機好き大富豪のハワード・ヒューズがオーナーの会社、ヒューズ・エアクラフトでした。そしてそこで開発していた電子装置のＦＣＳが全天候型迎撃戦闘機の鍵だったのです。［図4-11］

名前が地味なのでうっかり見落としがちですが、１９４８年頃に完成したこの電子装置が、その後21世紀に至るまでの戦闘機の戦いを根底から変えてしまうことになります。人と計算機とレーダーが共同して戦うのが戦闘機、となっていくのです。

ただし、さすがに当時はいろいろ性能が不足していました。そして、その能力不足が空軍のさらなる迷走のきっかけにもなっていったのでした。

［図4-11］ハワード・ヒューズ（1905～76年）。発明家で会社経営者であり、油田掘削機のドリル先端部分の発明で巨万の富をなした父親の遺産を19歳で相続し、映画プロデューサーや監督として活躍したり、航空会社を買収したり、飛行機メーカーを設立して自ら飛行機を開発したりと多方面で活躍した。一方、飛行機事故で大火傷を負って容貌と性格が激変し、強迫性障害に苦しんだと言われる

電子装備のルーツを築き上げた二人の技術者

初期のヒューズ・エアクラフトによるＦＣＳはレーダーと歯

車やジャイロによるアナログ（機械式）コンピュータを組み合わせてつくられていましたが、1950年代に入ってから真空管を使ったデジタル（電子式）コンピュータ化されます。これらは敵の発見から、機体の誘導、さらには攻撃までをすべて管理する自動戦闘装置とでも言うべきものでした。

全天候型迎撃戦闘機用のFCSは改良のたびに自動化が進み、のちにF-86D（L）に搭載されたタイプでは、パイロットはFCSに指示された通りに機体を動かせばいいだけになってしまいました。機体が射撃ポイントに入ったら、後は引き金すら引く必要がなく、装置が勝手にロケット弾を発射するようになっていったのです。

このあたりはのちにF-102やF-106でさらなる究極形となるのですが、それはまた後で説明します。これは便利な反面、機械は絶対間違わない、人間は絶対信じないといった感じで、ある意味で狂気さえ感じさせるシステムでもあったのです。

1948年頃に採用された、ごく初期タイプのFCSは先述のように円盤や歯車の物理的なパーツを使って計算を行なうアナログコンピュータでしたので、巨大な装置になってしまったうえに、能力も決して高くはありませんでした。それでも大戦終結直後にすでにレーダーとコンピュータを組み合わせたFCS、つまり現代の戦闘機には必須の装置の始祖といえるシステムが誕生していたことを考えると、お世辞抜きで「アメリカ空軍、すごいな！」とも思います。

ちなみに、ヒューズ・エアクラフトにおいて、このFCSの開発を担当したのが、ディーン・ウルドリッジ（Dean Wooldridge）とサイモン・レイモ（Simon Ramo）のコンビでした。戦後の同社はこの二人によって、航空用電子機器で世界最先端を走っていたのです。［図4-12］

ウルドリッジとレイモのコンビは1940年代後半から50年代にかけ、このFCSの改良を続け、さらに誘導ミサイルであるAIM-4ファルコンの照準システム開発を立ち上げています。その意味では、この二人が戦闘機における各種電子装備のルーツを築き上げたと言えるかもしれません（ただし「ファルコン」ミサイルでは誘導部のみ担当。本体部分の開発は別チームだった）。

ちなみにその後、ハワード・ヒューズと喧嘩してしまい、二人揃ってヒューズ・エアクラフトから独立することになります。それでもICBMの誘導装置の開発に着手すると、これまた成功しています。ですので、戦後の戦略空軍の中核となった技術者コンビだったと言ってよいのかもしれません。

また余談ですが、第一章の【2 〝戦略爆撃の生みの親〟ハロルド・ジョージ】（15ページ）で見たアメリカの戦略爆撃理論の中心人物、ハロルド・ジョージは大戦後に軍を退役すると、このヒューズ・エアクラフトに天下りしており、同社が軍向けの電子機器メーカーとなる大きな原動力となったようです（ただし、こちらも後に経営陣と対立して退社してしまうのだが）。

全天候型迎撃戦闘機の開発が遅れ、パニックとなる

大戦末期から戦後すぐまでは全天候型迎撃戦闘機という発想はなく、夜間戦闘機であるノースロップP-61ブラックウィドウがその手の任務に就いていました。レーダー搭載の双発

［図4-12］1957年にTIME誌で特集されたディーン・ウルドリッジ（左。1913〜2006年）とサイモン・レイモ（右。1913〜2016年）。ヒューズ・エアクラフトを去って1953年にRamo-Wooldridge Corporationを設立すると、アイゼンハワー大統領はレイモに直接電話をかけICBMの誘導装置の開発を依頼したとされる（Photo：Northrop Grumman）

［図4-13］ノースロップが開発した夜間戦闘機P-61ブラック・ウィドウ。レーダー搭載を最初から想定して設計された最初の機体で、機体上面に戦艦の砲塔のような12.7ミリ4連旋回機関銃が搭載されていた。愛称は「喪服の未亡人」ではなく、「クロゴケグモ」の意

大型機ですから戦闘機相手の格闘戦は不可能ですが、実際のところ、アメリカ本土まで飛んで来られるのは長距離爆撃機しかいなかったので、これで大丈夫と考えられていたようです。[図4-13]

終戦後の夜間戦闘機はF-82ツインムスタング夜戦型へと移行していくのですが、さすがに時代遅れであろうと、その高性能化が1945年8月の段階ですでに目論まれ、新型機の競争試作の要求仕様がメーカーに通達されました。その要求に応えた新型夜間（全天候型）戦闘機競作では最終的にノースロップの機体が採用となり、これがのちのF-89スコーピオンとなります。

ところがこの機体は開発が遅れまくり、その間にソ連の戦略爆撃戦力が大幅にパワーアップし、加えてソ連が原子爆弾の開発にも成功してしまったので、アメリカの空にまともな迎撃戦闘機は不在のままで大ピンチという状況に追い込まれます。アメリカ空軍は軽いパニックに見舞われるのです。

その結果、F-89に加えてロッキードF-94A&B、さらにはノースアメリカンF-86D&Lと、全天候型迎撃戦闘機がわずか数年の間に次々に登場するという不思議な現象が発生します。これは国防長官マクナマラが登場する1960年代まで続くのですが、その先鞭をつけたのがこの全天候型迎撃戦闘機でした。各機体の詳細はのちほど見ていきますが、最初にそういう事態を発生させた時代背景を理解しておいてください。

アメリカをパニックに陥れたソ連の猛追

そもそもソ連は戦略爆撃がどういうものか微塵も理解しておらず、このため第二次世界大戦期を通じ、その手の機種をまったく所有していませんでした。しかしドイツがアメリカの戦略爆撃で破壊されていく過程を、もっとも肌で感じられたのがソ連軍でもありました。なにせ日に日にドイツ軍は弱体化していき、最後には航空機や戦車の燃料にすら事欠く敵となってしまいます。

戦略爆撃さえすれば、冬が来ようが、雪解けで戦車が道路に沈没しようが関係なく、相手はどんどん弱体化していき、戦争に勝てるじゃないかと気が付いたソ連の偏執狂スターリンは、急激に戦略爆撃機が欲しくなるのでした。そこで大戦中にアメリカにドカンと戦略爆撃機をよこせと要求します（ソ連視点。レンドリースはあくまでリースだが、ソ連は返却もせず戦後に発生した対価も支払わずに終わった）。

しかし、最強の主力兵器になりつつあった戦略爆撃機をアメリカが供与してくれるはずもありません。あっさりその要望は蹴り倒されました。

ところが、意外な形でソ連にチャンスがやってきます。19

44年にB-29の日本本土爆撃が本格化すると、爆撃後のトラブルでマリアナまで帰還できず、日本の北のソ連領に不時着するB-29が出てきました。

するとソ連は日ソ中立条約を盾に、中立国に着陸した機体として押収してしまいます。まあ、やりたい放題ですね。この結果、少なくとも3機以上の完全状態のB-29がソ連の手に渡り、きっと天国のマルクスさんからのプレゼントに違いないと考えたスターリンは、ツポレフにこれを元にした戦略爆撃機の製作を命じます。

そしてソ連ですから、当然これを丸ごとパクってしまうのです。それが通称「スーパーフォートレススキー」ことツポレフTu-4でした。ただしやっぱりソ連ですからエンジンと排気タービンをコピーすることは難しく、オリジナルよりは性能は落ちていたとされます。[図5-14]

それでもこの機体が1947年の軍事パレードに登場したため、ソ連がついに高高度戦略爆撃機を手に入れたのかとアメリカは衝撃を受けます。このことで、ソ連に対するアメリカの空の優位が一つ、消えたからです。

ソ連の爆撃機を落とすことだけが重視される

加えて、1949年8月にさらに決定的な追い討ちが来ます。これまたアメリカの技術をパクって、ソ連はとうとう原子爆弾の製造にも成功するのです。こうなると、今までアメリカの専売特許だった、高高度からの核爆弾による戦略核爆撃の恐怖がアメリカ自身に降りかかってくることになるわけです。

このソ連が核爆撃能力を備えたことによってアメリカの戦闘機は、とにかく敵の爆撃機を絶対に殲滅するべし、という強迫観念に縛られていくことになるのでした。当然、ここには我らがカーチス・ルメイ〝閣下〟の意向も働いていたはずです。それは空軍の予算が増えることを意味しますから……。

その結果、全天候型迎撃戦闘機では、本来の戦闘機で重視されるべき運動性や加速性はまったく考えられず、とにかく強力な武装で敵の戦略核爆撃機を確実に叩き落とすことだけが重視されていきます。つまり速攻で迎撃に向かうために、アフターバーナーによる上昇力と加速力だけあればよし！　とされたのです。このため武装も、ロケット弾の大量発射から、最後は空対空核ミサイルにまで暴走していくことになります。

3　迷走した全天候型迎撃戦闘機たち

迷走の原因となったF-89スコーピオンの開発遅延

第二次世界大戦直後の1945年8月28日、それまでの夜間戦闘機の後継となるアメリカ本土防衛用の戦闘機の要求仕様が陸軍から出されます（まだ空軍は独立前）。さらに11月23日に追加要求が加わり、これも各メーカーに通達されました。

主な要求はロケット弾の発射が可能なことや、速度が時速850キロ以上が出ること（重武装である以上、ジェット機以外は事実上不可となる）、兵装用の火器管制（FCS）レーダーを積むこと、などです。

これに応募したのがノースロップとカーチス・ライトでした。そして選考の結果、すでに述べたようにノースロップのF-89スコーピオンの採用が1948年の秋に決定されます。ソ連がTu-4の存在を明らかにしていたものの、まだ核兵器の開発には成功していない段階なので、まだ本格的な対戦略核爆撃機を想定していないことに注意してください。［図4-14］

ちなみにこの結果、仕事がなくなった名門カーチスの航空機製造部門はノースアメリカンに売却され、消滅することになりました。

［図4-14］ノースロップがアメリカ初の全天候型迎撃戦闘機として開発したF-89スコーピオン。レーダー操作員を乗せるために複座になった。主翼両端には増槽を装備している（後期型は増槽と武器庫兼用のポッドとなった）

しかしこのF-89は、アメリカで最初の全天候型迎撃戦闘機でしたが、事実上の欠陥機で、初期の機体では殺人機とすら言える事故率で墜落していました。

このあたりは採用後にアメリカ空軍（1947年に陸軍から独立）からの要求仕様が変更になったり、ヒューズ・エアクラフトのFCSの開発が遅れまくったりして開発が迷走を重ねたためでもあるのですが、ノースロップ自身の機体設計に大きな欠陥があったのも事実でした（機体構造の耐久力不足など）。

そのため1948年8月に初飛行しながら、2年以上経った1950年9月にようやく配備が開始され、さらに事故による飛行停止やら何やらがあって、結局、本格的な運用は1954年初頭になってしまいました。初飛行から約5年半、配備開始から3年半も経ってしまっていたのです。

これは当時の戦闘機としてはかなりの遅れで、先に見たように、その間にソ連が戦略核爆撃能力を手に入れてしまったため、アメリカは本土が丸裸状態になってしまいました。その結果「なんでもいいからソ連の爆撃機を迎撃できる機体をつくれ！」といった流れになったわけです。そしてF-94姉妹からF-86D&Lに至る、この時期の訳の分からない全天候型迎撃戦闘機の開発ラッシュを迎えることになるのですが、とりあえず、それらの機体を順番に見ていきます。

［図4-15］ロッキードがT-33をベースに即席で開発した全天候型迎撃戦闘機F-94A。レーダーと火器管制を担当する搭乗員を載せるために、戦闘機型のP-80ではなく複座だった練習機型のT-33が選ばれ、110機が製造された（F-94シリーズの総数は853機）

急造のため、武装が貧弱すぎたF-94A

とりあえず速攻でつくることができる全天候型迎撃戦闘機として、複座練習機T-33の機首部にレーダーとFCSを積み、武装として4門の12.7ミリ機関銃を載せた機体がロッキードF-94Aでした。［図4-15］

戦闘機型のF-80ではなく練習機型のT-33が使われたのは、パイロットとは別にレーダーと火器管制をする搭乗員が必要なので、最初から2名乗りの機体が選ばれたからです。ちなみにアメリカ空軍の戦闘機として初めてアフターバーナーを搭載した機体でもありました。朝鮮戦争中は日本本土の米軍基地の防衛用、さらに夜間爆撃に出撃していたB-29の夜間護衛機としても使われています。

F-94Aは既存の機体の再利用ということもあり、F-89の初飛行から8ヵ月後の1949年4月に早くも初飛行に成功しています。ただし武装は機首部の12.7ミリ×4門のみという第二次世界大戦期時代のものでした。

その後、性能強化型のB型までつくられるのですが、武装はそのままで、とても必殺の攻撃は期しがたく、さらなる武装強化が求められます。その結果、事実上ほぼ別の機体であるC型の登場となりました。

［図4-16］F-94A・Bを大幅に再設計したF-94C。事実上の新設計機で、武装は機首部と主翼前縁のポッドに積まれたロケット弾のみとなった。機首部や空気取入れ口だけでなく、垂直尾翼の前縁部分の形状も変わっているのが分かる

大幅に再設計されたF-94Cスターファイア

1949年夏のソ連の原爆実験に成功を受け、より強力な全天候型迎撃戦闘機とするために武装とFCSを大幅に強化し

たのがF-94Cです。機体の多くの部位が再設計されており、もはやF-94A&Bとはかなり異なる機体となってしまいました。実際、当初はF-97という新型戦闘機として採用される予定だったのです。［図4-16］

機首先端の形状がA&B型と異なるのは、レーダーとFCSが別物であるうえ、（機首部の）20ミリ機関砲を外してロケットランチャーが装備されたためでした。さらによく見れば空気取入れ口の構造も異なり、垂直尾翼の前にはヒレ（追加安定板）が追加されているのも分かります。さらに主翼の形状も微妙に変わっていますから、ほぼ別の機体という感じです。

2.75インチ ロケット弾、いわゆる強力ネズミこと「マイティ・マウス」の発射装置は機首部に円環状に並べられ、飛行中はシャッターが閉まるようになっています。さらに主翼前縁の途中にもロケットランチャーが刺さっているというスゴイ設計です。この主翼部のロケットランチャーの搭載方法に反対する人間はいなかったんでしょうか……。［図4-17］

事実上の新型機に近いこのC型はやや開発に手間取っており、1950年夏に初飛行。1951年7月から、すなわちソ連の核武装から約2年近く経ってから、ようやく配備が始まるのでした。本命だったはずのF-89の量産もその前に始まっていたのですが、まだ開発が迷走中であり、型番の上ではF-89の後輩であるこの機体が、アメリカ初の対核爆撃機用の全天候型迎撃戦闘機となってしまいました。

単座が問題となったF-86Dセイバードッグ

ただしアメリカ空軍はこれでもまだ不安で、さらなる全天候型迎撃戦闘機の開発をノースアメリカンにも依頼していまし

［図4-17］F-94Cのロケットランチャー部分。上写真が主翼前縁部分で、下写真が機首部分
(Photo_above：Greg Goebel)

た。

それがF-94シリーズに続いて採用され、本土防衛の本命と見做されることになるF-86Dセイバードッグです。ちなみに「Saver Dog（守る犬）」ではなく、「Saber Dog（直訳すると刀の犬）」です。なんだそれは？　という感ですが、従来のセイバーの愛称に"D"型にちなんだドッグの名が追加されたものです。ただし、空軍内での制式名はセイバーのままだったという話もあります。［図4-18］

「アメリカン全天候型ジェット迎撃戦闘機その2」となるのがこの機体で、もともとはノースアメリカンから空軍に売り込む形で開発が始まった機体でした。ソ連の原爆実験成功直後の1949年11月に早くも初飛行していますが、やや変則的な初飛行で（後述）、それほど開発が順調だったわけではありません。

F-89とF-94A（とその改良型のB）、C、F-86Dとその改良型のLでアメリカは1950年前半の本土防空を乗り切っていくのですが、F-86Dはその中で唯一の後退翼機であり、その発展型のL型はこれまた唯一、最初からSAGEシステムとのリンクを前提として開発された機体でした。

ちなみにこの機体も約25％だけが従来のF-86Aと共通で、あとは完全に別物とされますから、事実上の新型機です。

このため当初は、YF-95A（Yは試作機に付く型番）とい

［図4-18］ほぼ新設計となったF-86Dセイバードッグ。全天候型迎撃戦闘機としては初めての単座だったが、この時代のFCSの操作をパイロット一人が操縦しながら行なうのは無理があった

う新型機として空軍から発注されています。しかし開発途中で、どうも予算を握っている議会に対し、新型機ではなく従来の機体の改良型としたほうが通りがよかったために、(Y)F-86Dに名称変更されたと言われていますが、詳細は不明です。

ちなみに従来型のF-86Aのお値段が21万9500ドルだったのに対し、このD型は34万3850ドルとされますから、約1.5倍のコストです。やはり全天候型は高くつくのでしょう。この値段差は、FCSとアフターバーナー付きエンジンの分が大きいと思われます。

このF-86Dの初飛行は先にも書きましたが、1949年11月。8月29日に行なわれたソ連の原爆実験成功から、わずか3ヵ月未満というスピーディーさでした。というのも、実はこの機体はアフターバーナー付きエンジンのテスト機と言うべきもので、武装もなければ、FCSも積んでいませんでした。さらにコクピット周りはF-86Aのものを流用していました。おそらくレーダーも積んでいなかったと思われ、そりゃ完成も早いわけです。

自動でロケット弾を撃てるFCSが必要に

この段階で武装に関しては、F-94Cと同じ2.75インチロケット弾「マイティ・マウス」を搭載することがすでに決定していました。

しかし、問題はFCSでした。当時、単座戦闘機に積めるFCSが存在しなかったのです。どうもノースアメリカンは全天候型迎撃戦闘機という機体をよく理解していなかったふしがあり、自社開発でスタートさせた全天候型迎撃戦闘機を単座戦闘機として設計してしまっていました。

これは「アフターバーナー付きエンジンでガーっと急上昇できて、F-86より大型の胴体に高性能レーダーを積んどけば、それでいいじゃん」程度の考えしかなかったためでしょう。ところが当時の全天候型迎撃戦闘機のFCSは専用のオペレーターが、つまりパイロット以外にもう一人の乗員が必要でした。とてもじゃないですが、(この当時のFCSは)パイロット一人が操縦しながら操作できるような簡単なものではなかったわけです。

ところがF-86Dは一人乗りとして設計され、試作機までつくって初飛行までやっちゃったわけで、ここで困った立場に追い込まれたのがノースアメリカンでした。FCSがないと、当然ながら空軍は全天候型迎撃戦闘機として採用してくれないわけです。この結果、F-86Dの開発も当然のごとく迷走を開始するのでした……。

しかし、ともかくつくっちゃったものはしょうがないし、F-89に愛想が尽きつつあった空軍にとって、F-86Dは迎撃戦闘機の本命として大量採用がほぼ確実となっていました。なので中止にはできません（1950年11月に制式受注）。

そこで単座の戦闘機に積めて、一人で操作できるFCSをつくってくれとヒューズに泣きつくことになりました。ヒューズ・エアクラフトの技術者としては、お前らアホかという感じでしょう。

それでも正式に予算がついてしまった以上、空軍もノースアメリカンも、もはや引くに引けなくなっていますから必死です。この結果、初飛行が終わってから3ヵ月近く経った1950年2月、最終的にヒューズ・エアクラフトはF-86D用の新型FCSであるE-4とその専用レーダーの開発を受注することを決めます。

このF-86D用に開発されることになったFCSのE-4は、すでにF-94Cに搭載されていたFCSであるE-5の改良版として開発が始まったようですが、ここら辺の資料がないので詳細は不明です。型番が若返ってしまっているのもよく分からない部分です。

余談ですが、ヒューズ・エアクラフトのFCSの型式番号も結構分かりづらく、必ずしも数字の順番通りに開発されていません。このE-4の開発が遅れまくってしまい、急遽ピンチヒッターとして機能縮小版のFCSがF-86Dの初期生産分には搭載されているですが、後からつくったこのタイプの型番はさらに若返ったE-3だったりします。

無理があった単座でのロケット弾運用

そしてF-86DもF-94Cで採用された2.75インチ ロケット弾「マイティ・マウス」を主武装として採用したのですが、なにせ一杯一杯の設計なので、問題はどこに積むか、でした。考えた末になんとか胴体の下に空間をつくり、そこに箱型の発射装置を積み込んで搭載することになります。

当然、そんな大きな物体を抱えて飛んでいたら空気抵抗でスピードが全然出ませんから、飛行中は胴体内に収納されるようにしてあります。[図4-19]

それでも射撃時に飛び出すので、空気抵抗の源になります。機首下面にあるため、そこに空気抵抗から力がかかると瞬間的に水平飛行のバランスが崩れて、機体はおじぎ状態となってしまうことになります。するとただでさえ真っすぐ飛ばないロケット弾が、最初から明後日の方向に飛んでいくことに……。なので発射時には強制的に水平尾翼を使って機体が上向きになるように、FCSが自動でコントロールしていたようです。

F-86Dとその改良型のL型は、24発しかロケット弾を搭載

［図4-19］ロケット弾「マイティ・マウス」を発射するF-86D。ランチャーは機首下面に収納してあり、下の写真のように撃つ前に飛び出す仕組みになっていた

できなかったので、その攻撃力は常に疑問視され続けました。とはいっても、なにせ一杯一杯の設計なので、追加装備は最後までされていません。その分、SAGEシステムとFCSの組み合わせで、一撃必殺！　必ず撃墜して来い！　という機体になっていたようです。

一応、24発の一斉発射だけでなく、6発や12発の数回に分けても撃てたのですが、なにせ真っすぐ飛んでいかないマイティ・マウスですから、数で勝負しないと命中が期待できず、大型爆撃機を確実に撃墜するにはほぼ常に一撃総発射となっていたみたいです。

ちなみにF-86D／Lを含め、FCSを搭載した全天候型迎撃戦闘機は、基本的にパイロットはロケット弾の発射を自分では行ないません。FCSの指示する方向に、指示された速度で飛ぶのがパイロットの主な仕事であり、レーダースコープ上に移る点（dot）が常にスコープの中心に来るように機体を操縦していれば、後は勝手にFCSがロケット弾を発射してしまうのです（ただしFCSの故障やジャミングによってレーダーが無効化された場合に備えて、パイロットの目標照準によって発射する方法もあった）。

加えてマイティ・マウスは、直線で最後まで飛んでいくほどの力をロケットモーターから得ることができませんでした（そこまで高速ではなかった）。そのため、やや上方向へ、放物線を描くように撃つ必要がありました。そうなると、命中させるには機関銃のように弾の飛行線上に敵を捉えるのではなく、遠くの一点に正確にロケット弾を送り込む必要があります。

つまり、普通に直線弾道で飛ぶ弾なら、〝弾道上に〟敵がいれば当たりますが（［図4-20］参照）、放物線状に飛んでいく弾で命中させるには〝一点で〟命中させるしかなく、極めて正確な射撃が求められるわけです（［図4-21］参照）。これは戦艦などの艦砲射撃と同じことであり、このため戦艦の射撃管制装置のような計算装置が航空機にも必要になってきたわけでした。逆に言えば、それがないと極めて命中率の低い兵器となってしまったのです。

方位

［図4-20］弾が直線状に飛ぶ場合は、弾道上に目標がいれば当たる

最終的にF-86Dは西ドイツや日本などにまで部隊を展開させられるのですが、なにせ無理をしていますから、運用期間の最後までFCS絡みのトラブルで泣かされ続ける機体となってしまうのでした。

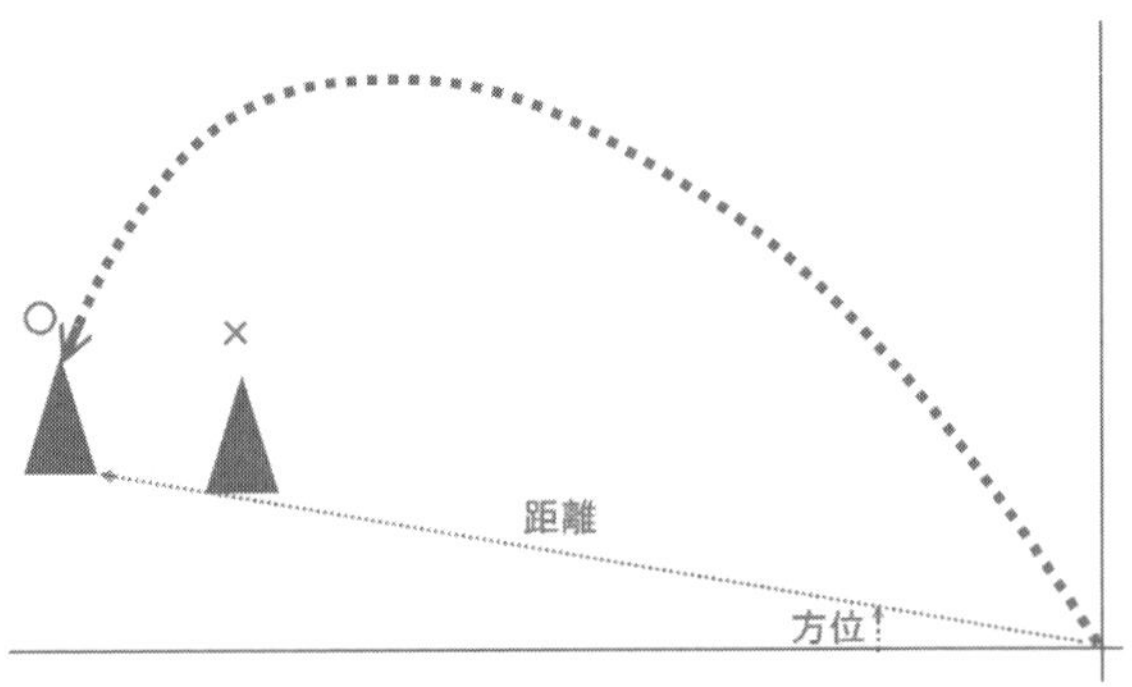

［図4-21］弾が放物線を描いて飛ぶ場合は、奥行きも含めた一点で目標を狙う必要がある

その後も遅延と迷走を続けたF-89の開発

最後に、迷走に迷走を続け、最初に初飛行しながら、ビリで本格運用に入ったノースロップのF-89の運用を確認しておきます。

1948年8月に初飛行し、第一世代の全天候型迎撃戦闘機の中で最初に登場した機体なのに、その配備は最後となったの

がF-89でした。このため１９５０年代後半に至るまで運用が続けられながら直線翼であり、相手が高速爆撃機を投入してきたらどうする気だったのだろう？　という感じの古臭さでした。

　さらにノースロップの設計陣はジェット機の高速性と、それによって生じる機体にかかるストレスを理解できておらず、悲惨という他ない事故を引き起こしてしまうのです。

　ちなみにF-89は最初、機首に20ミリ機関砲４門を積んだ爆撃機の銃座のようなターレット（銃塔）を搭載する予定でした。おそらくP-61のデザインを踏襲したのだと思いますが、さすがにジェット機でそれはどうかとなって、途中でF-94Aのような固定式20ミリ機関砲６門に置き換えられています。

　ところが機体の配備に手間取っている間に例のソ連の戦略爆撃機ショックが発生し、この固定式機関砲６門もさらにロケット弾＆ミサイルに置き換えられることになるのです。設計、試作段階から実戦配備にかけ、ここまで主武装が変わった戦闘機もある意味珍しいでしょう。

　その後、ようやく配備が始まった最初の量産型のA型でいきなり機体にもＦＣＳにも問題が続出します。そして配備からわずか半年後、１９５１年３月までに11機を生産しただけで製造打ち切りとなってしまいました。その11機も部隊配備というにはほど遠く、事実上の試作機の段階で１９５４年には全機退役となっています。

　続いて登場したB型もエンジンに欠陥が見つかったり、昇降舵（エレベータ）にフラッター（高速飛行時に起きる破壊的な振動）が出たりと問題続出で実用に耐えず、これも半年間だけ製造して１９５１年９月に製造打ち切りとなってしまいます。生産数は50機前後だと思われますが、正確な数字は分かりません。

　その結果、さらに改良されたC型がつくられることになり、B型の製造打ち切り直後の９月から生産が開始されました。わずか１年ちょっとの間に２回の改修があり、３つのタイプが生産されたわけです。

空中分解する事故が多発したF-89C

そしてようやくC型から本格的な量産がスタート。部隊配備が始まり、翌１９５２年１月には部隊での運用が開始されます。

　しかし部隊配備が進むにつれて、本格運用の前に見落とされていた致命的な欠陥が明らかになっていきます。それはF-89の抱える構造的な欠陥であり、主翼の強度不足でした。

　まずC型の生産開始から半年も経っていない１９５２年２

月25日、最初の空中分解事故が発生します。以後、9月22日までの間に次々と5機ものF-89Cが飛行中に主翼が吹き飛んで空中分解し、墜落します。8月30日には一般客が見守るエアショーでの事故となり、悲惨という他ない状況になっていくのです。主翼のない状態では凄まじい回転と落下速度で落下していきますから、パイロットは脱出不可能でした。こうなるともう、事実上の殺人機です。

しかし、すでにアメリカ空軍はルメイの時代に入りつつありました。組織を支配しているのは論理ではなく、狂気です。これだけの事故を起こしながら、空軍は9月までF-89を飛行停止にせず、いたずらに犠牲者を増やします。

実は最初の事故直後の3月の段階で、「構造的な欠陥の恐れあり」という報告があり、空軍はノースロップにC型の製造停止命令を出したとされます。ところがすでに配備されていたF-89Cは防衛上の必要性から飛行停止にせず、いたずらに犠牲者を増やし、ようやく9月に飛行停止命令が出ます。これはもう組織的な殺人に近いものがあるでしょう。

本来なら、これ以上こんな機体に関わる理由はないはずですが、なぜか空軍はノースロップの設計改修案を受け入れ、この後D型としての製造を発注しています。メーカーと軍上層部の間になんらかの癒着があったと考えないと説明ができないような感じがします。

[図4-22] ヒューズ・エアクラフトが開発した、アメリカ空軍で初めて実用化された空対空レーダー誘導ミサイルAIM-4ファルコンのA型(右)とB型(左)。A型の全長は1.98メートルで、のちに登場するAIM-7Eスパロー(3.77メートル)やAIM-9Xサイドワインダー(3.02メートル)と比べると、太くて短い

初の空対空ミサイル機となったF-89D

そこまでしてやっとまともに運用できる状態となった最初の本格量産型のD型の配備が開始されたのは、初飛行から6年近くも経った1954年初頭となります。当時としてはかなりの遅れだと思っていいでしょう。

D型から機首部の20ミリ機関砲がようやく外され、ロケット弾が搭載されることになりました。生産途中から世界初の空対空誘導ミサイルAIM-4ファルコンも搭載できるように改

修され、世界初の空対空ミサイルの本格運用も始まります。［図4-22］

この段階ではすでに、後から開発に入ったF-94CやF-86D&Lは配備済みで、それどころかその後継機F-102も初飛行済みで生産準備に入っているという段階でした。よってF-89Dは完全に時代遅れの機体となっていましたから、その対抗策として考えられたのが、当時ヒューズ・エアクラフトが開発し実用段階に入りつつあった「ファルコン」ミサイルの搭載だったのです。

これなら機体の性能が多少劣っていても、遠くからぶっ放すだけなのでなんとかなる！　と思われたのでしょう。D型の生産途中からその搭載が可能になると、すでに生産されていた機体にも順次、搭載可能とする改修が行なわれます。F-89は最終的に空対空ミサイルの搭載能力をさらに強化したH型までつくられますが、さすがにもう時代遅れとなり、これにて新規開発は終了となりました。［図4-23／-24］

本当は〝爆撃機の自衛用兵器〟だった空対空ミサイル

ちなみに「ファルコン」ミサイル、つまりAIM-4（旧称GAR）は当初、「戦略核爆撃機の護衛兵器開発計画」の中で、〝爆撃機の自衛用兵器〟として開発がスタートした兵器でした。

よって例のずん胴戦闘機XF-85ゴブリンの兄弟とも言えるのですが、こちらは健全な兵器への道を歩んだわけです。

ただし1946年にスタートした当初の計画では、敵に向か

［図4-23］主翼の翼端ポッドに3基（両翼で6基）のAIM-4空対空ミサイルを搭載したF-89H。加えてこのポッドには21基（両端で42基）の「マイティ・マウス」空対空ロケット弾も搭載している

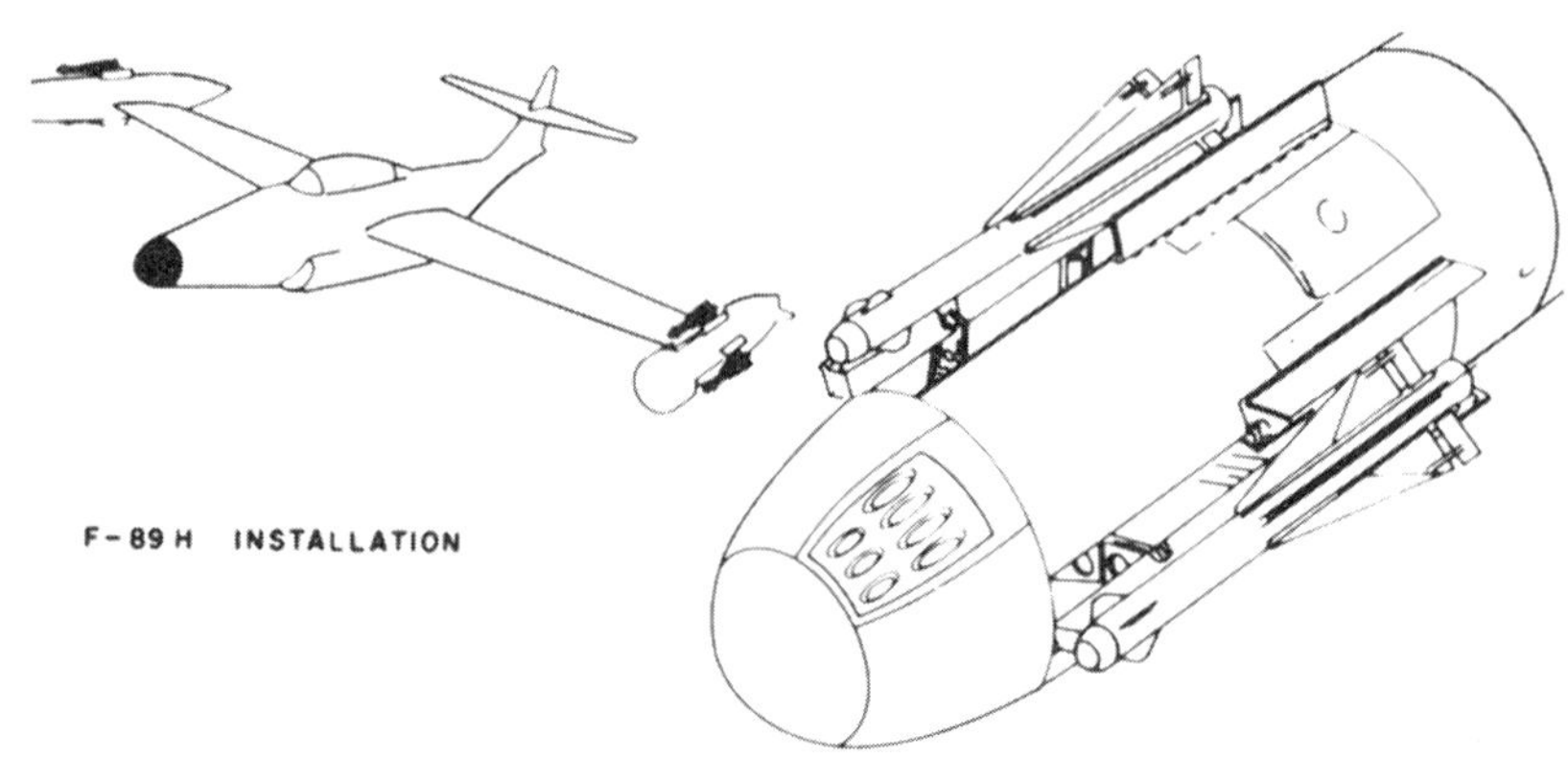

［図4-24］F-89Hのポッドのイラスト。ポッド先の孔（あな）から「マイティ・マウス」空対空ロケット弾が発射される

って飛んでいけばそれでいいというレベルのミサイルだったのですが、相手もジェット機の時代だということで性能要求に超音速化が加えられます。そしてその開発を受注したのが例のヒューズ・エアクラフトでした。

ただし開発が進むと、高速で動く戦闘機相手にはとても使えないことが明らかになるのですが、そこから逆転の発想で、「むしろ戦闘機側で使ったほうがいいんじゃないか？　相手が爆撃機ならそんなに動かないし」ということになったようです。

ヒューズ・エアクラフトのスゴイところは、ファルコンミサイルの誘導方法に最初からセミアクティブ・レーダーホーミング（誘導）方式と、赤外線探知ホーミング方式を同時に採用した点でしょう。

なお、セミアクティブ方式ではミサイルにはレーダー波の受信装置のみを搭載し、レーダー本体は母機の戦闘機に積みます。ミサイルは母機のレーダー波の反射を探して目標に向かうので、受信装置だけを積めばよいために小型・低価格化ができます。ただし当然、母機は命中まで目標をレーダーに捉え続ける必要が出てきます。

このヒューズ・エアクラフトがつくった誘導装置の基礎は21世紀になっても基本的な部分において未だに有効です。これらが1950年代半ばから運用されていたというのは、なかなかスゴイと思います。

ただし、戦闘機の機動についていけないから直線飛行する戦略核爆撃機の迎撃用とされたものなので、ベトナム戦争において対戦闘機戦に投入されたときは、散々な結果に終わることになります。これもアメリカ空軍の〝戦略空軍化が生んだ弊害〟の一つでしょう。そもそも、戦闘機に対してはまったく向かない兵器だったのです。

なので空対空ミサイルも結局、空軍は海軍が開発した赤外線誘導ミサイルＡＩＭ-９サイドワインダーをもらい受けて乗り切ることになります。

狂気の空対空〝核〟ミサイル「ジーニー」

この後Ｆ-89には、すでにあるＤ型を改修したＪ型という機体が登場します。これは対空兵器の極北である空対空〝核ミサイル〟「ジーニー（Genie）」を搭載できるように改修された機体です。このジーニーを搭載可能なＦ-89Ｊは１９５７年初頭から運用され始めます。［図４-25］

このミサイルは発射機の安全圏確保のため、10キロという当時としてはかなりの射程をもっていました。敵の戦略核爆撃機を〝確実に〟全滅させる必要から、こういった狂気に満ちた兵装も登場してきたわけです。

弾頭は、ウラン２３５とプルトニウムを花火球のような球体

［図4-25］F-106Aの真横に展示されているのが、ダグラス・エアクラフトが開発した〝核弾頭付き〟空対空ミサイル「ジーニー」。無誘導で、核出力は広島へ投下された「リトル・ボーイ」の10分の１程度だった。当初はMB-1と制式名が与えられたが、のちに1963年にAIR-2へ変更された。隣に並べられているのはAIM-4Eファルコン空対空ミサイル

に詰め込んだピット（ＰＩＴ）と呼ばれる小型核弾頭でした。このタイプは巡航核ミサイル、つまり翼をもって自ら目的地まで飛行していく核ミサイルの弾頭などにも使われたものです。ジーニーのピットは、１．５キロトンクラスの破壊力ですから、広島型原爆の10分の1程度の規模ということになります。

ジーニーは１９５７年7月19日に、Ｆ-89Ｊを使って高度約４６００メートルで実射テストが行なわれ、一応、成功したとされます。しかし現在発表されている写真を見る限りでは、かなり控えめの白煙が空中に浮いているだけで、その効果についてはどうにも判断がしにくいところです。［図４-26］

この実験では地上に兵士を配置して、その人体への影響を測るという人体実験さえもやったとされます。爆発時の火球は半径３００メートル以内の目標をほぼ破壊できたとされますが、実際に撃墜実験をやったわけではないので判断は難しいです。

ちなみにジーニーは無誘導なので、よく狙って撃ち、相手の付近まで到達したら（おそらくレーダーのデータをＦＣＳが見て）母機からの無線指示で爆発させる仕組みだったとされます。ただし、なぜか時限信管も積んでいるのですが、この使い方の詳細はよく分かりません。

また、この段階だとＳＡＧＥシステムの稼働が始まっており、そのネットワークと連携して運用されたとする資料もあるのですが、データリンク用のアンテナの付いたF-89の写真を筆者は見たことがなく、このあたりはやや怪しいところがあります。

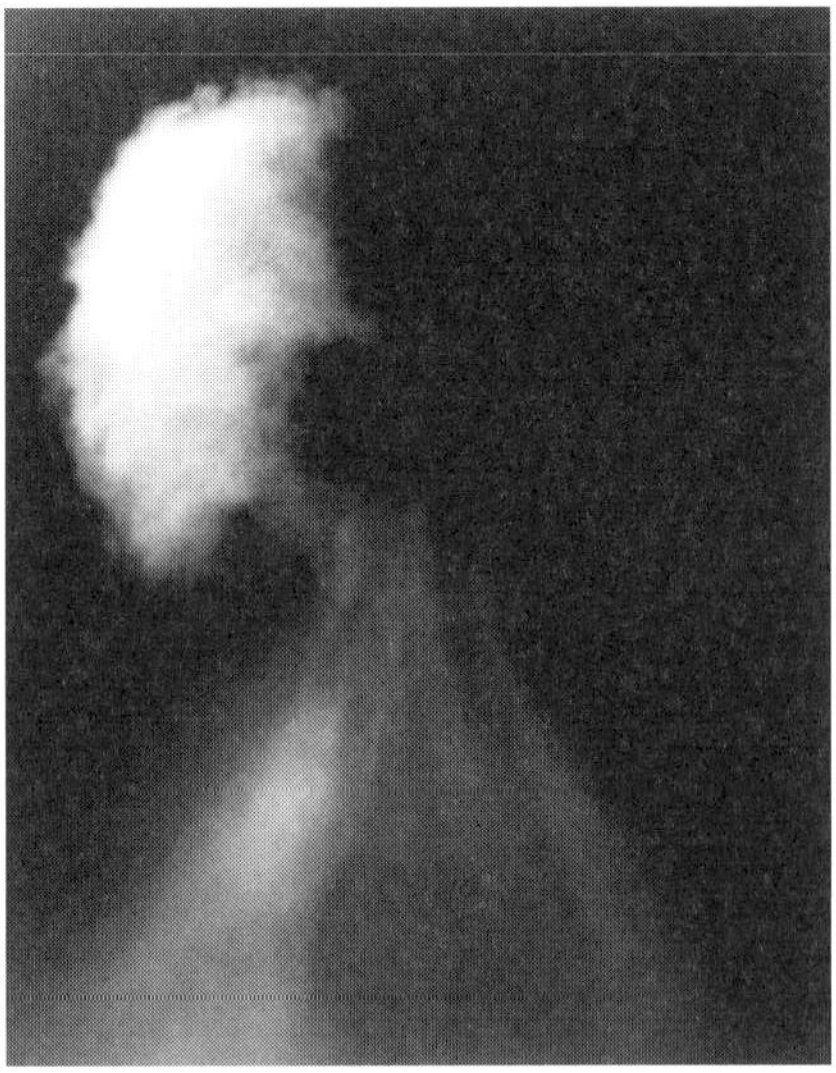

[図4-26] 1957年7月19日に行なわれた空対空〝核ミサイル〟ジーニーの実射テスト時の様子。ユッカ・フラッツ核実験場で飛行するF-89Jから発射された

F-89の兵器システムの変遷

最後に、Ｆ-89の兵器システムの変遷を見ておきます。

その武装は〝付け焼き刃の極北〟といった印象があり、極めて場渡り的でした。ただその分、各時期の代表的な武装を積んでいたという意味で、興味深いとも言えます。重要なのが例のFCSなのですが、F-89の場合、よく分からない部分が結構あって一部推測を交えますので、この点はご容赦ください。

とりあえず１９４８年夏の試作コンペの段階では、まだFCSがヒューズ・エアクラフトで完成していなかったので搭載されていません。

その次の11機だけで終わったA型からFCSの搭載が始まります。世界初のFCSである、アナログコンピュータのヒューズE-1を搭載します。F-89Aでは、F-94A&Bに積まれていたのと同じものです。その後のB型や殺人機とも言えるC型までE-1のままだったのかは、どうもはっきりしません。

FCSの変更が最初に確認できるのは、機関砲を下ろしてロケット弾「マイティ・マウス」をメインとしたD型からです。ここから新型FCSであるE-6が搭載されます。このE-6はF-94Cに搭載されていたE-5とほぼ同じもので、マイティ・マウスの弾道計算と発射すべきタイミングをパイロットが知るには必要不可欠な装置となっていました。

次のF-89HではAIM-4ファルコンを搭載するため、それに対応したヒューズ・エアクラフトのE-9が積まれます。このあたりから、相手をレーダーで〝ロックオン〟するというシステムになっていたはずです。

そして最後に、空対空〝核ミサイル〟「ジーニー」を搭載したJ型のFCSには、Eシリーズの後から出てきたヒューズMG-12が搭載されます。E-6にジーニー発射のための装置を付けたものらしいのですが、それだけにしては、最初のアルファベットまで変わってしまっているのが妙ではあります。ちなみにのちにF-101Bヴードゥーに積まれたFCSであるMG-13は、これとほぼ同じ装置のようです。

という感じに、ひたすら核兵器の狂気に蝕(むしば)まれるアメリカ空軍なのですが、その第一段階として全天候型迎撃戦闘機の時代を見てきました。１９５０年代半ばからアメリカ空軍は、次なる狂気の時代と言える、全天候型迎撃戦闘機と戦術核爆撃機を合わせた「センチュリーシリーズ」の時代へと進んでいくことになります。

第五章　悪夢のセンチュリーシリーズ

1　迷走を重ねたアメリカ空軍の戦闘機開発

わずか3年の間に次々と6機種が登場

第二次世界大戦後、核兵器を中心とする戦略空軍化に舵を切ったアメリカ空軍でしたが、それでもかろうじて朝鮮戦争までは、F-86という航空優勢を維持する制空戦闘機を運用していました。ところが徐々にルメイ率いる戦略航空司令部（ＳＡＣ）が空軍全体を牛耳り始め（なにせ予算を握っていた）、朝鮮戦争終結後には制空戦闘機の開発を完全に放棄してしまうことになります。

このためアメリカ空軍は１９５０年代に入ると、音速を超えて飛ぶという以外になんら明確な運用思想がないまま次世代戦闘機の開発に入ってしまいます。さらに利権絡みで兵器産業に予算がばら撒かれたとしか思えない無計画性により、アメリカ空軍の戦闘機の開発と運用は迷走を重ねていきます（アイゼンハワーが、軍と兵器産業が癒着した軍産複合体とその政治力の大きさに警告した時代である）。そして皮肉なことに、まともな戦闘機の開発を放棄した結果、空軍の戦闘機の種類はベラボーに増えることになるのです。

それが１９５０年代半ばに登場する一連の戦闘機で、百番台

全天候型迎撃機　　戦闘"戦術核"爆撃機　　よく分からない機体

F-102（1953年）　F-100（1953年）　F-101（1954年）　F-105（1955年）　F-106（1956年）　F-104（1956年）

［図5-1］センチュリーシリーズのうち正規採用されたものの区分。機体名の後ろのカッコ内の数字は初飛行年

のFナンバーの機体である、いわゆるセンチュリーシリーズでした。正規採用されたたけでも6機もの戦闘機が、わずか3年ほどで次々と登場してくる異常さを、最初に［図5-1］の年表で確認しておきます。

ちなみにセンチュリー（Century）は世紀と同じ意味で百単位を意味します。ちょっと日本語にはしづらいかもしれません。アメリカでは100ドル札のこともセンチュリーと言うので、どこかデラックス、高価なイメージとなるみたいです（当時の100ドルは相当な高額となる）。

センチュリーシリーズの機体は大きく3つに分類されるのですが、それぞれのジャンルですべて重複があります。いくらこの時代でも、わずか3年で大きな技術的な進歩があるわけがなく、これだけの数が登場してしまったのはすべて開発計画の迷走の結果です。

ベトナム戦争ではほぼすべてが使い物にならず

本格的な実戦の場となったベトナム戦争では、F-105を除くすべての戦闘機と攻撃機が使い物にならず、最終的に海軍からの機体供給を受けて乗り切るという屈辱的な経験をすることになりました。また、そのF-105もとりあえず実戦に耐えた、という次元の話であり、特別優れていた機体というわけではありません。

最終的にセンチュリーシリーズはベトナム戦争においてF-106を除く5機種が投入されました。しかし全戦争期間を通じて、センチュリーシリーズの機体によるMiG-21の撃墜はゼロで、1機もありません。MiG-17になるとかろうじてF-105だけが数機撃墜を記録していますが、他の機体によ

［図5-2］主翼の後退角を深くするなど、MiG-15をベースにミグ設計局が発展・改良させたMiG-17F（写真は復元機）。初期は推力不足だったが、F型でアフターバーナー搭載のVK-1Fエンジンに換装し、運動性に優れた機体となった。NATOコードネームは「フレスコ」（Photo：Robert Lawton）

る撃墜はこれまたゼロ。［図5-2／-3］

逆にすべてのセンチュリーシリーズが空中戦によって撃墜されています。F-102、F-101、F-104は1機ずつ、さらにF-104は間違えて領空侵犯した結果、海南島上空で中国機（MiG-19の中国生産版）に撃墜されるという変な記録もあります（以上の数字はアメリカ空軍の報告書「A Comparative Analysis of USAF Fixed-Wing Aircraft Losses in Southeast Asia Combat 1977」による最終的な正式記録）。

ベトナム戦投入時にはどの機体も初飛行からほぼ10年経っており、最新鋭の機体でなかったのは確かですが、北ベトナム側の主力機の一つだったMiG-17も条件は同じでした。やはりセンチュリーシリーズがダメだったということになるでしょう。

ちなみにソ連が北ベトナムに送り込んだ最初のジェット戦闘機はMiG-17でしたが、その直後、1965年後半からは早くも最新鋭のMiG-21の供与が始まっています。当時の最新鋭機だったこの機体相手に、センチュリーシリーズはまったく歯が立ちませんでした。

この状況は朝鮮戦争でMiG-15にコテンパンにされたF-80やF-84に似ていますが、ベトナムではF-86のような救世主となる制空戦闘機は最後まで登場しないまま終わってしまい

［図5-3］ミグ設計局が開発し、1万3,000機以上が製造されたMiG-21（写真はアメリカ空軍第4477試験評価飛行隊のもの）。デルタ翼に、独立した水平尾翼が特徴的。戦略爆撃機の迎撃が主目的だったが、軽量・小型の機体に大出力エンジンを搭載していたため、格闘戦能力にも優れた。NATOコードネームは「フィッシュベッド」

ました。海軍から支給されたＦ-４ファントムⅡでも、低空と高速時の性能で上回るのが精一杯で、とてもＭｉＧ-21相手に優位に戦えると言えるレベルにはなかったのでした。

そしてこのあたりの多品種乱立の混乱は、のちに１９６１年のケネディ政権になったとき、国防長官マクナマラを激怒させます。元は自動車会社フォードの社長ですからその非効率性に驚き、彼は積極的にその修正に手を付けることになるのです（フォードの社長といってもＣＥＯ［経営責任者］ではない。ついでに就任から数週間で辞任して国防長官になってしまっている）。

その結果、海軍が開発したＦ-４の全軍主力戦闘機化や、そして悲劇に終わるＦ-１１１の開発に繋がっていくのですが、それはまた後で見ていきます。

軍人の仕事は予算の確保

センチュリーシリーズの話に入る前に、ここで平時の軍隊の仕事は何か？　アメリカ空軍の目的は何か？　という点について確認しておきます。

これは言うまでもなく、予算の確保、すなわちお金の確保です。冗談抜きで、軍は組織として生き残ることが最重要課題であり、それは組織運営の血液であるお金、つまり予算を確保することに他なりません。よって平時の軍隊の活動目的は予算確保。これに尽きます。戦争中には敵を倒す、が目的に追加されますが、それでも予算の確保は軍の組織にとって最重要課題なのです。

そこらあたりについて、よく理解できる話を一つ。１９７４年、当時空軍が開発中だった音速爆撃機Ｂ-１の開発費が、底抜けに膨らんでしまいつつありました。その価格の高騰から採用が危ぶまれ始めたとき、ペンタゴンのある大尉（下巻に登場するジョン・ボイドの部下）が必要予算の見積もりをやってみたのです。その結果、最初の見積もりの倍以上の価格となることを彼は発見し、これを報告書にまとめました。

このとき、彼の上司に当たる空軍の将軍の一人がその報告書を見て、これが議会に知られたらＢ-１の開発は中止になると危惧し、大尉を呼び出して公開しないように警告をしました。そのとき、彼が言った言葉が実に軍隊の本質をよく示しています。これがアメリカ空軍という組織の支配階級（少将）にいる人の言葉です。

Our job is to see that the flow of money to the contractor is not interrupted.
（我々の仕事は契約社に回る金、これを止まらせられないようにすることなんだ）

平時になぜ兵器が開発されるのか？　と言えば、まずお金がもらえるからです。そのお金はどこに行くか？　というと軍需産業であり、そこで働いている人の中には、軍を退官して再就職した人、すなわち天下り軍人さんが多く含まれます。つまり多くの企業を発注先にもつということは天下り先の確保に他なりません。

定年まで働ける人間は全体の数％という特殊な労働環境である軍にとって、兵器開発の数の確保は、そのまま必要不可欠な再就職先の確保に繋がるのです。なのでより多くの予算を確保して、たくさんの関連企業をもつことができれば、軍人さんとしてこれほどハッピーなことはありません。

そんな典型的な〝予算のための戦闘機〟の代表例が、これから紹介するセンチュリーシリーズだと言って大筋で間違いではないでしょう。単なる設計概念の迷走だけで説明できる迷走レベルではないですから。そこらあたりを理解していただいたところで本題に入ります。

デラックスなナンバーが振られた「センチュリーシリーズ」

ここで１００番台に至るまでの、アメリカ空軍におけるＦナンバー機の開発の流れも確認しておきます。

まずアメリカの戦闘機のナンバーがＦ-94まで到達したのは前章ですでに見ました。さらにＦ-86Ｄの本来の開発ナンバーがＹＦ-95で、後退翼のＦ-84Ｆの開発ナンバーがＹＦ-96、そしてＦ-94Ｃ型の開発ナンバーがＹＦ-97でした。よって97のナンバーまでは埋まっているわけです。

ではＦ-98と99はどうなった？　というと、これらのナンバーはミサイルに割り振られてしまっています。

まずはすでに見た対戦略爆撃機用の「ファルコン」誘導ミサイルです。この型番は最終的にＡＩＭ-4となるのですが、そこに落ち着くまで何度も名称変更がありました。そのなかで使われた一つがＦ-98なのです。ただしこのＦ-98の名称はいくつかの計画で使い回されており、よく分からない部分もあります。

次のＦ-99は「ボマーク」対空ミサイルでした。１９５９年から配備が始まったレーダー誘導地対空ミサイル（ＳＡＭ）で、そのスタイルから無人戦闘機として空軍は宣伝しました。このためＦ-99の名称が与えられたとされます。［図5-4］

ただし、のちのＦ-１００はＦ-86セイバーの後継機として開発された、世界初の実用超音速戦闘機（急降下中でなく水平飛行で音速突破可能）なので、空軍はＦ-98とＦ-99をミサイルで強引に埋めてしまい、宣伝効果を狙ってキリのいい番号で始めたかったのではないかと思われるふしがあります。確証はないのであくまで筆者の推測ですが……。

ちなみに100番台で欠番になっている数字の機体はどうなっているのかといえば、ノースアメリカンF-107はリパブリックF-105に競作試験で負けて不採用。残りのXF-103、XF-108、XF-109らは実物大モックアップを制作した段階でキャンセルとなっています。

その次のF-110は海軍から来たF-4の空軍型の番号だったのですが、のちに海軍&空軍の戦闘機呼称統一により同機はF-4に変更され、そして最後に失敗作のF-111が登場して終わります。ただし、通常F-4（F-110）とF-111は「センチュリーシリーズ」には数えません。

[図5-4]ソ連の爆撃機を迎撃するためにボーイングが開発した、長距離地対空ミサイルF-99ボマーク。途中まではSAGEによって指令誘導され、最後はミサイル自身によって誘導される。名前はのちに地対空ミサイルとしてIM-69、IM-99、CIM-10などが付けられた

戦術核爆弾の登場

この時代のアメリカ空軍戦闘機を理解するのに重要な鍵があります。

それが戦術核兵器（Tactical Nuclear Weapon：TNW）の登場です。1950年代に入ると、核弾頭の小型化が進み、従来より小型で、その破壊力もやや抑えられた〝戦術〟核弾頭が登場してきます。これによって相手国家の主要部を一撃で破壊する兵器だった核爆弾が、戦術レベルの作戦の前線にも投入される可能性が出てきました。

当時のアメリカおよび西側諸国にとって、特に数の上で圧倒的であるソ連&ワルシャワ条約機構の陸上軍、なかでも戦車部隊への対処法が当時の悩みのタネでした。第三次世界大戦が勃発してソ連の大規模陸上部隊が攻めてきたら、維持コストが高く、数が揃えられなかった当時の西側諸国の地上兵力ではこれを防ぎきるのは困難だと予想されていたからです。

そこでアメリカ空軍は、戦術核で一気に問題の解決を図ることを考えました。高速な戦闘爆撃機に戦術核爆弾を積んで出

撃させ、半径数キロの規模で敵部隊を吹き飛ばしてしまえ、という考え方です。

当然、戦場になった国と地域も灰と化しますが、ルメイの狂気に支配されたアメリカ空軍はそんな事情なぞ微塵も考えませんから、これがベストな解決策であるとされたわけです。のちに多くの技術的な批判にさらされることになる計画ですが、この当時はかなり本気で推進されていました。

このため、F-84F以降の1950年代の戦闘機、さらに新時代の音速戦闘機軍団として登場したセンチュリーシリーズにおいては、戦術核爆弾の運用能力が求められ始めます。例外はアメリカ本土の防空用だった全天候型迎撃戦闘機のF-102とF-106（実際はF-102はベトナムに派遣されるのだが）くらいで、それ以外の機体はほぼすべて、戦術核爆弾の運用が可能となっていました。

これらほとんどの戦闘機の運用はSACの管轄ではなく、戦術航空司令部（TAC）の管轄でしたから、これによってアメリカ空軍の上級司令部のうち二つが核兵器を中心とした装備となりました。この結果、前線で戦う兵器のほとんどは核兵器の運用が前提となってしまうのです。

この歪な空軍が、戦術核兵器で吹き飛ばす戦車軍団も戦略施設ももっていない相手との、通常兵器だけの戦争となったベトナム戦争で悲惨な目にあったのは当然の成り行きだったとも言えます。

［図5-5］1952〜67年の間にアメリカが運用していた、世界初の戦術核爆弾Mark7。長さ4.6メートル、直径0.76メートル、重量762キログラム、核出力8〜61キロトン

ただし戦術核は、小型化されたといっても装置の縮小に原理

的な限度があるウラン235型原爆なので、全長で4.6メートル、直径で76センチとかなりのサイズとなっています。この点はのちに劇的に小型化される爆縮型のプルトニウム原爆により、さらなる小型化が進むことになります。［図5-5］

ちなみに、このMark7は8〜61キロトンの範囲で威力の調整が可能だったとされています。同じウラン235型の広島型原爆は推定で20キロトン前後の威力だったので、戦術核といっても、都市一つくらいは軽く消し去れる爆弾になっています。

ただしこのあたりは受けて立つソ連も分かっていたので、こちらはこちらで核爆発の衝撃波に耐えられるObject279（オブイェークト279）という巨大戦車を開発しています。この戦車は爆心部の高熱にさらされるとアウトですが、核爆発の凄まじい衝撃波には爆心から少しでも離れていれば耐えられる設計となっていました。

大気圏内の核爆発、とくに戦術核レベルなら熱の直撃が問題になるのは爆心からせいぜい1キロ程度ですから、後は強烈な衝撃波対策をすれば生き残りは可能だったのです。爆発時の放射線も分厚い装甲の中なら意外に食い止められるのですが、ばら撒かれる放射性物質には換気フィルターくらいしかまともな対策がないので、最終的に乗員は無事では済まなかったでしょうけども……。

2　センチュリーシリーズの分類方法と機体解説

センチュリーシリーズの分類方法

さて、ここでセンチュリーシリーズの戦闘機のラインナップを再確認しておきましょう。6機の機体は大きく3つのジャンルに分けられます。

まずはF-89、F-86D、F-94Cの流れを汲み、電子装置を満載し、レーダー誘導により運用される全天候型迎撃戦闘機型がF-102とF-106です。次は戦術核兵器を運用する戦闘爆撃機型がF-100とF-105。最後は何をしたかったのかよく分からない機体で、おそらく兵器産業と軍部の癒着で予算確保のためだけにつくられたF-101とF-104です。

これらの機体に共通するのはただ一つ、音速を超える戦闘機だったという点だけで、その他に明確な開発コンセプトはありませんでした。よって、この時代のアメリカ空軍が何を考えていたのか、まったく理解できません。

ちなみにベトナム開戦段階ではアメリカ空軍はセンチュリーシリーズ以外の戦術爆撃機をもっていませんでした。かといって戦略爆撃機であるB-52を対空ミサイルとレーダー管制の対空砲、さらにはミグ戦闘機でハリネズミのように固められた北ベトナム上空には飛ばすことができず、安全な南ベトナムで田んぼに爆弾を落とさせているだけでした（最後の最後、１９７２年からのラインバッカー作戦で初めて北ベトナムに投入される）。

よってあらゆる爆撃任務がF-１００とF-１０５に割り振られ、さらに戦争序盤でF-１００は実用に耐えぬと判断されて引き上げられてしまったため、その後はF-１０５にあらゆる爆撃任務が集中することになります。この結果、F-１０５がベトナム戦争の中盤まで、アメリカ空軍を支え続ける主力機となっていき、その結果、膨大な損失を出し続けました。

F-１０５の任務は第二次世界大戦中のB-25などの双発爆撃機に近く、場合によってはB-17やB-24といった四発エンジン爆撃機のような仕事までやっていました。すなわち〝戦闘爆撃機〟といっても、第二次世界大戦のP-47のように地上兵力の支援（近接支援）なんて仕事はほとんどやっていません。繰り返しますが、当時の空軍は自分たちで戦争のすべてをコントロールするつもりであり、地上の陸軍の面倒を見る気なんてさらさらなかったのです。

この結果、支援が得られない陸軍からの猛烈な抗議を受け、あわてて海軍のレシプロ攻撃機であった中古のA-１スカイレーダーや新型ジェット攻撃機A-７コルセアIIを導入して間に合わせることになります。ちなみに海軍はレーダー誘導によって夜間だろうが荒天だろうが飛べる全天候型攻撃機A-６イントルーダーをもっていましたが、空軍は撤退直前の１９７２年のラインバッカー作戦にF-１１１を投入するまで、そういった機体すらもっていませんでした。

なお、十分な航空支援が期待できないことから陸軍は独自の航空兵力開発計画を開始し、最終的には頓挫するものの、そこから陸軍の戦闘ヘリと空軍のA-10という副産物が産まれてくることになります。このあたりはまた下巻で触れることになります。

(1) 戦略爆撃機のように使われた戦闘〝戦術核〟爆撃機型

ここからは、センチュリーシリーズの各機体を少し詳しく見ていきます。まずは戦闘爆撃機型です。

ノースアメリカン　F-１００スーパーセイバー

センチュリーシリーズのトップバッターだったのが、１９５３年５月に初飛行したノースアメリカンのF-１００スーパーセイバーです。［図5-6］

当初は純粋にF-86セイバーの高性能型といった位置づけで、音速飛行が可能な制空用の戦闘機として開発が始まった機体でしたが、ルメイ率いるSACが空軍全体を牛耳る時代にモロにぶつかり、のちに戦闘爆撃機に変更されてしまいます。実際、最も量産されたのは戦闘爆撃機タイプのD型であり、同型から戦術核兵器を運用できるようになりました。よって機体の分類としては、戦闘戦術核爆撃機だと思っていいでしょう。

このあたりはSACが核兵器の運用で空軍の予算を独占しており、戦闘機を運用するTACもそれに倣って予算確保のための核武装に走ったと思っておけば間違いないです。のちにアメリカ海軍も同じ道を進み、最終的に潜水艦によって世界中の海の底から核を発射できる潜水艦発射核弾道ミサイル（SLBM）の完成まで突っ走ることになります。当時、核兵器は議会から予算を取るのに極めて有効な手段だったのです。

このF-100はノースアメリカンの機体としは決して出来のいい機体ではありませんでした。P-51の主任設計者であり、F-86の開発でも指導的な立場にあった（実際の設計には関わっていないが）エドガー・シュムード（Edgar O.Schmued）はこの機体の開発にはほぼとんど関わっていません。彼はのちにこの機体に対して批判的なコメントを残して会社を去り、ノースロップでF-5やT-38の開発チームの運営に携わることになります。

［図5-6］ノースアメリカンが開発した世界初の実用超音速戦闘機F-100Aスーパーセイバー。水平飛行での超音速飛行を可能した最初の戦闘機であったが、武装や増槽など機外搭載物なしの状態のみに限られた。ベトナム戦争初期には戦闘爆撃機として用いられた

また試作段階と量産開始直後に連続して墜落事故を起こしており、以後も現場では欠陥機扱いでした。のちのベトナムの戦場でもほとんどまともに活躍できないまま終わります。

もっとも、その段階ではデビューから10年近くが経っており、旧式機だったのも事実です。しかし北ベトナムの主力機だったMiG-17はさらに古い機体で、MiG-21も初飛行が1955年なので2年しか違いません。

となると、これはもう単純に音速突破に気を取られすぎたノースアメリカンの設計が劣っていたと見るべきで、この機体から同社の黄昏が始まることになります。

ちなみにこの機体は1952年のウィットコムによるエリアルール1号が発見される前の段階で設計が始まってしまっており、このためエリアルール未適用となっています。参考までに整理しておくと、センチュリーシリーズではF-101とこのF-100だけがエリアルール無しの機体です。他の機体もすべてエリアルール1号までなので、その効果は正直微妙だったのでしょう（ちなみにF-104の主翼横胴体の絞り込みはかなり微妙でエリアルールではないという説もあるが、少なくともエリアルール1号を分かったうえで設計しているはず）。

F-100は最初のA型、そしてC型、D型と発展し、途中のB型が存在しません。なぜかというと本来、単なる機能向上型になるはずだったB型は迷走の末、まったく別の機体になってしまったからです。それがセンチュリーシリーズのなかで実機までつくられながら、唯一正式採用されないで終わったF-107でした。

F-100の主武装はリボルバー式の機関砲でしたが、実用段階に入りつつあった赤外線誘導ミサイルAIM-9サイドワインダーの本格運用はこの機体から始まっています。それまでの、F-89などに搭載されていたAIM-4ファルコンは直線飛行する戦略爆撃機だけを目標とする誘導ミサイルだったので、戦闘機相手に使えるサイドワインダーを搭載したF-100が事実上、アメリカ空軍初の誘導ミサイル運用戦闘機となります（サイドワインダーの開発者であるアメリカ海軍では話はまた別で、おそらくF-2Hバンシーが最初）。

センチュリーシリーズと機関砲

ここでちょっとだけ脱線します。F-100に積まれていたのが、このM39 20ミリリボルバー式連射砲でした。これは一見するとただの20ミリ機関砲ですが、実はリボルバーカノンというちょっと変わったもので、通常の機関砲より高速連射が可

［図5-7］F-100に積まれていたM39 20ミリリボルバー式連射砲

能になっています。

［図5-7］で矢印の先に見えるリボルバー拳銃のような筒部（シリンダー）が銃身の後ろに付いていて、これが回転しながら、次々と弾の装填と排莢を行なうタイプの連射砲なのです。

給弾は画面左の孔（あな）から行ない、その前のシリンダー（弾筒）に弾を押し込んで装填。これが高速回転して次々と弾を打ち出し、その後で排莢します。これによって通常の機関砲が一ヵ所で連続して行なう遊底の後退と排莢、そして次弾装填の作業を別々の場所で並行して行ない、発射速度を上げています。

ただし、速度限界はそれほど高くなく、のちに砲身ごと丸ごとぶん回すヴァルカン砲にとって代わられるのですが、ヨーロッパでは未だに現役でユーロファイター タイフーンなどはマウザー製のリボルバーカノンを搭載しています。

ちなみにこの当時のアメリカ空軍は「誘導ミサイルが出てきたなら、もう機関砲なんていらない」などとは考えていませんでした。実際、戦略爆撃機の撃墜が仕事の全天候型迎撃戦闘機以外の4種類のセンチュリーシリーズは、すべて機関砲（リボルバーカノン）かヴァルカン砲を搭載しています。

そういった考えが出てくるのはベトナム戦争の後からで、F-15の開発時に機関砲不要論が議論されたときが最初で最後です。それ以前の空軍は機関砲の搭載は必須と見ていました。

この点はよく勘違いされているので注意です。

実際、海軍の開発したF-4に機関砲がなかったことに空軍は強い抵抗を見せ、後期の空軍型では独自にヴァルカン砲を積ませてしまっています。

ただしこの場合、空軍が心配したのは対空戦闘よりも、対地攻撃でした。爆弾を投下してしまうと地上の対空砲に対処する手段がない、という問題への対策だったのです。同時に、低空爆撃時にはヴァルカン砲で弾をまき散らしながら敵陣に突入したほうが安全性が高い、という面もあったとされます。

ちなみにF-4に機関砲がなかったのは、当初、海軍はこれを艦隊防衛用のミサイル戦闘機、つまり遠くからレーダーで敵を捉えて狙い撃ちにし、目視距離の外から迎撃してしまう機体として開発したからです。その任務なら機関砲なんて使う場所がなかったはずですが、結局、戦闘爆撃機に用途変更されてしまったので、酷い目に遭います。

それでも海軍は最後までヴァルカン砲を搭載しないのですが、失敗したという自覚はあったようで、のちに同じ艦隊防衛用のミサイル戦闘機として開発したF-14にはヴァルカン砲を最初から搭載しています。

［図5-8］F-100Aの発展型として開発されたF-107A（F-100B）。空気取入れ口が後方視界を大きく阻害してしまっている。非公式には「ウルトラセイバー」と呼ばれることもある

【番外編】ノースアメリカン　F-107（F-100B）

先述の通り、F-100のB型は本来機能向上型になるはずでしたが、迷走の末、まったく別の機体になってしまいました。それがセンチュリーシリーズの中で実機までつくられながら、唯一正式採用されないで終わるF-107です。

F-107Aは、空気取入れ口を背中に背負っているという特殊な形状の機体です。［図5-8］もともとはF-100の最初の性能向上型F-100Bとして計画されていたのですが、話がどんどん膨らみ、事実上の新設計機となってしまったのでした。

当初の予定では純粋な制空用戦闘機となるはずでしたが、これも途中から戦術核爆弾を積める戦闘爆撃機に仕様変更されてしまいます。このため胴体下の爆弾搭載スペースを確保するためと、爆弾投下時の気流の乱れを抑えるために、このような背負い式の空気取入れ口となってしまったのでした。

ただし当時すでに戦術核が搭載できる戦闘爆撃機としてリパブリックのF-105の開発が進んでおり、これとの競争試作という形になってしまいます。結果は最初から戦闘爆撃機として設計されたF-105には敵わず、F-107の正規採用は見送られます。

そして、以後ノースアメリカンはアメリカ空軍におけるFナンバーの機体をつくることは二度となく、名門の凋落を告げる機体となってしまったのです。

リパブリック　F-105サンダーチーフ

センチュリーシリーズの中で唯一、最初から戦術核を積める戦闘爆撃機として開発され、そのまま採用されたのがリパブリックのF-105サンダーチーフです。戦術核爆撃機に変更しようとしたF-107との競作に打ち勝って採用された機体でもあります。［図5-9］

横からだと分かりにくいですが、主翼横の胴体が絞り込まれ、エリアルール1号が適用されています。ただしF-102と同じく試作段階の途中から取り入れられたもので、最初の設計では採用されていませんでした。ちなみにリパブリックではこれを〝ハチのくびれ（Wasp twist）〟と呼んでいたそうです。

すでに見た後退翼型のF-84ことF-84Fから戦術核爆弾の搭載は始まっていたのですが、同じリパブリックに発注されたのが、その進化型とも言えるこのF-105でした。そのため戦術核搭載用の爆弾庫を胴体内にもっており、Fナンバーの単座機（練習型、対ミサイル陣地攻撃用の複座型もあったが）ながら爆弾庫があるという変な機体にもなっています。

［図5-9］戦術核を積めるF-84Fの後継として開発されたF-105Dサンダーチーフ。主翼横の胴体が絞り込まれ、エリアルール1号が適用されている。核爆弾を運用する機体として設計されたが、B-17爆撃機を上回る6トン以上の爆弾を搭載することができた。F-105は合計830機ほどが製造されたが、そのうちD型は610機ほど

ついでに言うと、P-47などの設計で知られるアレクサンダー・カートヴェリが最後に関わった機体でもあります。ただし設計部門の総責任者としての参加なので、実際の設計にどこまで絡んでいたかは不明です。

この機体から最高速度がマッハ2を超え、戦闘機もマッハ2の時代に入っていくのですが、そんな速度をどこで使うのかは微妙でした。敵のミサイルを早期に発見したときにダッシュで逃げる程度にしか使い道がなく、しかもアフターバーナー点火でベラボーに燃料を食うので、ミサイルから逃げ切った段階では基地に戻る燃料が残っていないという事態になりかねません。使いどころが難しい高性能と言えるでしょう。

また、F-100もF-105も同じ戦術核を搭載する戦闘爆撃機なのですが、両者の最終形態の価格を比べて見ると、F-100D（攻撃機型）が1956年採用で1機当たり約70万4000ドルなのに対して、F-105Fは1963年採用で約223万7000ドルと実に3倍もの価格差があります（数字はアメリカ空軍博物館による）。7年しか差がないのでインフレだけでは説明できず、これは純粋に価格の高騰と見ていいでしょう。F-100までは電子関係の装備がまだそれほど多くないですから、おそらくそこらあたりでここまでの差がついてしまったのだと思われます。

その高価なF-105の全生産数830機のうち、4割以上

をアメリカ空軍はベトナムの空で失ったとされていますから、戦争というのは相手のケツを札束で燃やしながら戦うようなものなのです。

このF-105も開発にはやや手こずり、本命と言っていいD型の配備が始まったのが、ようやく1960年でした。そしてその翌年にケネディが大統領に就任すると、全面核戦争を前提とした空軍の方針はすべて方向転換を命じられ、核爆弾一筋だったこの機体は配備から半年で存在意義を失ってしまいます。ケネディは1963年に暗殺によって大統領の座を去りますが、跡を継いだジョンソン大統領もこの方針は維持しました。国防長官はマクナマラが留任しています。

その結果、迎撃戦闘機にしようという計画すら出てきたのですが、のちに通常爆弾を主翼下に積んでベトナム戦争で運用され、さらに最後には、地対空ミサイルの発射基地を空から強襲する過酷な任務、いわゆるワイルドウィーゼル部隊にまで投じられることになります。ちなみに胴体内の爆弾庫は核爆弾用だったため、通常の爆弾搭載には向かず、ベトナム時代には燃料タンクなどを入れてしまっておりました。

その爆弾庫の関係もあって、のちにF-35ライトニングⅡが採用されるまで約40年近く、アメリカ空軍史上最大の単発ジェットエンジンの戦闘機でありました(重量と全幅ではおデブのF-35に抜かれたが、全長は未だに最大)。

この結果、ベトナム戦争ではそれこそ第二次世界大戦中のB-17やB-24といった戦略爆撃機に近い任務までこなすことになります。その反面、地上部隊の支援はほとんどやっていません。と言いますか、そういった任務にはまったく向いていないのです。

そのため、陸軍部隊への近接航空支援（CAS）任務は海軍からA-1（AD-1）やA-7攻撃機を急遽導入することで対応する、という泥縄な展開になっています。

ただしF-105はFナンバーの戦闘機らしい働きもしてはいます。ベトナム撤退後にアメリカ空軍司令部がまとめた「U.S. Air Force Combat Victory Credits, Southeast Asia」によれば、F-105はベトナム戦争で計30機のMiG-17の撃墜スコアを公式認定されているのです(1974年改訂版。アメリカ軍の撃墜記録は、戦争終了後も何度も改定されるので要注意)。

内訳は単座のF-105Dが25機、複座のF-105Fが6機。ただしF-105Fのうち2機は共同撃墜のため、スコアとしては0.5機ずつで最終撃墜スコアは計5機。よって全部合わせて30機の公式スコアとなります。センチュリーシリーズの中では唯一、ミグを撃墜した機体なのです。

パイロットの申告による撃墜記録は実際の撃墜数よりも数倍の数になりがちなので、実数は半数以下と見るべきでしょうが、それでもこの機体が空軍ではF-4に次いで第2位の撃墜記録数をもっています（大差を付けられての2位だが）。

ただ撃墜できたのはF-105に比べて一世代は古いMiG-17のみで、新型のMiG-21の撃墜数はゼロだったりします。逆に、MiG-21には少なくとも10機以上が撃墜されたと見られています。ほぼ同世代機ですが、空中戦においては純粋な戦闘機であるMiG-21の敵ではなかったのです。このあたりがやはりセンチュリーシリーズの限界だったのでしょう。

(2) 旧世代型と同じく迷走した新世代・全天候型迎撃戦闘機型

センチュリーシリーズで戦術戦闘爆撃機と並んで大きな分類となったのが、全天候型迎撃戦闘機でした。戦後開発された残念な全天候型迎撃戦闘機三姉妹（F-89、F-94A／B&C、F-86D&L）についてはすでに説明しました。当時の出来合いの技術で、とにかくソ連の戦略爆撃機を迎え撃てる迎撃機として開発され、その結果いろいろとトラブルが連発したわけです。

空軍としても、そこら辺はある程度予測しており、1949年に例のノースロップF-89が全天候型ジェット迎撃機として採用が決まった翌年には、すでに次の全天候型迎撃戦闘機の開発プランが動き出しています。

これが「1954年式迎撃機（1954 Interceptor）」と呼ばれるもので、その名の通り、5年先の1954年からの運用を前提とした新型全天候型迎撃戦闘機と、その運用のための電子機材までを含めた開発計画です。地上からの誘導システムや新型火器管制装置（FCS）の開発も同時進行で予定されていたため、機材全体を一括して発注・開発する兵器システム（WS）の開発方式が採られ、WS-201として一連の機体の開発がスタートします。

性能要求としては単座機であること（これまでF-86D以外は複座だったので、これは大きな変更だった）や、超音速機であることなどが求められ、コンベアのYF-102と、リパブリックのXF-103（実機が飛行せずに終わったセンチュリーナンバー機）の競争試作となり、最終的にYF-102の採用が決定されたのでした。

コンベア　F-102Aデルタダガー

まず最初のF-102Aデルタダガーは、F-89スコーピオンの迷走がまだ続いていた1953年10月に初飛行、1956年には部隊配備が始まっています。そもそも計画名になっていた1954年に間に合わなかったうえに、迷走を重ねた全天候型迎撃戦闘機三姉妹の跡を継ぎ、こちらも見事に開発が迷走していろいろ微妙な存在となってしまった機体でした。[図5-10]

当初の機体の空力設計が甘く、さらに重くなりすぎて試作機では音速突破に失敗してしまいます。それ以外にも、搭載を予定していたエンジンが完成せず別のエンジンに切り替えるハメになったり、ヒューズ・エアクラフトのFCS開発も迷走したりと、散々な混乱の末に生み出されることになります。

それに加えて、試作機の開発と工場の量産準備を並行して行なうという妙な製作体勢をとってしまったため、先述のようなトラブルが発生するたびに、工場の設備からすべてつくり直しとなり莫大な費用の無駄使いとなってしまっています。

通常なら、試作機の段階で設計の問題をすべて解決してから量産機の準備に入ります。ところが先にも見たように、ソ連の戦略核爆撃機への対抗策を早急に打たなければならず、時間の余裕がなかった空軍の焦りがこの問題の多い開発体制を採用させ、そして大失敗に終わることになったわけです。まあ、この時代のアメリカ空軍に失敗作でない機体はないので、驚くほどのことはないですが……。

それでもF-102Aは、全米のレーダーシステムをネット

[図5-10] ソ連の核を積んだ戦略爆撃機を撃墜するためにコンベアによって開発された全天候型迎撃戦闘機F-102Aデルタダガー。エリアルールを初採用するなど新基軸を取り入れた機体でもあったが、そのぶん開発に難航することになった。写真はウェポンベイを開いて3基のAIM-4（GAR-1）ファルコンを発射する瞬間

ワークで繋いだ対空レーダーシステム「SAGE」に初めて完全に対応し、途中からは夜間迎撃用に赤外線シーカーも搭載しました。さらに空対空誘導ミサイルAIM-4ファルコンの本格運用を開始するなど、新時代の機体ではありました（ただしSAGEへの対応や、ファルコンの運用はF-86DやF-89などでもすでに一部は行なわれていた）。当然、空対空〝核ミサイル〟ジーニーも搭載できます。

また話が少し逸れますが、ファルコンやジーニーミサイルが妙に寸詰まりなのは、このF-102には胴体横に収納式の武器庫があり、ここに収まるサイズである必要があったのです。

ちなみにこの武器庫のフタ（胴体内側のもの）の中には、ロケットランチャーが埋め込まれ、秘密兵器な感じの構造をもちます。［図5-11］

この開閉式武器庫はのちのステルス機みたいな装備ですが、この当時は空気抵抗を減らすための工夫でした。逆にここまでやっても最初は音速突破に失敗しているって、どれだけ残念な開発陣なのだという気もします。

最終的に1000機近くが生産されたものの、これ以上の改良は無駄と判断され、最初の改良型であるB型は新たにF-106として大幅に変更を加えられることになります。このためA型しかないという、近代戦闘機には珍しい機体となってし

［図5-11］F-102Aの胴体横に設けられていた武器庫部分（写真は開かれた状態）。武器庫のフタ側面に孔（あな）が3つずつ見えるが、ここにロケットランチャーが埋め込まれていた

まいました（練習用の複座ＴＦ-１０２Ａという機体はある）。

ちなみに本来は戦略爆撃機を迎撃する任務、すなわちアメリカ本土防衛用の機体なのに、なぜかベトナム戦争にも投入されています。その影響で日本の横田基地にも一時、飛来していました。

これは当時、北ベトナムがソ連製の戦略爆撃機を配備したという情報があり、それらから南ベトナムやタイのアメリカ空軍基地を守るための配備でした。ところが北ベトナム空軍には自らアメリカの空軍基地を攻撃する意思はなく（高度な政治的戦略があったのではなく、単に彼らの戦力では現実的に無理だったからだが）、この配備はほぼ無駄に終わります。

北ベトナム側がやって来ない以上、最後はやることがなくなって、対爆撃機用の赤外線シーカーを使ってベトコンの夜間移動を見つけて地上攻撃をしてこい！　という、まるでレーシングカーで宅配便の配送をやらせるような無茶苦茶な任務にまで投入されています。その他にも夜間に超音速飛行して衝撃波でベトコンを驚かせ、夜間活動の邪魔をしてこい！　という訳の分からない任務もあったそうで、この時代のアメリカ空軍は本当に残念という他ありません。

コンベアの開発も褒められたものではなかったものの、輪をかけて酷かったのがまたもやヒューズ・エアクラフトによるＦＣＳ開発でした。ＷＳ-２０１こと１９５４年式迎撃機計画は、まず電子装備関連から開発がスタート。同社が１９５０年の夏に受注を勝ち取り、すぐにそのＦＣＳの開発に入っていました。ところがこの開発が遅れまくり、Ｆ-１０２の開発遅延が避けられなくなります。

この結果、Ｆ-１０２Ａとその改良型であるＦ-１０２Ｂ（のちのＦ-１０６）に開発スケジュールを分離して、まずは簡易型のＦＣＳを搭載したＦ-１０２Ａの完成が急がれることになりました。しかし、本命のＦ-１０２Ｂが完成に手間取っているうちに、Ｆ-１０２Ａが事実上の主力全天候型迎撃戦闘機になってしまいます。軍用機にありがちなパターンですね。

結局、Ｆ-１０６（Ｆ-１０２Ｂ）が配備に付いたのは１９５９年となり、5年計画がいつの間にか10年計画になっていたのでした。そしてこの段階ではすでにスプートニク・ショックが来ており、Ｆ-１０６はほぼ要らない機体になってしまいます。

とりあえず、そうした経緯で生み出されたのが最後のセンチュリーシリーズ、Ｆ-１０６でした。

コンベア　Ｆ-１０６デルタダート

Ｆ-１０６デルタダートはＦ-１０２Ａの改良型のＢ型とし

て開発が予定されていた機体で、迷走を重ねたF-102Aの部隊配備が始まって間もなく、1956年12月に初飛行をしています。F-102Aとはエンジンも違い、FCSも新型で、さらに大幅に自動化された操縦装置をもつ点で確かに大幅に進化しています。［図5-12］

しかし先輩にあたる「F-94とF-94C」や「F-86とF-86D」も同じように再設計されてまったく別の機体となっていましたので、なぜこの機体だけ「F-102B」ではなく改めて「F-106」に改名されたのかはよく分からない部分ではあります。

パッと見ただけだとF-102と同じじゃないかと思ってしまうところですが、よく見るとエリアルール対策で空気取入れ口の位置が後ろに下がっていたり、三角形だった垂直尾翼の上が切り落とされていたりします。

そして外形以上に異なるのが、その操縦システムの自動化です。ほぼ全自動操縦が可能なヒューズ・エアクラフトのFCSが搭載されており、〝敵を発見してそちらに向かったら後はパイロットはほとんどやることがなく、すべて機体に任せる〟という1950年代の機体としては驚異的なハイテク機でもありました。「離陸してしまえば、後は着陸までやることがない」とまで言われていたそうです。

その証拠に、国立アメリカ空軍博物館に展示されている機体

［図5-12］F-102Aの発展型としてジェネラル・ダイナミクスのコンベア部門が開発した全天候型迎撃戦闘機F-106Aデルタダート。ヒューズ・エアクラフトのFCS（MA-1）によってほぼ全自動操縦が可能で、離陸後に適切な高度と攻撃ポジションへと移動してミサイルなどを撃ち、基地近くまで戻ることができた

は１９７０年2月に突然スピンに入る事故に見舞われて、やむを得ずパイロットが脱出したところ、その脱出の反動で機体はスピンから回復し、そのまま自動操縦で基地に帰還、無事着陸までしてしまったというスゴイ経歴の持ち主らしいです。もっとも脚を出すのはパイロットの数少ない仕事の一つだったため、胴体着陸となったのですが、2月の積雪シーズンだったため損失は小さく、修理のうえ、現場に復帰してしまったと言われています。ちなみに脱出したパイロットより先に、この機体が基地に帰ってきたそうなので、恐るべしF-106です。

このF-106は量産されたセンチュリーシリーズの中で、唯一ベトナム戦争に投入されなかった機体でもありました。最終的に３４０機前後しか生産されなかったので数も少なく、高価だったので見送られたのでしょう。

3　全天候型迎撃戦闘機を無価値にしたスプートニク・ショック

アメリカに大きく後れを取っていたソ連の戦略爆撃

ここで全天候型迎撃戦闘機に引導を渡すことになった１９５７年の大事件、人類初の人工衛星であるソ連のスプートニク1号の打ち上げ成功が引き起こしたスプートニク・ショックについても少し見ておきます。小型の無線発信機を積んだだけで何ら実用性のない世界初の人工衛星、スプートニク1号。これがアメリカ空軍の核戦略を根底からひっくり返してしまう

［図5-13］人類初の人工衛星、ソ連のスプートニク1号。写真は国立アメリカ空軍博物館に展示されているレプリカ

ことになるのです。

ソ連の核戦略は、計画の唯一の立案者である独裁者スターリン閣下が1953年に死去し、その詳細を誰にも告げずに墓場の中にすべてをもっていってしまったため、以後、迷走し始めます。

このとき、紆余曲折がありながらも最終的にスターリンの跡を継ぎ共産党指導者となったフルシチョフは、スターリンの死後に初めて、ソ連が核戦略の一環として大陸間弾道ミサイル（ICBM）に使える宇宙ロケットの開発を行なっていたと知って驚くのです。

フルシチョフの回顧録（『フルシチョフ回想録』）によると、ロケット開発の責任者であるコロリョフから報告を受けて初めて宇宙ロケットの存在を知り驚愕し、クレムリンのお偉いさん総出でその工場の見学に行ったそうです。この回想録などから断片的に分かる当時のソ連の核戦略は、だいたい次のようなところです。

前章で紹介したように、第二次世界大戦後にスターリンはアメリカの戦略爆撃に感銘を受けて熱烈にこれを欲しがり、例のB-29をコピーさせてツポレフTu-4をつくらせました。しかし、さすがに本格配備が始まった1949年の段階では時代遅れとなってしまっており、さらに航続距離的にソ連本土から

［図5-14］ツポレフ設計局が、大戦中にソ連領に不時着したB-29を解体してコピーし開発した戦略爆撃機Tu-4。全長・全幅・全幅などはほぼ同じだが、エンジンや火器管制装置などはコピーできなかった。NATOコードネームはブル(Bull)

アメリカの主要都市まで届かないのは明らかでした。［図5-14］公表されている資料によれば、その航続距離は3トンの爆弾を積んで6000キロ、片道では3000キロ以下にしかなりません。当時の原子爆弾だと3トンはかなりギリギリの重量であり、それを積んで唯一の航続距離内にあるアメリカ本土はアラスカしかなく、その原野に核爆撃を行なっても仕方がないわけでした。

そのためそれ以後、スターリンは戦略核爆撃に興味を失い、1950年頃からは弾道ミサイルのほうに開発の軸を移したようです。

ちなみになぜかこの時期、戦艦や巡洋艦を中心とした、空母をもたない大海軍にスターリンは興味を示し始めたとされます。この予算確保のため、戦略爆撃機部隊を諦め、より安価な大陸間弾道ミサイルに興味をもったらしいのです。

なぜ第二次世界大戦前のような大艦隊を今さらという感じですが、パラノイアの頭の中はパラノイアにしか分からないので、理由は現在でもまったくの謎です。この結果、古いスタイルの海軍力の増強に走るスターリンと、空軍力の増強を主張するフルシチョフの間に衝突もあったとされます。

それでもなんとか戦略爆撃機の開発は続けられ、スターリンの死後、有名なツポレフTu-95、そして有名じゃないミヤシチョフM-4などが配備されることになります。ただし、どちらもアメリカまで飛んで行って爆撃できるだけの性能はないとフルシチョフに判断され、戦略爆撃機は空軍の主戦力とはされませんでした。

その後、1959年にソ連は原子力で飛行する爆撃機の開発を行なうと突然発表し、これによって地球を軽く1周してしまう戦略爆撃機の実現を目指したりもしています。ただしフルシチョフによると、責任者のツポレフ本人を含めて誰もこの原子力飛行機を現実的な計画とは思っておらず、実際、この話はいつの間にか消えてしまいました。

以後もアメリカの音速爆撃機に刺激されて、いろいろ動いていますが、どこまで本気なんだ？　という感じです。

ちなみにフルシチョフに言わせると、「軍人というのは、すぐに真似をしたがる」ということで、ソ連の航空戦略というのは基本的にアメリカの後追いでそれほど深い考えはなかったように見えます。原子力爆撃機も、おそらくアメリカの原子力実験機、コンベアのNB-36Hに刺激を受けたものでしょう（1955年に初飛行したものの、開発は放棄された）。［図5-15］

結局のところ、戦後のソ連には本気でアメリカを核兵器で戦略爆撃してやろうという考えはなかったと見ていいでしょう。そもそも、そんな金も技術も工業力もなかったのです。

アメリカの核戦略の優位を消し去ったスプートニク・ショック

では、最終的にソ連の核戦略はどうなってしまったのか。この点を1957年10月4日、人類初の人工衛星であるスプートニクを打ち上げることで、フルシチョフは突如として世界に知らしめることになります。

人工衛星をソ連が衛星軌道上に打ち上げたということは、「ソ連はすでに核弾頭を地球上のどこにでも送り込める能力をもつ」ということを意味しました。なにせ大気圏外で地球を一周できちゃうのですから、届かない場所はないのです。

［図5-15］試験飛行を行なう、原子炉を搭載した実験機NB-36H（手前）。原子力推進の爆撃機を開発するための第一段階として、1950年代にB-36Hを改造して製造された。模擬原子炉を搭載して通常動力による飛行試験が行なわれたが、噴出されるジェット排気が放射能汚染される可能性が高いため、1961年に計画は破棄された。奥は追跡機のB-50

しかも爆撃機よりはるかに高速な宇宙ロケットによる核弾頭の運搬ですから、アメリカ側の報復攻撃は間に合いません。そのうえ、最終的にマッハ10を超える速度で大気圏突入してくる核弾頭を迎撃するのは事実上不可能でした。

この事実に気が付いたアメリカ空軍は戦慄します。

これでアメリカ自慢の戦略爆撃機軍団は一瞬で無意味になり、膨大な予算と時間をかけて開発していた（ソ連の戦略爆撃機を迎撃するための）全天候型迎撃戦闘機も、これまたまったく使い物にならないガラクタになってしまったのです。ソ連はすでに戦略爆撃機による核攻撃の先に、一人で行ってしまったということでした。

ただし、ソ連側の実情も実はお寒いものでした。

実際は打ち上げはできたものの、大気圏への再突入技術、そして目標に確実に落下させる技術はまったく完成しておらず、このあたりはフルシチョフのハッタリという面が少なからずありました。つまり、宇宙空間まで打ち上げる技術は完成していましたが、実は地上の目標に向けて正確に落下させるなんてことは、まだ無理だったのです。このため彼らは打ち上げるだけで済む人工衛星という宣伝手段を選んだのでした。

すなわちソ連は、人類の宇宙技術の進化を証明するために世界初の人工衛星を打ち上げたのではなく、アメリカの核戦力への牽制と警告、そしてハッタリのための打ち上げたのです（本当にハッタリだったわけだが）。

このあたり、２０１０年代に入って、北朝鮮が盛んに宇宙ロケットを打ち上げていたのも同じ理由でしょう。彼らに弾頭部を大気圏再突入させる技術はなかったと見てよく、アメリカ空軍はおそらくそれに気が付きながら、議会と国民に訴えるにはちょうどよい仮想敵だとしてあえて指摘していません。そのほうが国防予算は増えますからね！

それでもソ連が瞬時にアメリカまで核爆弾を送り込める力を手に入れたことも、確かな事実でした。

第二次世界大戦中に開発されたドイツのＶ２ミサイルも事実上の宇宙ロケットであり、超高速落下中の迎撃は不可能でした。ただしＶ２の弾頭に積める炸薬は1トン以下で、さらに射程は２００～３００キロとヨーロッパの隅っこ専用の嫌がらせレベルの兵器でしたから、その脅威は許容範囲内でした。

しかし弾頭が核爆弾で、さらに地球の裏側にまで届く宇宙ロケット、すなわちＩＣＢＭとなると話は変わってきます。この大気圏外から高速落下してくる核弾頭は迎撃不可能で、しかも高速な宇宙ロケットですから30分以内にはソ連からアメリカ本土まで到達してしまいます。

よってソ連は防御不可能な核攻撃手段を手に入れたということになり、この日をもって、アメリカの核戦略における優位はすべて消えてなくなったと考えていいでしょう（先述のように実際はまだそこまでの技術は完成していなかったが、当時のアメリカはまだ気が付いていない）。

この結果、アメリカをパニックが襲います。これがいわゆるスプートニク・ショックです。

となると、まさにこれから配備が開始されようとしていたＦ-１０６は、いきなり存在意義を失うことになってしまいます。よってこのスプートニク・ショックの後、全天候型迎撃戦闘機は〝値段ばかり高くていらない子〟となってしまうのでした。そして以後、全天候型迎撃戦闘機という機種は二度とつくられなくなります。

(3) 何のために開発されたのかよく分からない2機種

センチュリーシリーズ解説の最後に、何のために開発されたのかよく分からないＦ-１０１とＦ-１０４を見ておきます。

両機は全天候型迎撃戦闘機として採用されたものの、そもそも当時の最新電子装置に対応しておらず、結局、本格的には運用されずに終わってしまっています。その後Ｆ-１０１は偵察機に、Ｆ-１０４はさっさと退役して実験機などに転用されますが、要するになぜつくったのか最後までよく分からない機体なのです。

F-104はCIAのアレン・ダレスのパイプによって第二次世界大戦の敗戦国である日本や西ドイツ、イタリアに強引に売り飛ばされたので、一定の数が生産されたものの、アメリカ本国ではほとんどまともに運用されていません。

このあたり、邪推するなら予算確保のため、利権維持のための機体だったんじゃないかとすら思えます。ある意味、センチュリーシリーズの迷走を象徴する機体とも言えますから、そのあたりも含めて、ざっと見ておきます。

マクダネル　F-101ヴードゥー

F-101ヴードゥーはセンチュリーシリーズ二番目の機体であり、当初は低空侵入の高速戦闘爆撃機として開発されていた機体でした。当然、戦術核に特化した機体であり、なぜFナンバーが付けられたのか分からないのですが、この計画は途中で放棄されてしまい、すでに生産に入っていたF-101Aは宙に浮いてしまいます。［図5-16］

本来ならそれで終わり、のはずなんですが、なぜか高速偵察機に機種変更されて生産が続行されることになりました。それが偵察型のRF-101Cです。

同じく、先につくられていた戦術核爆撃機のA型も使い道がないので偵察機にされ、こちらはRF-101Bの型式名称を

［図5-16］戦闘爆撃機型のF-101Aを機種変更した偵察型RF-101C。固定武装が外された代わりに、機首や胴体部に計6台の偵察カメラを装備した。写真のRF-101Cはキューバ危機で低高度偵察を行ない、キューバに設置されていたミサイルが取り除かれたことを確認する手助けをした機体

与えられます。こちらは最高でマッハ1．5を超えてくる世界初の超音速偵察機となりましたが、それはたまたまで、無計画な開発計画の迷走の産物でした。

ただし高速偵察機をもっていなかったアメリカ空軍では意外に重宝され、キューバ危機に投入されたのち、ベトナム戦争でもかなりの活躍をしています。

ところがその後、突然、全天候型迎撃戦闘機として複座のF-101B型が登場してきます。複座となったうえにカメラ搭載部がなくなり、コクピットから前はRF-101Cとはほぼ別物の形状になっており、前から見たら同じ機体とは判別できないものになっています。［図5-17］

ちなみにこのB型は偵察型のRF-101「B」とはまったく別物ですから注意が要ります。なぜこんな紛らわしい機番を与えたのかも理解に苦しむところです。

B型は1959年1月から部隊配備が始まっていますから、例の全天候型迎撃戦闘機三姉妹よりは完全に一世代後の機体で、むしろF-106と並行して運用された機体でした。ただしアメリカ本土の防空担当はF-106と決まっていたはずですから、明らかに使い道がなくて泥縄的にこの任務に投入されたものでした。

そもそも当時の地上レーダーシステム網とリンクする電子

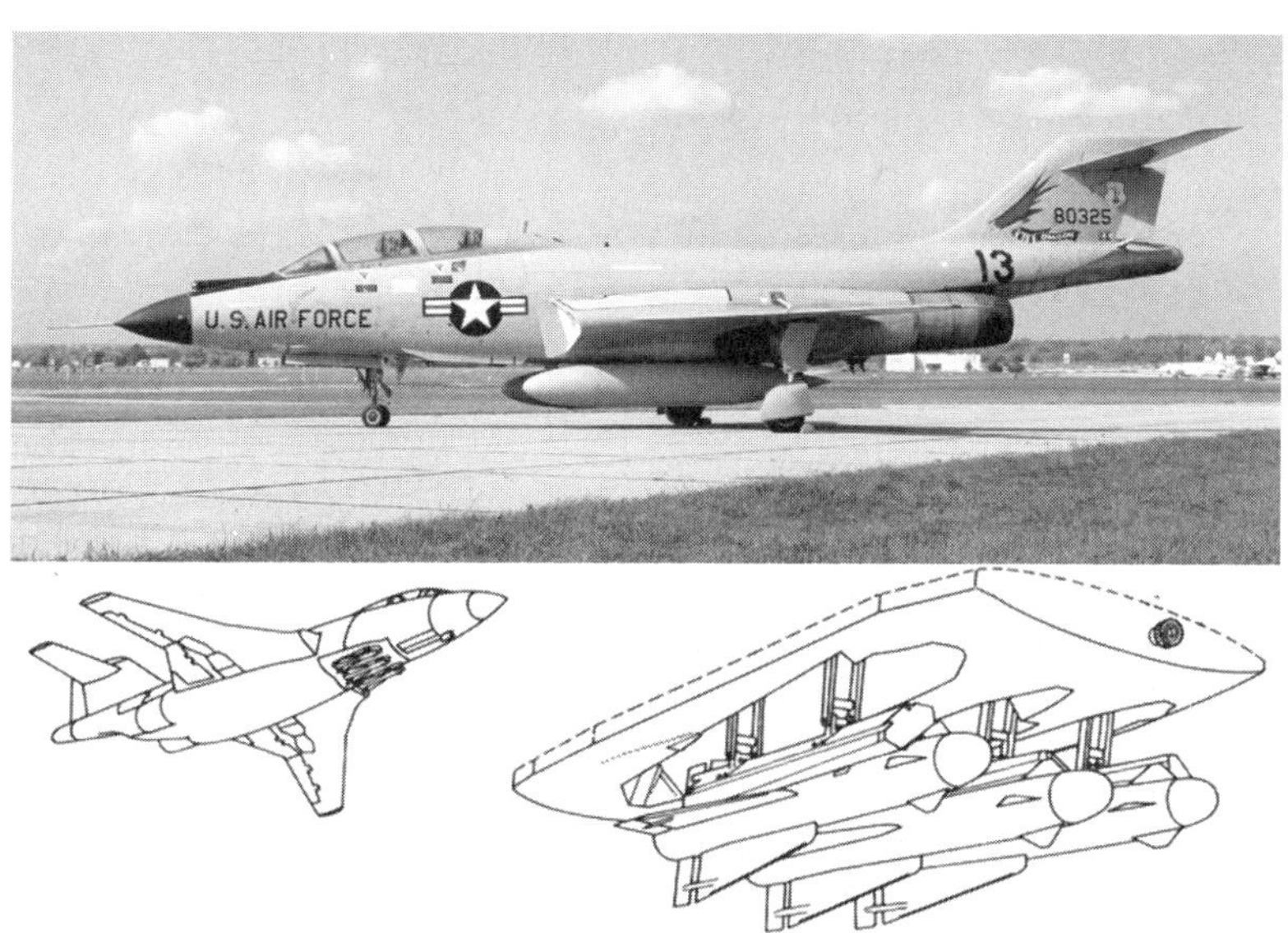

［図5-17］レーダー操作員を乗せるため複座化し、全天候型迎撃戦闘機となったF-101B。下のイラストは胴体下面に備えられていた回転式ミサイル倉で、空対空ミサイルなどを搭載した（図は初期型のもの）

装置を搭載する場所がなく、しかも複座に戻ってしまっていますからF-102以降に積まれた新型FCSが積めず、ほとんど役に立ちませんでした。空軍の主張によると、F-101Bが長距離迎撃機で、F-106が短距離迎撃機だったということで、どうも域内警戒飛行や長距離哨戒任務みたいなことをやっていたようです。

それでも全天候型迎撃戦闘機のB型はF-101の中では最も多くつくられました。800機前後の全生産数中、約480機がこの型です。当初は戦闘爆撃機として開発され、その後、音速偵察機、さらには全天候型迎撃戦闘機にまでされてしまったという訳が分からない迷走をしたのがF-101だったと言えます。

さらに、迎え角を大きく取るとそのまま機首上げが止まらなくなってしまうという、事実上の欠陥機と言っていいような恐ろしい癖がありました。こうなるとエンジンに空気が入らなくなって、エンジンが停止してしまいます。

これに対して空軍が取った対策は「……とりあえず水平に飛べ」と指示を出すだけというあたりが、この時代のアメリカ空軍らしいところです。これは急旋回や急上昇、急降下が禁止で、すなわち真っすぐしか飛べないという、何の意味もない戦闘機の誕生を意味します。爆撃機を相手する機体とはいえ、一応、迎撃戦闘機でそれってどうなのよと思いますが……。

そういう意味でも、センチュリーシリーズの迷走を象徴する機体とも言えるのが、このF-101なのでした。

ロッキード　F-104スターファイター

そして存在理由がよく分からない機体その2が、このF-104。航空自衛隊でも大量採用していた機体です。［図5-18］

一応、全天候型迎撃戦闘機として採用されているのですが、そもそも例の「1954年式迎撃機（WS-201）」計画は、早い段階でコンベアのYF-102とリパブリックのXF-103の勝負となり、ロッキードのF-104は書類審査の段階で脱落しています（モックアップまではつくった可能性あり）。

ところがその後、ロッキードが自社開発していたこのF-104に空軍が予算を付けてしまい、最終的には迎撃戦闘機として生産、配備までされてしまうのです。設計者の〝ケリー〟・ジョンソン自らがこの機体を空軍に売り込みに行ったとされるのが1952年10月で、これはすでにF-102の採用が決まった後であり、なぜその段階でこの機体が採用されたのかはまったくの謎です。普通に考えるなら利権絡みでしょう、これは。

このため、WS-201計画とは別ルートで開発していたため、地上管制システム「SAGE」とのデータリンク装置は搭載しておらず、そもそもＦＣＳ関連も機体が小さすぎてまともなものは搭載できませんでした。さらに自力で敵を探すにはレーダー装置が貧弱（対象エリアの広さを考えれば無意味に近い）で役に立たず、新型ＦＣＳの補助がまったく期待できないのです。

それなのにレーダーや兵器の操作要員がいない単座機ですから、事実上、当時の全天候型迎撃戦闘機としては使い物になりませんでした。

最終的には戦闘爆撃機に転用されるのですが、この小さな主翼では精密爆撃のための低速飛行は無理で、まともな武装を搭載できるはずもなく、これまた中途半端に終わります（ただし爆弾搭載も可能で、実際ベトナムに配備された機体は対地攻撃任務に投入されている）。何がしたかったんだ!?　この機体は？　というのが正直なところです。

アメリカ空軍においてＦ-１０４を最初に運用したのは、三大航空司令部の一つである防空航空司令部（ＡＤＣ）です。しかし１９５８年２月から全天候型迎撃戦闘機として部隊配備したものの、まともに使い物にならず、わずか1年前後で引退させられています。以後は予備役ともいえる各州の州空軍（Air National Guard：ＡＮＧ）へと引き渡されたようです。

その後、なぜか戦術航空司令部（ＴＡＣ）が一部を引き取り、１９６５年７月からベトナム戦争で基地防衛用に配備され

［図5-18］ロッキードが開発したF-104Aスターファイター。主翼は明らかに小さい。主翼前縁の厚みも0.41ミリと薄いため、地上駐機中は整備員が怪我をしないように前縁にカバーが付けられた。写真は1958年の金門砲戦の際に、台湾へと派遣された際のもの

ましたが、これもほとんど役に立たず、さらに先にも書いたように中国領空に迷い込んであっさりミグに撃墜されたりもしたため、わずか3ヵ月で引き上げられてしまいます。

さらにその後、戦闘爆撃機として1966年7月に再度ベトナムに配備されるのですが、これもイマイチ使い道がなく、1年後の1967年7月には全機撤収となり、ほとんど何の役にも立っていません。

そもそもロッキードが公表している機体の由来もなんだか妙だったりします。朝鮮戦争時にF-86以外のジェット戦闘機のヘタレぶりにショックを受けた空軍が、1951年に当時の航空機メーカーの設計者たちを罰ゲームとして、名目的には調査の目的で日本の空軍基地に送り込んだことがありました(ロッキードによれば、自らの意思で調査に行ったことになっているが、事実ではない)。

そのとき、〝ケリー〟・ジョンソンがMiG-15と闘ったパイロットからその高性能ぶりを聞き、それをヒントに生まれたのがこのF-104だとされているのです。運動性が良いMiG-15を意識した、というのは嘘でしょう。F-104は機体と同じく主翼もやたらとカワイイ大きさにしてしまったため、運動性は期待できない直線番長機です。ミグ戦闘機相手にドッグファイトなんて逆立ちしてもできないのです。

この小型軽量化は高速化のためでしたが、マッハ2ならバカみたいにデカいF-105でも出せますから、それほど優れた性能でもありません。よって主翼まで小さくする意味がまったくないのです。それではロクに武器が積めず、運動性も悪化することを意味しますから、何がしたかったのかよく分からないです。

さらにデルタ翼でも後退翼でもない翼で翼面上衝撃波対策をやっているため、極めて薄く、揚力の低い主翼となっています。とにかく高速専用という、変な機体になってしまったのです。

実際、のちに軽量戦闘機(LWF)開発の推進者となるジョン・ボイドが、F-104についても他のセンチュリーシリーズ同様にダメ出ししていますから、F-104における軽量化は意味がなかったように思われます。ただし加速は良かったので、より早く高高度にたどり着くことは可能でした。

しかし、レーダー誘導によってあらかじめ上空に上がって待ち受ける全天候型迎撃戦闘機にとって、その性能がメリットになるのかといえば、微妙でしょう。のちにソ連が同じような高速直線番長の迎撃戦闘機をつくったときは、MiG-25という大型で武装に十分余裕をもった機体にしています。それはつまり、小型機にする理由はやはりないと判断したのだと思われます。

なので、やはりよく分からない機体です。しかもこれを押し付けられた西ドイツに至っては、戦術核爆撃機にしてしまったため、飛行事故により多数の死傷者を出すという悲劇に見舞われています。とりあえず、褒められた機体ではないのは確かです。

電子機材とセットとなった兵器システム

ここで少しだけアメリカ空軍における開発単位、「兵器システム（Weapon System：ＷＳ）」について紹介しておきます。

センチュリーシリーズ以降のアメリカ空軍ではＦＣＳなどの各種電子機材を機体本体とセットとし、まとめて一つの兵器システムとして発注する体制になりつつありました。本来はＢ-47などの爆撃機で採用された開発システムなのですが、Ｆ-86Ｄあたりから電子装置が重要な存在となり、戦闘機も機体だけでなく全装備をまとめて発注して開発する体制になったようです。

この兵器システム方式で発注された機体にはＷＳナンバーが与えられます。センチュリーシリーズの場合、最初はＦ-102と106がＷＳ-201、Ｆ-101のＢ型はＷＳ-217、Ｆ-105がＷＳ-306、そしてＦ-104のＷＳ-303となります。ＷＳナンバーは通算ではなく、法則性がないことに注意してください。

4　マクナマラによる混乱とベトナムでの洗礼

百番台のＦナンバーをもつ二つの戦闘機

センチュリーシリーズはＦ-106で打ち止めなのですが、百番台のＦナンバーの数字をもつ戦闘機はもう二つありました。

これらはセンチュリーシリーズの跡を継ぐ、ベトナム世代の機体ですが、一つはマクナマラ国防長官に押し付けられた海軍機、もう一つは戦闘機としては絶望的な失敗作で、最後は全天候型攻撃機に改造されてしまいます。このあたりの迷走も最後に見ておきます。

マクダネル　Ｆ-4Ｃファントム II

当初、Ｆ-110の機番は空軍型のＦ-4に与えられることになっていました。1961年に登場するケネディ政権の国防長官であるマクナマラが、空軍の戦闘機開発の迷走とその非効率的な多品種採用に激怒した結果、海軍から空軍に対して押し付けられることになった戦闘爆撃機です。［図5-19］

彼は、全軍（空軍・海軍・海兵隊）がすべて同じ機体を採用してコストを下げることを望んでいました。そこで1958年に初飛行、1960年から部隊配備が始まり一定の性能を示していた海軍のF-4を、そのための機体に指定したのでした。ただしのちに、これまたマクナマラのお達しにより、「海軍と空軍の戦闘機は共通の通し番号とする」とされたため、空軍での呼称も海軍と同じF-4に変更され、F-110は欠番になってしまいます。

もともとは海軍が艦隊防衛（Fleet Air Defense：FAD）用のミサイル戦闘機として開発していた機体で、遠距離からレーダーで敵爆撃機を発見し、艦隊攻撃が不可能な遠距離にいるうちに長射程の誘導ミサイルで撃墜する、というちょっと変わった戦闘機でした。複座なのは、その複雑な操作を要する遠距離迎撃ミサイル（AIM-7スパロー空対空ミサイル）およびレーダー関係の操作員が後部座席に乗るためでした。のちに戦闘爆撃機にあっさり機種変更できたのは、最初から複座だったために武器とレーダーの操作担当のスペースを確保できていたから、という面が大きいです。

ただしF-4がもともと艦隊防衛用の〝ミサイルキャリアー〟である以上、最初から空中での格闘戦なんて想定していませんでしたから、ソ連製戦闘機に対してはほとんど優位な点をもっ

［図5-19］マクドネルがアメリカ海軍向けに開発したF-4ファントムII。写真は1960年代半ばに、アメリカ空軍が海軍のF-4H-1（のちにF-4Aと改称）をF-4Cとして受け入れるためにエドワーズ空軍基地で試験したときのもの。最初の空軍型にはまだ機首下のヴァルカン砲はない

ていませんでした。海軍の〝戦闘機〟としてなら、むしろその前の世代のF-8のほうがはるかにマシだったのです。［図5-20］

［図5-20］チャンス・ヴォートが開発したF-8クルセイダー（開発当初の機種名はF8U)。1957年から運用開始され、当時の陸上機を凌ぐ性能をもっていた。主翼の付け根部分が可動して（主翼の）迎え角を変えることができる

ところが当時の空軍の戦闘機はすでに述べたようにさらに悲惨な性能で、性能試験ではF-4に敵わなかったため、F-4がベトナム戦における主力戦闘機となっていきます。しかし当然、ミグ戦闘機相手には苦戦を強いられており、やはり戦闘機としては特に優秀とは言いがたい機体でした。

ただし戦闘爆撃機として考えた場合は一流の性能をもっており、とくに機首にヴァルカン砲を搭載した空軍型F-4の攻撃力は相当なものでした。

このため戦争が進むにつれて、ベトナムの爆撃任務はF-105から徐々にF-4に移管されていきます。最終的にアメリカ空軍は2600機もの大量のF-4を採用します。これは海軍の倍以上の数でした。

ジェネラル・ダイナミクス　F-111

そのF-4の後継として全軍共通戦闘機となるべく新たに開発された……はずだったのが、複座で可変翼のF-111でした。

F-111は世界で初めてターボファンジェットエンジンと可変翼を搭載した戦闘機であり、技術的には斬新な部分が多い機体ですが、パイロットと兵器管制士官（WSO）が横に並んで仲良く座るという変な部分まで斬新だったりもしました。

［図5-21］側面から見た、ジェネラル・ダイナミクスが開発したF-111A。レーダーアンテナがきれいに収まらなかったため、機首が微妙が上向きに反っている。戦闘機としては失敗作だったが、戦闘爆撃機としては機体の大きさを有効利用できた。1991年の湾岸戦争では赤外線ターゲティングポッドを機体下に付けて爆撃任務に活躍した

微妙に機首が上向きに跳ね上がっているのは、中のレーダーアンテナがきれいに収まりきらなかったためだと言われています。［図5-21］

　従来のターボジェットエンジンが爆発的な燃焼の噴流を直接後方に噴出し、その反作用の力だけで推力を得ていたのに対し、ターボファンエンジンは噴流の力を使って巨大なファンを回し、これを推力の主力にするというものでした。これによってパワーはやや落ちるものの、燃費がよくなり航続距離が伸びるのです。軍用機ではあまり意味がありませんが、騒音も小さくなるため、このエンジンの登場によってジェット旅客機の騒音は劇的に低下することになりました。

　さらにもう一つの新要素として可変翼も採用していました。これにより、高速で飛ぶときは後退角を強くして翼面上衝撃波を防止し、超音速時には衝撃波の壁の後ろに主翼を入れることができます。離着陸や空中戦時の旋回時には後退角を弱く（主翼を広く）して、揚力を稼ぐことができました。［図5-22］

　理想的な技術とも思われましたが、実際には、3章の【その②速度によって翼型を変化させる［可変翼］】（149ページ）で述べたように、可変翼装置が極めて重くなるため、せっかく主翼を広げることで得られる揚力の上昇を、機体重量の増加で相殺してしまうことになりました（重量は力なのだ）。つまり、可変翼にしてもしなくても結果は同じ、ということになってしまったのです。

限界があった「空・海軍要求の擦り合わせ」

　ここでF-111が開発されることになった時代背景を確認しておきます。1961年1月にマクナマラが国防長官に就任した段階で、海軍・空軍共に次期主力戦闘機に関しては、計

［図5-22］ F-111が可変翼の主翼を広げたり畳んだりしているときの上方からの写真。後退角を16度から72.5度まで変更することができた。非公式には「アードバーク」と呼ばれた（電子戦型のEF-111Aには「レイブン」という公式の愛称がある）

画段階のものしかありませんでした。

とりあえず空軍は、低空で高速侵攻する戦闘爆撃機（戦術核爆撃機）として、「ＳＯＲ １８３」と呼ばれる要求仕様を作成し、その検討を始めていた段階でした。これは敵のレーダー網をかいくぐり、迎撃機からも発見されにくい低空を高速で突っ込んでいく戦術核攻撃用の戦闘爆撃機でした。この機体に関しては長距離阻止攻撃機（Long-range Interdiction/Strike aircraft）という、あまり聞いたことのない分類がなされていたようです。

一方、海軍は方向性のまったく異なる戦闘機の計画を立案し始めていました。１９５０年末になると、ソ連が使い道に困っていた高速戦略爆撃機に対艦核弾頭ミサイルを搭載し、周辺海域に進出してきたアメリカの空母機動部隊を潰す戦術を採用したことが判明します。高速爆撃機の多数飽和攻撃だとF-4では能力不足で迎撃不可能ですから、海軍は新たな艦隊防衛用の戦闘機の開発計画を始めることを検討していたのです。

当初はダグラスにＦ６Ｄという名前で開発を発注していたのですが、計画段階でいろいろ無理があることが分かると、マクナマラが就任する直前の１９６０年12月の段階ですでにキャンセルとすることがほぼ決まっていました。

そんなタイミングで国防の世界にやってきたマクナマラ〝殿

下〟は、この二つのプランの統合を両軍に命じるわけです。1961年2月、就任からわずか1ヵ月でその調査を指示し、6月には空軍の高速爆撃型を基本とし、海軍はこの機種の一部の備品を変更して採用することに決定します。こうして戦術戦闘機実験（Tactical Fighter Experimental：TFX）という妙な名称で、F-111の開発はスタートすることになりました。

確かに両軍の要求は、大型で、高速かつ長い航続距離をもち、できれば複座が好ましい、という点では共通していました。しかし前提となる運用環境が海軍と空軍ではあまりに異なり（例えば運用高度や機体強度）、可変翼にすることや複座にすること、エンジンは双発にすることまでは合意したものの、以後、その開発はひたすらに混乱していくことになります。

最終的にボーイングとジェネラル・ダイナミクスが機体の受注を争うことになり、当初は軍がボーイング案の採用を決定します。しかし、より経済的であるという理由でマクナマラがこれをひっくり返し、1962年の秋にジェネラル・ダイナミクスが受注することが決定となりました。

なお余談ながら、開発の中心となったのはのちにF-16も担当することになるウィットマー（Robert H. Widmer）でした。

戦闘機として致命的だった「空戦能力の欠如」

この新型機の設計で最も致命的だったのは、両軍とも対戦闘機の空中戦をまったく前提としていない点でした。空軍は低空侵攻用の戦術核戦闘爆撃機、海軍は艦隊周辺を長時間飛べ、多数の爆撃機を一度に叩き落とせる艦隊防衛戦闘機を望んでいたわけです。

この結果、F-111は極めて大型で、パイロットが横に並んで座るという横長のコクピットをもつ、〝間違ってもドッグファイトには向かない〟機体となるわけです。

もしベトナム戦争がなければなんとか採用されたかもしれませんが、1964年12月にF-111の初飛行が済んだ直後にアメリカはベトナム戦争に本格参戦したため、ソ連のミグ戦闘機によって〝運動性のない戦闘機は戦場では生き残れない〟という教訓を叩き込まれることになります。そのため、のちにF-111は戦術爆撃〝専用〟の機体に用途変更されてしまいます。

そのような経緯から「どうもこの機体はダメっぽくないか？」という空気になりつつあったF-111ですが、1967年の夏には空軍が最初の機体を受領しますから、受注から最初の機体の受け渡しまではわずか5年しかかかっていません。

その複雑な構造を考えると、開発は比較的スムーズだったように見えます（しかし残念ながら、安全性に問題がある欠陥機だったことがのちに判明する）。

さらに性能不足は明らかだったので、マクナマラが国防長官の座を去った1968年には、待っていましたとばかりに海軍は要求した性能が出ていないことを理由にその採用を拒否。さらに一時は採用を検討していたイギリス空軍も採用を却下してしまいました。

この結果、F-111を艦載機型に変更する仕事を担当していたグラマンは、これも待っていましたとばかりに次の海軍主力戦闘機の開発を受注。のちのF-14を生み出すことになります。

強度に問題があり、行方不明機が続出

結局、残されたアメリカ空軍だけが攻撃機、戦術爆撃機として採用します（のちにオーストラリア空軍も少数採用する）。

しかし間が悪いことに、試験的にベトナムに送り込まれた空軍の機体が前代未聞のトラブルを起こしてしまうことになります。1968年3月、ベトナムに6機の空軍のF-111が送り込まれて作戦行動を開始したのですが、その半数にあたる3機がわずか1ヵ月ほどで原因不明のまま次々と行方不明になってしまうのです。

最初の戦闘出撃だったとされる3月25日、タイの基地から飛び立ったF-111がいきなり行方不明となり、当初は撃墜されたと見做されたようですが、その直後の3月30日に、2機目の行方不明に。このときも墜落原因が分からず、さすがに現地のF-111は一時的に飛行が停止されることになりました。

そのときの検査では問題が見つからなかったらしく、戦闘行動を再開するのですが、直後の4月22日、とうとう3機目が行方不明となり、さすがに全機が飛行停止とされて、機体は本土に送り返されることになります。

そしてその後の調査で、機体の水平尾翼の強度不足が墜落の原因と判明します。これまた事実上の殺人機と言えるので、空軍がF-89の教訓から空軍は何も学んでなかったことがよく分かります。この飛行禁止は1971年まで続き、ようやくベトナムに戻ってきたのがベトナム戦争最後の大規模航空作戦「ラインバッカー&ラインバッカーII作戦」が始まった1972年でした。

とりあえずこのときは、その爆弾搭載量を活かして活躍します。また大型機なのでレーダーなどの電子装置は豊富に積めたため、これにより空軍初の全天候型戦術爆撃機、つまり夜でも雨天でも、地形が目視できなくても出撃できる機体となりま

した。

しかし、すでにこの段階でF-111は戦闘機にふさわしい能力がないうえ、欠陥機であるという評価が固まってしまい、空軍もこれをF-4の後継にするという意欲を失ってしまいます（それでも500機近くが製造されたが……）。

F-111は全天候型〝戦闘爆撃機〟としてはかなり優秀な機体となりましたが、本来は戦闘機だったという点からすれば、完全な失敗作だったと言えるでしょう。

アメリカの空を支えていたのは海軍

このアメリカ空軍の狂気の時代、1950年代半ばからベトナム戦争が始まる1960年代前半に限ると、アメリカの空を支え続けたのは間違いなく海軍（機）でした。のちに1970年代以降、特に空軍にジョン・ボイドが登場して以降は逆に海軍の迷走が始まるのですが、とりあえずベトナム戦争でアメリカの空を支えたのは海軍だったと考えていいでしょう。

すでに何度か述べたように、ベトナム戦争において米軍が使用したほぼすべての戦闘用の機体は海軍が開発していたものでした。主力戦闘機となるF-4はもちろん、プロペラ攻撃機のA-1、そしてジェット攻撃機のA-7、これらはすべて海軍が開発したものです。［図5-23／-24］

［図5-23］ダグラスが開発したレシプロ艦上戦闘機A-1Jスカイレイダー（機体開発時の名称はXBT2D、AD）。B-17戦略爆撃機（3,600キログラム）に近い兵装搭載量（3,130キログラム）があり、「キッチン以外に運べない物はない」と評された。配備されたのは1946年だが、ベトナム戦争では最後まで使用された

空軍独自の機体は第二次世界大戦時代の機体を引っ張り出したB-26インヴェーダーや、安価な地上攻撃機として採用されたもののあまりに非力で、ほとんどがベトナム軍やタイ軍に引き渡されたA-37ドラゴンフライくらいです（OV-10は空軍

の独自開発ではない）。あとはF-105が戦争後半まで投入され続けていますが、それ以外の機体は事実上、使い物になっていません。

ちなみに戦略爆撃機のB-52ですら、1972年に始まるラインバッカー作戦が始まるまでの8年間はほとんど意味のない作戦に投入され続け、事実上の無用の長物状態でした。

［図5-24］F-8の胴体を短縮する形で、価格を抑えた艦上攻撃機としてリング・テムコ・ヴォートが開発したA-7コルセアII。最初は小ささを揶揄して「SLUF（Short Little Ugly Fucker：スラフ）」などとバカにされたが、戦闘行動半径や兵装搭載量が大きくて低速性能に優れ、近接航空支援で活躍した

さらにAIM-7スパローやAIM-9サイドワインダーといったミサイルを開発したのも海軍ですから、もし海軍がいなければ、ベトナムの戦いはさらに悲惨なことになっていたはずです。

そして海軍でもう一つ注目すべきなのは、ベトナム戦争全期間を通じて、唯一まともな戦闘機、つまり航空優勢を取りに行ける制空戦闘機として、F-8クルセイダーを彼らが運用していた点です。

ヴォート　F-8クルセイダー

F-8は1955年3月初飛行ですから、センチュリーシリーズとほぼ同世代の戦闘機となります。そしてミグ戦闘機相手に互角の戦闘能力をもつ、アメリカ唯一の〝本当の戦闘機〟でした。［図5-19］

海軍は戦闘機と攻撃機を分けて運用していたので戦術爆撃機としての能力を要求されなかったことや、超音速飛行以外の余計な性能要求がほぼされず、その結果、十分な空戦能力をもつ戦闘機として設計できた点が大きかったと思われます（ただし後からロケットランチャーを搭載して対地攻撃にも投入されたが）。

ベトナム戦争は海軍の主力戦闘機がF-8からF-4へと変換される過渡期ではあったので、F-8は徐々に第一線からは引退し、1968年の北爆中止後は後方援護などの任務が主になり、ミグとの交戦はほとんどなくなってしまいます。それでも大型のF-4を運用できなかった第二次世界大戦の遺物、エセックス級改造空母ではまだ運用が続き、1972年の終戦間際までベトナムの空を飛んでいました(最後までベトナムに投入されたのはUSSハンコックとUSSオリスカニーの両エセックス級改造空母に搭載されたF-8)。

そして第一線に投入されてミグと渡り合った1964年から68年までの間に、以下のような撃墜を記録しています。

1966年　MiG-17×3機、MiG-21×1機撃墜
1967年　MiG-17×7機撃墜
1968年　MiG-17×2機、MiG-21×3機撃墜

3年間で16機を撃墜、うち4機がMiG-21です。

あくまでパイロットの自己申告による数字なので実数は半分程度の可能性がありますが、それでも大したものです。特に同世代の機体で同時期に投入されていた空軍のセンチュリーシリーズでは、F-105以外の機体は1機もミグを撃墜できず、F-105も撃墜したのはMiG-17のみということと比べると、立派な戦績であるのが分かるかと思います。

ちなみに同期間、同じ海軍のF-4による撃墜は、MiG-17が5機、MiG-21が4機で、計9機にすぎず、旧式のF-8のほうがより多くの撃墜を記録していることになります。

（数字は海軍歴史遺産司令部［Naval History and Heritage Command］が1997年にまとめた「United States Naval Aviation, 1910-1995」による）

センチュリーの終わりに

1954年秋に部隊配備されたF-100から1959年夏に導入開始となったF-106に至るまで、わずか5年足らずで、F-100、F-101、F-102、F-104、F-105、F-106と6機種もの戦闘機が次々と部隊配備されるという、第二次世界大戦期並みの戦闘機開発ラッシュはベトナムにおける大失敗で幕を閉じました。

この敗北から立ち直る過程で生まれたのがF-15、そしてF-16という傑作戦闘機であり、その誕生に深く絡んでいたのがジョン・ボイドという男だったのです。下巻からはこのあたりを詳しく見ていきたいと思います。

主要参考文献

【書籍出版物】

『Winged Defense: The Development and Possibilities of Modern Air Power-Economic and Military』William Mitchellm、 New york and London, G.P. Putnam's Sons, 1925

『戦争論』クラウゼヴィッツ［著］／清水多吉［訳］、中公文庫、２００１

『Erinnerungen』Albert Speer Ullstein Verlag, 1969

（邦題『ナチス狂気の内幕――シュペールの回想録』アルベルト・シュペーア［著］／品田豊治［訳］、読売新聞社、１９７０）

『The Luftwaffe Data Book』Alfred Price、Greenhill Books, 1997

『形とスピードで見る旅客機の開発史』久世伸二、日本航空技術協会、２００８

『高速流体力学』永田雅人、森北出版、２０１０

『フルシチョフ回想録』ニキータ・フルシチョフ［著］／タイムライフブックス編集部［訳］、タイムライフインターナショナル、１９７２

『フルシチョフ最後の遺言　上』ニキータ・フルシチョフ［著］／佐藤亮一［訳］、河出書房新社、１９７５

【論文／資料】

「Anonymous Warrior：The contributions of Harold L.George to Strategic Air Power」Craig R. Edkins, 1997

「The Strategic Air War Against Germany and Japan」Haywood S. Hansell Jr., 1986

「THE UNITED STATES STRATEGIC BOMBING SURVEY　Summary Repor (European War)」The United States Strategic Bombing Survey

「Army Air Forces Statistical Digest World War II」Office of Statistical Control, 1945

「KOREAN WAR 1950-1953」NMUSAF Education Division, 発行年不明

「NACA Technical Note 1350 / Estimated Lift-drag Ratios at Supersonic Speed」Robert T Jones, 1947

「Aerodynamic Lift at Supersonic Speeds, Luftfahrtforschung, Ed.12, Nr.6」Adolph Busemann, 1935

「NACA Research Memorandum / Lift, Drag, and Pitching Moment of Low Aspect Ratio Wings at Subsonic and Supersonic Speeds」Donald W. Smith & C.Heitmeyer, 1951

「The Aerodynamic Design of Section Shapes for Swept Wings」H.H.Pearcey, 1962

「NACA Report 1273 / Study of the Zero-Lift Drag-Rise Characteristics of Wing-Body Combinations Near the Speed of Sound」Richard T Whitcomb, 1956

「NACA Report 1284 / Theory of Wing-Body Drag at Supersonic Speeds」Robert T Jones, 1956

「A Comparative Analysis of USAF Fixed-Wing Aircraft Losses in Southeast Asia Combat 1977」Richard Gabbert & Gary Streets, 1979

「U.S. Air Force Combat Victory Credits, Southeast Asia」Office of Air Force History, 1974

「United States Naval Aviation, 1910-1995」Naval History and Heritage Command, 1997

著者略歴

夕撃旅団（ゆうげきりょだん）

管理人アナーキャが主催するウェブサイト。興味が向いた事柄を可能な限り徹底的に調べ上げて掲載している。
著書に『ドイツ電撃戦に学ぶ　OODAループ「超」入門』（小社）がある。

ウェブサイト「夕撃旅団-改」
http://majo44.sakura.ne.jp/index.htm

本文中の写真（特記以外）　U. S. Air Force、U. S. Navy、夕撃旅団

アメリカ空軍史から見たF-22への道　上
――戦略空軍の誕生とベトナムでの行き詰まり

2020年5月1日　初刷発行
2020年5月7日　二刷発行

著者　夕撃旅団

カバー写真　U. S. Air Force
カバーデザイン　BLUE GRAPH Inc.（http://www.bluegraph.co.jp/）

作図　宮坂デザイン事務所（http://www.z-iii.com/）

発行者　松本善裕
発行所　株式会社パンダ・パブリッシング
〒111-0053　東京都台東区浅草橋5-8-11　大富ビル2F
https://www.panda-publishing.co.jp/
電話／03-6869-1318
メール／info@panda-publishing.co.jp

印刷・製本　モリモト印刷株式会社